자동차 실기 정비 기능사 - 답안지작성법

한국산업인력공단 출제 실기자격시험 완벽대비서!

전환영 · 조승완 공저

수년의 현장강의 경력 최고의 집필진

- **엔진, 섀시, 전기** 각 파트별 작업 내용 분리 서술
- 각 항목별 회로도, 장비 및 기자재를 활용하여 측정 · 검사방법 등 **핵심내용 중심으로 서술**
- **시험장과 답안지 작성시 주의사항** 상세 설명
- **실제 부품 및 현장 사진을 바탕**으로 시험장 분위기에 빠른 적응 유도

적중TOP
자동차정비기능사 실기 답안지작성법

초판인쇄 2024년 07월 19일
초판발행 2024년 07월 26일

지은이 | 전환영 · 조승완
펴낸이 | 노소영
펴낸곳 | 도서출판 마지원

등록번호 | 제559-2016-000004
전화 | 031)855-7995
팩스 | 0504)070-7995
주소 | 서울 강서구 마곡중앙로 171

http://blog.naver.com/wolsongbook

ISBN | 979-11-92534-40-4 (13550)

정가 20,000원

머리말

이 책은 자동차정비기능사 자격증을 준비하는 학생과 현업에 계시는 분들에게 도움이 될 수 있도록 그간의 강의 경험과 노하우를 바탕으로 출간하게 되었다.
자동차정비기능사 실기 응시자들의 실기시험 합격에 조금이나마 도움이 되고자 시험 현장의 특성을 반영하여 보편적으로 사용하는 장비와 검증 방법 위주로 핵심정리를 하였으며 수검자들이 주의해야 하는 내용을 중심으로 책을 편성하였다.

본교재의 특징은 다음과 같다.

1. 엔진, 섀시, 전기 각 파트별로 작업 내용을 분리하여 수험생들이 효율적으로 검정을 준비 하도록 하였다.
2. 시험장에서의 주의점과 답안지 작업상 주의해야 하는 내용을 설명하였다.
3. 각 항목별 회로도, 장비 및 기자재를 활용하여 측정 및 검사하는 방법을 핵심적인 내용을 중심으로 서술하였다.
4. 시험장에서 준비 된 실제 부품 및 현장 사진을 바탕으로 서술하였다.

끝으로 이 교재로 실기시험을 준비하는 모든 수검자들이 합격의 영광이 있기를 바라며 차후 지속적으로 변경되는 답안지 형태와 검증 내용을 보완하여 수검자들에게 조금이나마 도움이 되도록 노력하겠다. 끝으로 이 책이 출판되기까지 도움을 주신 출판사 관계자 여러분에게 진심으로 감사드립니다.

저자 일동

차 례

PART 01 엔진 답안지 작성법

PART 02 섀시 답안지 작성법

차 례

PART 03 전기 답안지 작성법

PART 04 [부록] 자동차정비기능사 실기시험 문제

자동차정비 기능사

Craftsman
Motor Vehicles
Maintenance

PART

01

엔진 답안지 작성법

01 노즐 점검

엔진 번호 :				비번호		감독위원 확 인	

측정항목	① 측정(또는 점검)			② 판정 및 정비(또는 조치) 사항		득 점
	측정값	규정 (정비한계)값	후적유무 판정 (□에 ✓표)	판 정 (□에 ✓표)	정비 및 조치할 사항	
분사노즐 압력			□ 유 □ 무	□ 양 호 □ 불 량		

※ 시험위원이 지정하는 부위를 측정합니다.
※ 단위가 누락되거나 틀린 경우 오답으로 채점

① 측정 및 점검

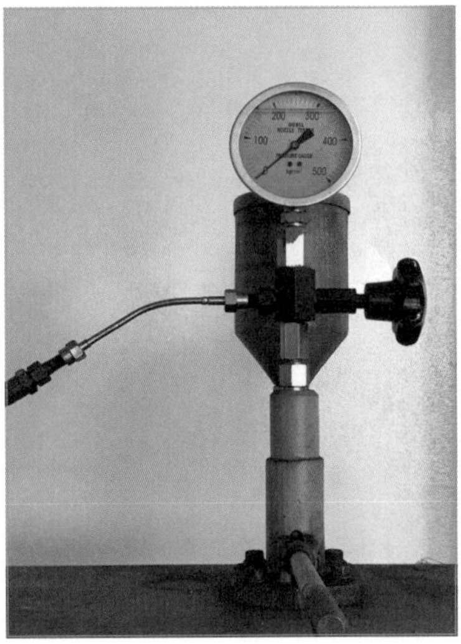

- 압력게이지의 단위와 규정값의 단위가 틀리면 단위를 맞추어 준다.
  1[bar]= 1.02[Kg(f)/cm^2]
  예 4[bar]를 환산하면 4[bar] × 1.02[Kg(f)/cm^2] = 4.08[Kg(f)/cm^2]이다.

측정 방법

- 분사 노즐 시험기를 준비하고 연결 된 노즐 팁 부분을 깨끗이 닦는다.
- 분사 노즐 시험기 압력제거 핸들을 조인 후 조금만 이완 시킨다.
- 펌프레버를 5~6회 펌핑한 후 압력을 가한다.
- 펌프레버에 압력이 가해지면 힘껏 레버를 아래로 밀어 상승하다 멈춘 후 다시 하락하기 시작하는 부분의 눈금을 읽는다. 이 값이 측정값이다.
- 경유기름이 떨어지거나 맺히는지(후적 유무)를 확인한다.

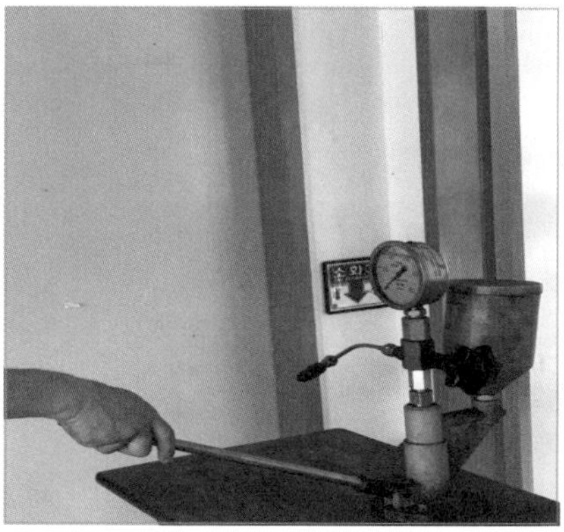

▲ **압력측정 및 후적 검사**

- 측정값은 수검자가 직접 측정하여 기재하고 규정(정비한계)값은 수검자가 시험장에서 제공하는 차량의 정비지침서 또는 시험감독관이 제시하는 규정값을 보고 기재한다.

② 판정 및 정비(또는 조치) 사항

- 수검자가 측정한 값과 규정(정비한계)값을 비교하여 판정란의 양호 또는 불량에 ✓표시를 하고 정비 및 조치사항란에 조치사항을 서술한다.

분사노즐 종류별 분사압력 조정 방법

가. 시임식 : 노즐연결부분이 수직으로 되어 있다.
1) 분사압력이 높으면 시임을 감소시킨다.
2) 분사압력이 낮으면 시임을 증가시킨다.

나. 스크루식 : 노즐연결부분이 수평으로 되어 있다.
1) 분사압력이 높으면 압력조정나사를 푼다
2) 분사압력이 낮으면 압력조정나사를 조인다.

③ 답안지 작성 예

측정항목	① 측정(또는 점검)			② 판정 및 정비(또는 조치) 사항		득 점
	측정값	규정 (정비한계)값	후적유무 판정 (□에 ✓표)	판 정 (□에 ✓표)	정비 및 조치할 사항	
분사노즐 압력	115 [Kg(f)/cm^2]	110~120 [Kg(f)/cm^2]	□ 유 ☑ 무	☑ 양 호 □ 불 량	정비 및 조치사항 없음	

측정항목	① 측정(또는 점검)			② 판정 및 정비(또는 조치) 사항		득 점
	측정값	규정 (정비한계)값	후적유무 판정 (□에 ✓표)	판 정 (□에 ✓표)	정비 및 조치할 사항	
분사노즐 압력	115 [Kg(f)/cm^2]	110~120 [Kg(f)/cm^2]	☑ 유 □ 무	□ 양 호 ☑ 불 량	분사노즐 교환 후 재측정 (딜리버리 밸브 교환 후 재측정[재점검])	

측정항목	① 측정(또는 점검)			② 판정 및 정비(또는 조치) 사항		득 점
	측정값	규정 (정비한계)값	후적유무 판정 (□에 ✓표)	판 정 (□에 ✓표)	정비 및 조치할 사항	
분사노즐 압력	100 [Kg(f)/cm^2]	110~120 [Kg(f)/cm^2]	□ 유 ☑ 무	□ 양 호 ☑ 불 량	• 압력조정나사를 규정값에 맞게 압력조정 후 재측정(재점검) • 심으로 규정값에 맞게 압력조정 후 재측정(재점검)	

02 밸브 스프링 장력 점검

엔진 번호 :			비번호		감독위원 확 인	
측정항목	① 측정(또는 점검)		② 판정 및 정비(또는 조치) 사항			득 점
	측정값	규정(정비한계)값	판 정 (□에 ✓표)	정비 및 조치할 사항		
밸브 스프링 장력			□ 양 호 □ 불 량			

※ 시험위원이 지정하는 부위를 측정합니다.

※ 단위가 누락되거나 틀린 경우 오답으로 채점

① 측정 및 점검

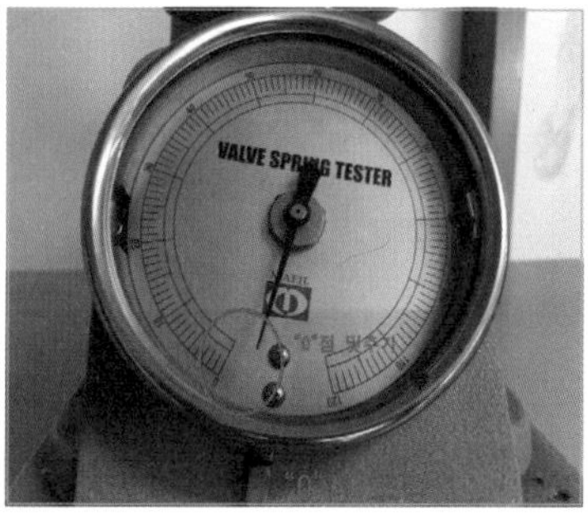

측정 방법

- 장력 측정기에 밸브 스프링을 설치하고 측정기의 눈금을 “0”조정을 한다.
- 장력 측정기의 레버를 규정값에서 제시하는 높이가 되도록 아래로 내린다.
- 이때 측정기의 바늘이 지시하는 값을 읽고 답안지에 작성한다.

▲ 밸브 스프링 장력 측정

② 판정 및 정비(또는 조치) 사항

- 수검자가 측정한 값과 규정(정비한계)값을 비교하여 판정란의 양호 또는 불량에 ✓표시를 하고 정비 및 조치사항란에 조치사항을 서술한다.

알고가기

1) 판정 방법(1)
- 밸브 스프링 장력의 한계값은 규정값의 15% 이내이다.
- 측정값이 12.0[Kg]/37.0[mm]이고, 규정값이 23.0[Kg]/37.0[mm] 이라면 스프링의 장력은 규정값의 15% 이내 이므로 23.0×0.15=3.525이므로 측정값에서 빼면 23.0-3.525=19.475이다.
- 따라서 측정값이 19.475~23.0[Kg] 사이에 있어야 정상이므로 측정값이 12.0[Kg]인 경우는 불량으로 판정이 된다.

2) 판정 방법(2)
- 밸브 스프링 장력의 한계값은 규정값의 15% 이내이다.
- 따라서 $\frac{23.0-12}{23.0} \times 100 = 47.8\%$ 이므로 불량이다.

③ 답안지 작성 예

측정항목	① 측정(또는 점검)		② 판정 및 정비(또는 조치) 사항		득 점
	측정값	규정(정비한계)값	판 정 (□에 ✓표)	정비 및 조치할 사항	
밸브 스프링 장력	23.0Kg/ 37.0[mm]	23.0Kg/ 37.0[mm]	☑ 양 호 □ 불 량	정비 및 조치사항 없음	

측정항목	① 측정(또는 점검)		② 판정 및 정비(또는 조치) 사항		득 점
	측정값	규정(정비한계)값	판 정 (□에 ✓표)	정비 및 조치할 사항	
밸브 스프링 장력	12.0Kg/ 37.0[mm]	23.0Kg/ 37.0[mm]	□ 양 호 ☑ 불 량	밸브스프링 교환 후 재측정(재점검)	

03 라디에이터 압력식 캡 작동 압력 측정

엔진 번호 :			비번호		감독위원 확인	
측정항목	① 측정(또는 점검)		② 판정 및 정비(또는 조치) 사항		득 점	
	측정값	규정(정비한계)값	판 정 (□에 ✓표)	정비 및 조치할 사항		
압력식 캡 작동압력			□ 양 호 □ 불 량			

※ 시험위원이 지정하는 부위를 측정합니다.
※ 단위가 누락되거나 틀린 경우 오답으로 채점

① 측정 및 점검

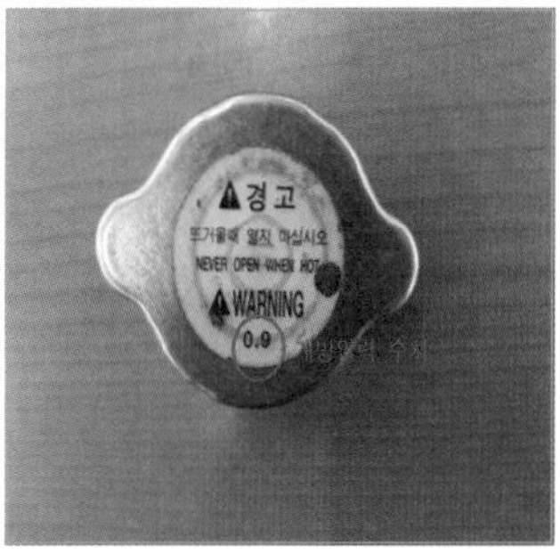

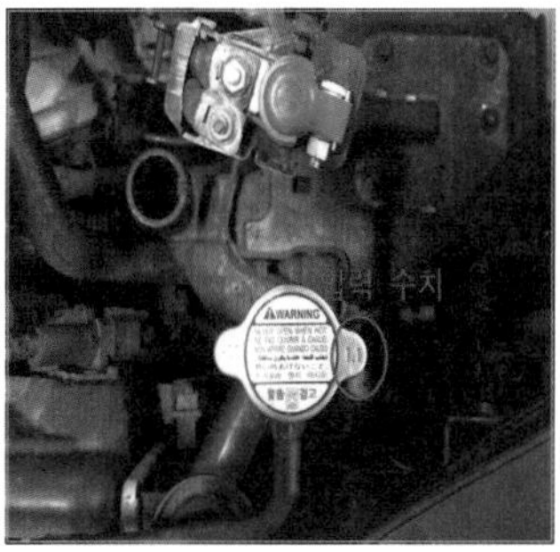

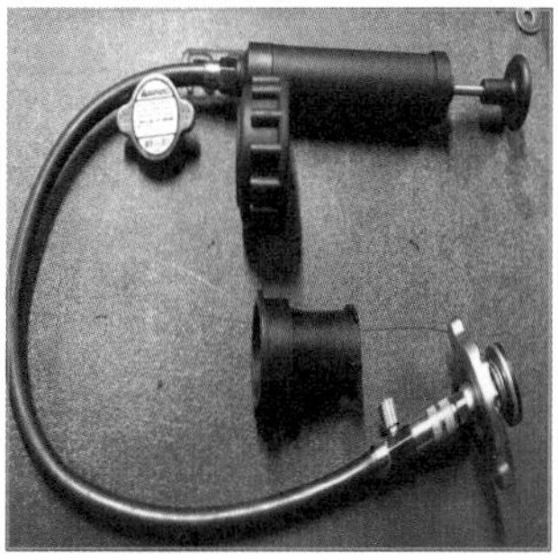

측정 방법

- 차량에서 라디에이터 압력식 캡을 탈거한다.
- 측정 시험기에 라디에이터 캡을 장착한다.
- 라디에이터 캡이 개방(작동)될 때 까지 측정기 펌프를 작동시킨 후 측정값을 읽는다.

※ 시험장에서 별도로 규정값을 제시하지 않는 경우는 라디에이터 압력 캡 표면에 표시된 숫자를 참조한다.

▲ 라디에이터 압력식 캡 작동 압력 측정

② 판정 및 정비(또는 조치) 사항

- 시험장의 측정 장비 단위가 규정 값의 단위와 다를 경우 규정값의 단위로 환산하여 답안지에 기록한다.
  1[bar]= 1.02[Kg(f)/cm^2], 1[psi]= 0.070307[Kg(f)/cm^2]
  예) 4[bar]를 환산하면 4[bar] × 1.02[Kg(f)/cm^2] = 4.08[Kg(f)/cm^2] 이다.

③ 답안지 작성 예(반드시 다시 확인 할 것)

측정항목	① 측정(또는 점검)		② 판정 및 정비(또는 조치) 사항		득 점
	측정값	규정(정비한계)값	판 정 (□에 ✓표)	정비 및 조치할 사항	
압력식 캡 작동압력	0.9[bar] 에서 압력 해제됨	0.83~1.10[bar] 에서 압력 해제	☑ 양 호 □ 불 량	정비 및 조치사항 없음	

측정항목	① 측정(또는 점검)		② 판정 및 정비(또는 조치) 사항		득 점
	측정값	규정(정비한계)값	판 정 (□에 ✓표)	정비 및 조치할 사항	
압력식 캡 작동압력	0.48[Kg(f)/cm^2] 에서 압력 해제됨	0.75~0.95 [Kg(f)/cm^2]에서 압력 해제	□ 양 호 ☑ 불 량	캡 불량, 교환 후 재측정(재점검)	

측정항목	① 측정(또는 점검)		② 판정 및 정비(또는 조치) 사항		득 점
	측정값	규정(정비한계)값	판 정 (□에 ✓표)	정비 및 조치할 사항	
압력식 캡 작동압력	7.1[psi] 에서 압력 해제됨	8.7~11.6[psi] 에서 압력 해제	☑ 양 호 □ 불 량	캡 불량, 교환 후 재측정(재점검)	

04 캠 높이 점검

엔진 번호 :			비번호		감독위원 확 인	
측정항목	① 측정(또는 점검)		② 판정 및 정비(또는 조치) 사항			득 점
	측정값	규정(정비한계)값	판 정 (□에 ✓표)		정비 및 조치할 사항	
캠 높이			□ 양 호 □ 불 량			

※ 시험위원이 지정하는 부위를 측정합니다.
※ 단위가 누락되거나 틀린 경우 오답으로 채점

① 측정 및 점검

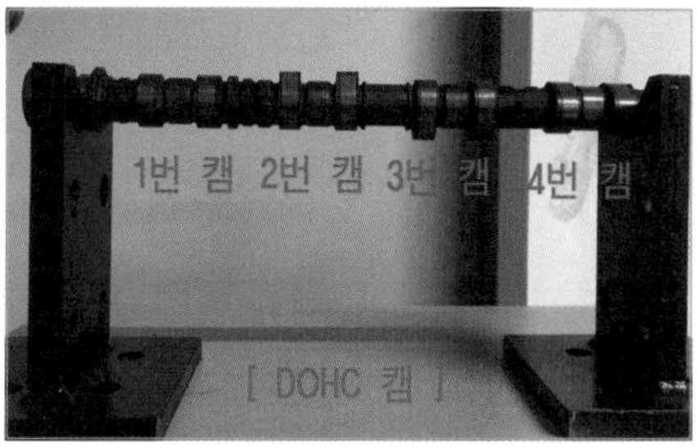

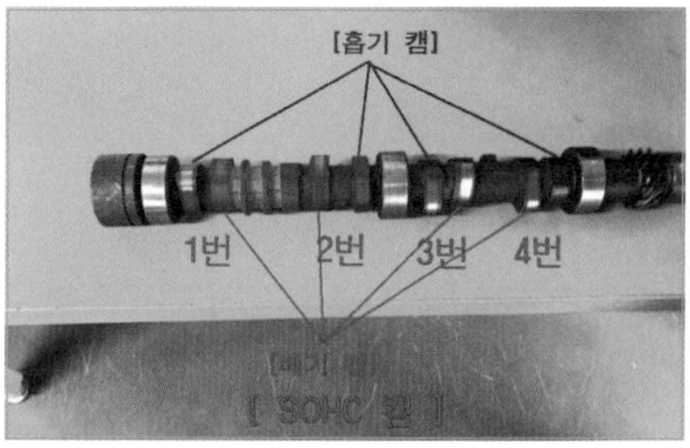

측정 방법

- 시험 감독관이 지정하는 캠을 확인한다.
- 마이크로미터를 이용하여 해당 캠의 높이를 측정한다.

※ 캠축에서 타이밍벨트 쪽이 1번이다.
- SOHC는 흡배배흡 흡배배흡 순서이고
- DOHC는 (몇 번 캠) 앞 또는 뒤를 측정하라고 감독관이 지정.

▲ 캠 높이 측정

② 판정 및 정비(또는 조치) 사항

- 마이크로미터 읽는 방법

아래 그림은 0 ~ 25[mm]용 외측 마이크로미터의 눈금읽기를 나타낸 것이다.

㉠ 슬리브의 0기선 위(基線上)의 1[mm] 단위의 눈금을 읽는다. 이 경우 5이다.

㉡ 슬리브의 0기선 아래(基線下)의 0.5[mm] 단위의 눈금을 읽는다. 이 경우 0.5이다.

㉢ 슬리브 0기선 위에 있는 딤블의 눈금을 읽는다. 이 경우 43이다. 따라서 실제 값은 0.43[mm]이다.

㉣ 측정값은 5[mm]+0.5[mm]+0.43[mm]=5.93[mm]이다.

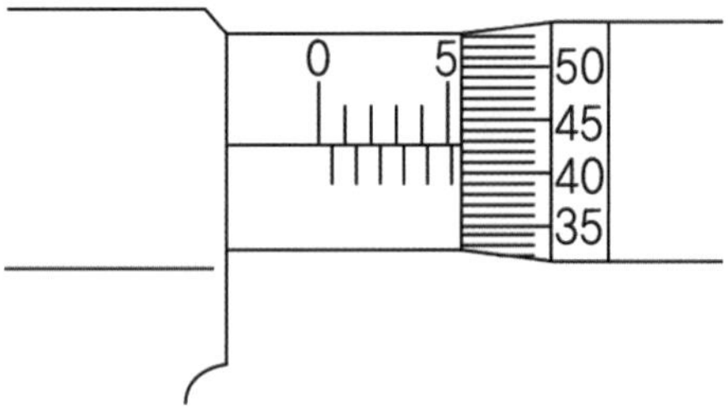

▲ 외경 마이크로미터의 눈금읽기

③ 답안지 작성 예

측정항목	① 측정(또는 점검)		② 판정 및 정비(또는 조치) 사항		득 점
	측정값	규정(정비한계)값	판 정 (□에 ✓표)	정비 및 조치할 사항	
캠 높이	41.30[mm]	40.50~42.50[mm]	☑ 양 호 □ 불 량	정비 및 조치사항 없음	

측정항목	① 측정(또는 점검)		② 판정 및 정비(또는 조치) 사항		득 점
	측정값	규정(정비한계)값	판 정 (□에 ✓표)	정비 및 조치할 사항	
캠 높이	38.50[mm]	40.50~42.50[mm]	□ 양 호 ☑ 불 량	캠축 불량, 교환 후 재측정(재점검)	

05 크랭크축 휨 점검

엔진 번호 :			비번호		감독위원 확 인	
측정항목	① 측정(또는 점검)		② 판정 및 정비(또는 조치) 사항		득 점
	측정값	규정(정비한계)값	판 정 (□에 ✓표)	정비 및 조치할 사항	
크랭크축 휨			□ 양 호 □ 불 량		

※ 시험위원이 지정하는 부위를 측정합니다.
※ 단위가 누락되거나 틀린 경우 오답으로 채점

① 측정 및 점검

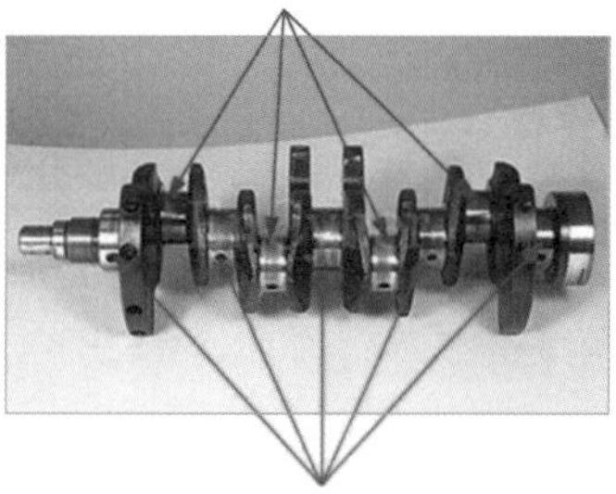

측정 방법

- 시험 감독관이 지정하는 위치를 확인한다.
- 크랭크축 메인 베어링을 모두 제거하고 V블록에 크랭크축을 설치하고 다이얼 게이지를 장착한다.
- 크랭크축을 1회전 하면서 설치된 다이얼 게이지의 눈금 값을 읽는다.

▲ 크랭크축 휨 측정

② 판정 및 정비(또는 조치) 사항

- 측정값은 다이얼 게이지 값의 1/2이다.

측정 예시

- 게이지값이 0.03[mm]이면
- 답안지 작성에서 "측정값"은 게이지 값은 1/2인 0.015[mm]이다.
- 규정값에는 감독관이 제시한 값을 기록한다.

③ 답안지 작성 예

측정항목	① 측정(또는 점검)		② 판정 및 정비(또는 조치) 사항		득 점
	측정값	규정(정비한계)값	판 정 (□에 ✓표)	정비 및 조치할 사항	
크랭크축 휨	0.015[mm]	0.03[mm] 이하	☑ 양 호 □ 불 량	정비 및 조치사항 없음	

측정항목	① 측정(또는 점검)		② 판정 및 정비(또는 조치) 사항		득 점
	측정값	규정(정비한계)값	판 정 (□에 ✓표)	정비 및 조치할 사항	
크랭크축 휨	0.045[mm]	0.03[mm] 이하	□ 양 호 ☑ 불 량	크랭크축 휨 불량, 교환 후 재측정(재점검)	

06 크랭크축 마모량(외경) 점검

엔진 번호 :			비번호		감독위원 확 인	
측정항목	① 측정(또는 점검)		② 판정 및 정비(또는 조치) 사항			득 점
	측정값	규정(정비한계)값	판 정 (□에 ✓표)		정비 및 조치할 사항	
( )번 저널 크랭크축 외경			□ 양 호 □ 불 량			

※ 시험위원이 지정하는 부위를 측정합니다.
※ 단위가 누락되거나 틀린 경우 오답으로 채점

① 측정 및 점검

- 마이크로 미터를 사용

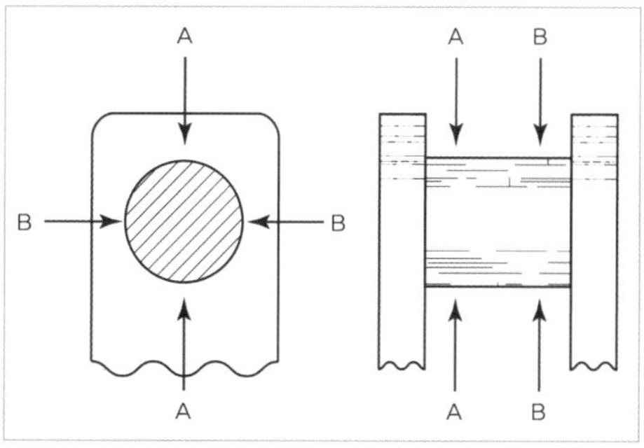

▲ 마이크로 미터 측정

▲ 마이크로 측정 부위

- 측정값은 수검자가 직접 측정하여 기재하고 규정(정비한계)값은 수검자가 시험장에서 제공하는 차량의 정비지침서 또는 시험감독관이 제시하는 규정값을 보고 기재한다.

측정 방법

- 크랭크축 저널을 헝겊으로 깨끗하게 닦는다.
- 외측 마이크로미터의 0점을 확인하고 맞지 않으면 0점 조정을 한다.
- 각 저널의 상/하부와 좌/우측 부분 2개소씩 모두 4개소를 측정하여 최소측정값을 찾아낸다. 그리고 각 저널의 최소 측정값을 기준으로 수정한다. (시험감독관의 지시에 따라 1번 메인 저널 측정 부분을 측정하는 경우에는 그 지시에 따른다.)

- 마멸량 = 메인 저널의 표준값 − 메인 저널 외경 최소 측정값

수정방법 및 언더 사이즈 정하기

- 크랭크축 저널 최대 마멸량이 수정 한계값 이상인 경우에는 연마수정을 하여야 한다.
- 크랭크축 저널을 연마 수정하면 저널의 지름이 작아지므로 최소 측정값에서 진원절삭량(0.2mm)을 뺀다. 따라서 그 치수가 작아지므로 언더시이즈(under size)라고 부르며, 엔진 베어링의 두께는 두꺼워지게 된다. 따라서 크랭크축 저널 수정방법은 다음과 같다.

- 수정값 = 최소측정값 − 진원절삭량(0.2mm) 이 값으로부터 언더 사이즈치수에 맞는 값을 찾아 그 값으로 한다.

예) 크랭크 축 메인 저널 표준값이 57.00이고 최소측정값이 56.71mm인 경우 56.71mm − 0.2mm=56.51mm, 그러나 언더 사이즈에는 0.51mm가 없으므로 이 값보다도 작으면서 가장 가까운 값인 0.50mm를 선택한다. 따라서 수정값은 56.50mm이며 언더 사이즈 기준값은 표준값 57.00mm−56.50mm(수정값)=0.50mm이다. 따라서 이 크랭크 축 메인 저널은 지름이 0.50mm이 작아지고 엔진 베어링은 0.50mm 더 두꺼워진다.

- 크랭크 축 마멸량 한계값

항 목	저널지름	수정한계값
진원 마멸량	50mm이상	0.20mm
	50mm이하	0.15mm
테이퍼 마멸량		0.025mm
편마멸		0.04mm

- 크랭크 축 언더 사이즈 한계값

저널지름	언더 사이즈 한계값
50mm이상	1.50mm
50mm이하	1.00mm

- 크랭크 축 마멸량 한계값

KS규격	SAE 규격
0.25mm	
0.50mm	0.020"
0.75mm	
1.00mm	0.040"
1.25mm	
1.50mm	0.060"

② 판정 및 정비(또는 조치) 사항

- 수검자가 측정한 값과 규정(정비한계)값을 비교하여 판정란의 양호 또는 불량에 ✓표시를 하고 정비 및 조치사항란에 조치사항을 서술한다.
- 규정값은 시험장에서 주어진다. 예 48.00[mm]

㉠ 양호 – 마멸량이 한계값 범위 안에 있을 때 : 규정값에서 정비한계값을 뺀 값의 사이에 있는 경우이다. 예 48.00[mm](정비한계값 : 0.05mm)인 경우 48−0.05=47.95mm 즉, 47.95 ~ 48.00mm에 있으면 양호이다.

㉡ 불량 – 마멸량이 한계값 이상 일 때

▶ **차종별 크랭크 축 메인 저널 규정값**

차 종	크랭크 축	
	메인 저널	핀 저널
엑 셀	48.00[mm] (한계값 : 0.05mm이하)	42.00[mm]

- 마멸량 = 메인 저널의 표준값(48.00mm) − 메인 저널 외경 최소 측정값(47.50mm)에서 마모량은 0.5mm이다.
  따라서 마모량이 수정한계값을 벗어났으므로 불량이고 정비 및 조치 사항은 메인저널 마모량과다 이므로 언더 사이즈 값을 구한다.
- 수정값 = 최소측정값 − 진원절삭량(0.2mm)에서 47.50mm−0.2mm=47.30mm, 그러나 0.30mm가 언더 사이즈 값에 없으므로 이 값보다 작으면서 가장 가까운 값인 0.25mm를 선택한다. 따라서 수정값은 47.25mm이며 언더 사이즈 기준값은 다음과 같다.
- 언더사이즈 기준값 = 표준 메인 저널값(표준값) − 수정값을 이용하여 구하면, 48.00mm − 47.25mm = 0.75mm가 된다. 이에 따라 이 크랭크 축의 메인 저널의 지름은 0.75mm가 가늘어지고 베어링은 0.75mm가 더 두꺼워진다.

주의 언더사이즈가 없는 경우 예 46.85[mm]

- 규정값이 48.00mm에서 저널직경이 50mm이하인 경우 언더사이즈 최댓값은 1.00mm이다.
- 48.00mm − 1.00mm = 47.00로 이하의 값에 대해서는 언더사이즈 교환 자체가 불가능하다.
- 측정값 47.50mm − 0.2mm = 47.30mm로 이미 언더 사이즈 한계값을 넘어섰음으로 이런 경우는 크랭크축 자체를 교환하여야 한다.

③ 답안지 작성 예

측정항목	① 측정(또는 점검)		② 판정 및 정비(또는 조치) 사항		득 점
	측정값	규정(정비한계)값	판 정 (□에 ✓표)	정비 및 조치할 사항	
(1)번 저널 크랭크축 외경	메인저널직경 : 47.50mm 마멸량:0.5mm	메인저널직경 : 48.00mm 마모량:0.05mm이하	□ 양 호 ☑ 불 량	메인저널 마모량이 많으므로 U/S 0.75mm 베어링으로 교환 후 재점검	

측정항목	① 측정(또는 점검)		② 판정 및 정비(또는 조치) 사항		득 점
	측정값	규정(정비한계)값	판 정 (□에 ✓표)	정비 및 조치할 사항	
(1)번 저널 크랭크축 외경	메인저널직경 : 46.85mm 마멸량:1.15mm	메인저널직경 : 48.00mm 마모량:0.05mm이하	□ 양 호 ☑ 불 량	언더 사이즈 한계값을 벗어나므로 크랭크축 교환 후 재점검	

※ 주의사항 : 반드시 측정값 및 규정(정비한계)값의 단위(mm, 이상, 이하, 미만 등 포함)를 적는다.

마이크로미터 읽는 방법

아래 그림은 0～25[mm]용 외측 마이크로미터의 눈금읽기를 나타낸 것이다.

㉠ 슬리브의 0기선 위(基線上)의 1[mm] 단위의 눈금을 읽는다. 이 경우 5이다.

㉡ 슬리브의 0기선 아래(基線下)의 0.5[mm] 단위의 눈금을 읽는다. 이 경우 0.50이다.

㉢ 슬리브 0기선 위에 있는 딤블의 눈금을 읽는다. 이 경우 430이다. 따라서 실제 값은 0.43[mm]이다.

㉣ 측정값은 5[mm]+0.5[mm]+0.43[mm]=5.93[mm]이다.

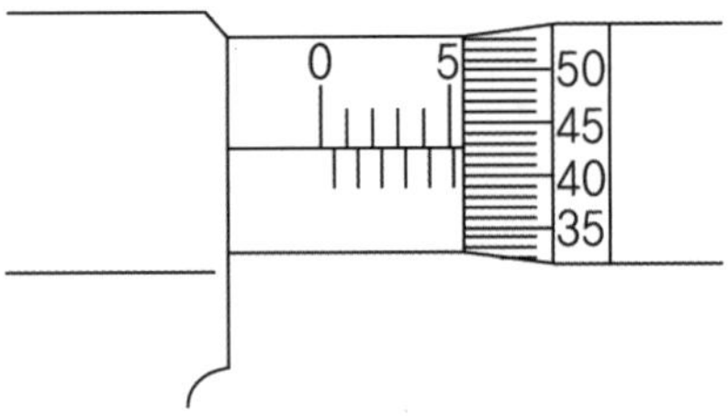

▲ 외경 마이크로미터의 눈금읽기

07 실린더 헤드 변형 점검

엔진 번호 :			비번호		감독위원 확 인	
측정항목	① 측정(또는 점검)		② 판정 및 정비(또는 조치) 사항			득 점
	측정값	규정(정비한계)값	판 정 (□에 ✓표)		정비 및 조치할 사항	
실린더 헤드 변형도			□ 양 호 □ 불 량			

※ 시험위원이 지정하는 부위를 측정합니다.

① 측정 및 점검

- 곧 은자와 시크니스 게이지를 사용하여 아래 그림과 같이 설치 후 6개소를 점검한다.

측정 방법

㉠ 곧은자를 45° 옆으로 세운후 시크니스 게이지를 삽입한다.
㉡ 삽입한 시크니스 게이지가 얇은 것 부터 삽입하여 약간 긁히는 느낌이 나는 게이지를 선택한다.
㉢ 측정한 게이지를 읽으면 된다. 위에서 보이는 게이지 중 .063 적혀 있는 것이 mm단위로 0.063mm로 읽으면 된다.

참고 위에 .0025는 단위가 inch이다.

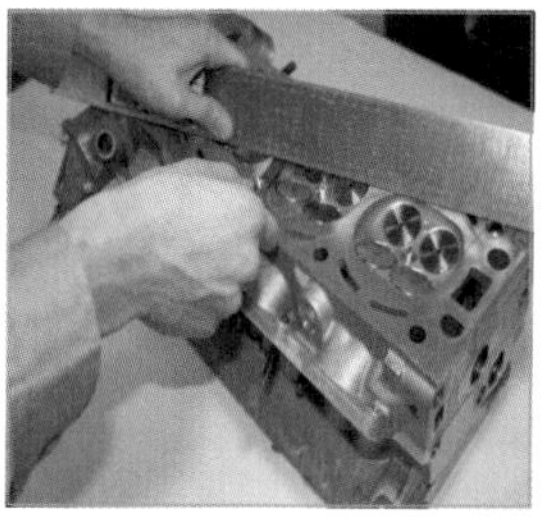
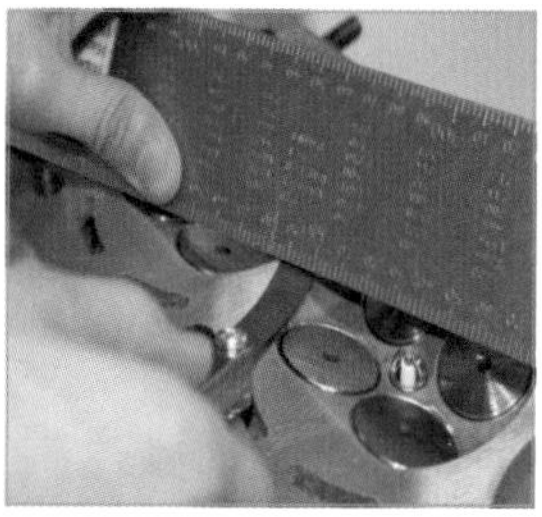

▲ 실린더 헤드 변형 측정

- 측정값은 수검자가 직접 측정하여 기재하고 규정(정비한계)값은 수검자가 시험장에서 제공하는 차량의 정비지침서 또는 시험감독관이 제시하는 규정값을 보고 기재한다.

② 판정 및 정비(또는 조치) 사항

- 수검자가 측정한 값과 규정(정비한계)값을 비교하여 판정란의 양호 또는 불량에 ✓표시를 하고 정비 및 조치사항란에 조치사항을 서술한다.
- 수정방법은 변형이 경미한 경우에는 실린더 헤드 면의 변형된 부위를 스크레이퍼로 절삭한다. 또 한계값 이상으로 변형된 경우에는 실린더 헤드를 교환 한다.

③ 답안지 작성 예

측정항목	① 측정(또는 점검)		② 판정 및 정비(또는 조치) 사항		득 점
	측정값	규정(정비한계)값	판 정 (□에 ✓표)	정비 및 조치할 사항	
실린더헤드 변형도	0.2[mm]	0.03[mm] 이하 (한계값: 0.1mm)	□ 양 호 ☑ 불 량	실린더 헤드 교환 후 재점검	

측정항목	① 측정(또는 점검)		② 판정 및 정비(또는 조치) 사항		득 점
	측정값	규정(정비한계)값	판 정 (□에 ✓표)	정비 및 조치할 사항	
실린더헤드 변형도	0.034[mm]	0.03[mm] 이하 (한계값: 0.1mm)	□ 양 호 ☑ 불 량	실린더 헤드 스크레이퍼 절삭 후 재점검	

측정항목	① 측정(또는 점검)		② 판정 및 정비(또는 조치) 사항		득 점
	측정값	규정(정비한계)값	판 정 (□에 ✓표)	정비 및 조치할 사항	
실린더헤드 변형도	0.0[mm]	0.03[mm] 이하 (한계값: 0.1mm)	☑ 양 호 □ 불 량	정비 및 조치사항 없음	

측정항목	① 측정(또는 점검)		② 판정 및 정비(또는 조치) 사항		득 점
	측정값	규정(정비한계)값	판 정 (□에 ✓표)	정비 및 조치할 사항	
실린더헤드 변형도	0.08[mm]	0.03[mm] 이하 (한계값: 0.1mm)	☑ 양 호 □ 불 량	정비 및 조치사항 없음	

※ 주의사항 : 반드시 측정값 및 규정(정비한계)값의 단위(mm, 이상, 이하, 미만 등 포함)를 적는다.

08 실린더 압축압력 점검

엔진 번호 :			비번호		감독위원 확 인	
측정항목	① 측정(또는 점검)		② 판정 및 정비(또는 조치) 사항		득 점	
	측정값	규정(정비한계)값	판 정 (□에 ✓표)	정비 및 조치할 사항		
( )번 실린더 압축압력			□ 양 호 □ 불 량			

※ 시험위원이 지정하는 부위를 측정합니다.
※ 단위가 누락되거나 틀린 경우 오답으로 채점

① 측정 및 점검

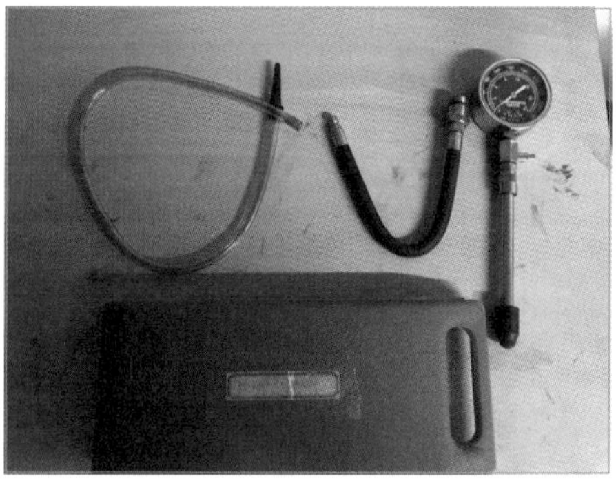

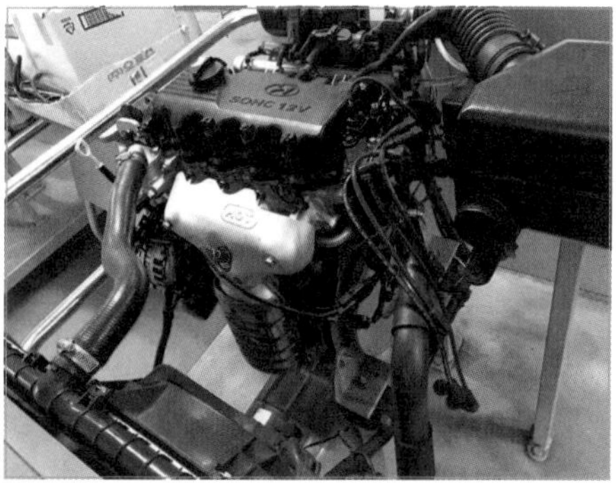

측정 방법

- 시험 감독관이 지정하는 위치를 확인한다.
- 점화 2차 고압케이블 및 점화플러그를 탈거한다.
- 측정하고자하는 실린더 또는 전체 실린더에 압축압력 게이지를 설치한다.
- 연료펌프 퓨즈 또는 컨넥터를 탈거한다. 탈거한다.
- 스로틀 밸브를 완전히 개방한 상태에서 엔진을 4~5회 크랭킹한다.
- 이때 실린더에 장착된 압축압력 게이지를 읽는다.
- 건식 측정결과가 불량이면 감독관의 지시에 따라 습식 시험(오일을 약 10cc정도 주입하고 1분 후 측정)의 유/무를 결정한다.

▲ 실린더 압축압력 측정

② 판정 및 정비(또는 조치) 사항

- 규정값의 70 ~ 110% 이면 양호하다.

규정값 설정 방법 예시

- 시험차량의 표준 압축압력 규정값 ⇒ 11[Kg/cm^2]이면
- 양호의 범위가 표준 규정값의 70 ~ 110%이므로 7.7(11 × 0.7 =7.7) ~ 12.1(11 × 1.1 =12.1) [Kg/cm^2]까지 양호이다.
- **측정값이 규정값보다 큰 경우** : 연소실 카본퇴적 등이 원인
- **측정값이 규정값보다 작은 경우** : 실린더 간극 및 실린더 헤드 가스켓 등이 원인이다.

③ 답안지 작성 예

측정항목	① 측정(또는 점검)		② 판정 및 정비(또는 조치) 사항		득 점
	측정값	규정(정비한계)값	판 정 (□에 ✓표)	정비 및 조치할 사항	
(1)번 실린더 압축압력	10.5[Kg/cm^2]	7.7 ~ 12.1 [Kg/cm^2]	☑ 양 호 □ 불 량	정비 및 조치사항 없음	

측정항목	① 측정(또는 점검)		② 판정 및 정비(또는 조치) 사항		득 점
	측정값	규정(정비한계)값	판 정 (□에 ✓표)	정비 및 조치할 사항	
(1)번 실린더 압축압력	13.5[Kg/cm^2]	7.7 ~ 12.1 [Kg/cm^2]	□ 양 호 ☑ 불 량	연소실 카본 누적, 카본 제거 후 재점검(재측정)	

측정항목	① 측정(또는 점검)		② 판정 및 정비(또는 조치) 사항		득 점
	측정값	규정(정비한계)값	판 정 (□에 ✓표)	정비 및 조치할 사항	
(1)번 실린더 압축압력	6.5[Kg/cm^2]	7.7 ~ 12.1 [Kg/cm^2]	□ 양 호 ☑ 불 량	실린더헤드 가스켓 불량, 교환 후 재측정(재점검)	

09 크랭크축 축방향 유격 점검

엔진 번호 :			비번호		감독위원 확 인	
측정항목	① 측정(또는 점검)		② 판정 및 정비(또는 조치) 사항		득 점	
	측정값	규정(정비한계)값	판 정 (□에 ✓표)	정비 및 조치할 사항		
크랭크축 축 방향 유격			□ 양 호 □ 불 량			

※ 시험위원이 지정하는 부위를 측정합니다.

① 측정 및 점검

- 방법1 : 필러 게이지를 이용하여 스러스트 베어링이 설치되어 있는 부분에서 측정한다. 일반적으로 3번 자리에서 측정한다.
- 방법2 : 다이얼 게이지 스핀들을 아래 그림과 같이 크랭크 축 앞 끝이나 뒤 끝에 직각이 되도록 설치하고 공구를 이용하여 축을 밀어 0점을 맞춘 후 앞쪽이나 뒤쪽으로 플라이 바로 밀었을 때 다이얼 게이지 바늘이 지시하는 값이 축방향 유격이다.

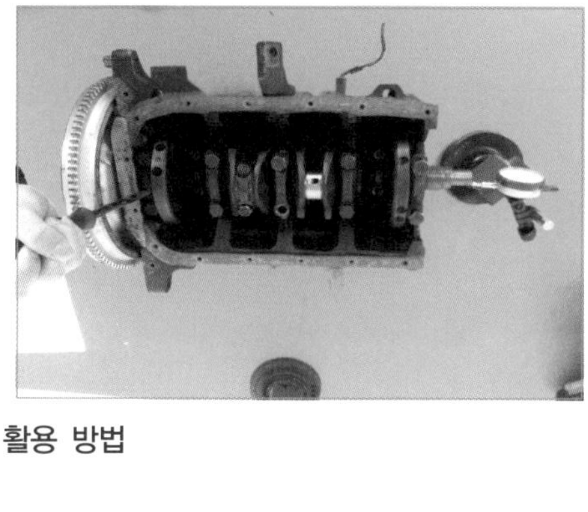

▲ 다이얼 게이지 활용 방법

- 측정값은 수검자가 직접 측정하여 기재하고 규정(정비한계)값은 수검자가 시험장에서 제공하는 차량의 정비지침서 또는 시험감독관이 제시하는 규정값을 보고 기재한다.

② 판정 및 정비(또는 조치) 사항

- 수검자가 측정한 값과 규정(정비한계)값을 비교하여 판정란의 양호 또는 불량에 ✓표시를 하고 정비 및 조치사항란에 조치사항을 서술한다.
- 간극이 크면 스러스트 베어링을 사용하는 경우에는 베어링을 교환 또는 심을 사용하는 경우에는 심(shim)을 교환
- 간극이 작으면 스러스트 면을 연마하여 조정

③ 답안지 작성 예

측정항목	① 측정(또는 점검)		② 판정 및 정비(또는 조치) 사항		득 점
	측정값	규정(정비한계)값	판 정 (□에 ✓표)	정비 및 조치할 사항	
크랭크축 축 방향 유격	0.4[mm]	0.08~0.157[mm] (한계값: 0.26mm)	□ 양 호 ☑ 불 량	스러스트 베어링 교환 후 재점검	

측정항목	① 측정(또는 점검)		② 판정 및 정비(또는 조치) 사항		득 점
	측정값	규정(정비한계)값	판 정 (□에 ✓표)	정비 및 조치할 사항	
크랭크축 축 방향 유격	0.13[mm]	0.08~0.157[mm] (한계값: 0.26mm)	☑ 양 호 □ 불 량	정비 및 조치 사항 없음	

측정항목	① 측정(또는 점검)		② 판정 및 정비(또는 조치) 사항		득 점
	측정값	규정(정비한계)값	판 정 (□에 ✓표)	정비 및 조치할 사항	
크랭크축 축 방향 유격	0.21[mm]	0.08~0.157[mm] (한계값: 0.26mm)	☑ 양 호 □ 불 량	정비 및 조치 사항 없음	

※ 주의사항 : 반드시 측정값 및 규정(정비한계)값의 단위(mm, 이상, 이하, 미만 등 포함)를 적는다.

10-1 크랭크축 메인저널 오일간극 측정

엔진 번호 :			비번호		감독위원 확 인	
측정항목	① 측정(또는 점검)		② 판정 및 정비(또는 조치) 사항			득 점
	측정값	규정(정비한계)값	판 정 (□에 ✓표)	정비 및 조치할 사항		
크랭크축 메인저널 오일간극			□ 양 호 □ 불 량			

※ 시험위원이 지정하는 부위를 측정합니다.

① 측정 및 점검

- 플라스틱게이지법과 마이크로미터법 중 일반적으로 플라스틱게이지법(토크랜치 함께)을 사용

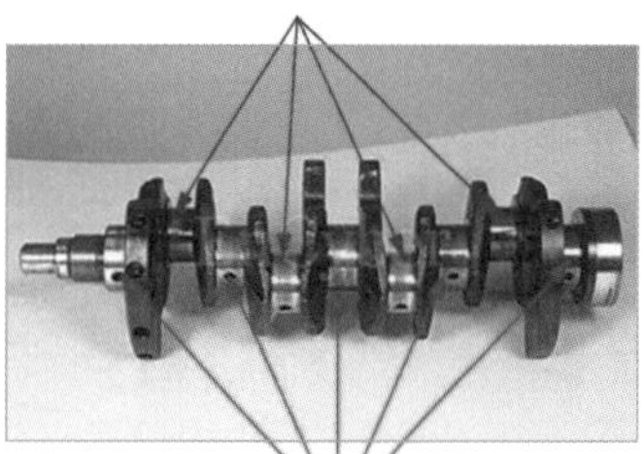

- 위의 그림에서 빨간 색으로 칠해진 부품의 이름은 베어링캡(bearing cap)이라고 합니다. 일명 메인 베어링캡이라고도 합니다.
  크랭크축을 실린더블록에 고정시키는 역할을 하며, 내부에는 베어링이 장착되어 크랭크축의 원활한 회전을 돕고 있습니다.
- 위 오른쪽 사진에서 보듯이 크랭크축 중앙에 일직선으로 배치되어 있는 굵은 부위를 메인 저널이라 합니다. 이 부위는 베어링과 함께 메인 베어링캡에 의해 블록에 조립되게 되어

있습니다. 파란색 화살표가 가리키는 부위는 조금 얇은 부위로서 핀저널이라고 부르며, 커넥팅로드의 대단부가 핀저널에 조립되어 엔진의 폭발력을 회전력으로 변경시켜주는 중요한 역할을 합니다.

측정 및 수정방법

- 메인 저널의 베이링 캡을 탈거 한후 베어링에 오일, 그리스, 그밖에 이물질을 닦아 낸다.
- 베어링의 폭과 같은 길이로 플라스틱 게이지를 잘라서 저널과 평행하게 위치시킨다.
- 크랭크 샤프트, 베어링, 캡을 장착하고 규정토크로 조인다.
- 다시 베이링 캡을 분해 하여 플라스틱 게이지 측정부를 플라스틱 게이지에 맞추어 본다.
- 눈금이 있는 플라스틱 게이지를 사용하여 폭이 제일 넓은 부분에서 플라스틱게이지의 폭을 측정한다.
- 간극이 정비한계를 초과하면 베어링을 교환하거나 언더 사이즈를 사용해야 한다. 또한 신품의 크랭크 샤프트를 장착할때는 기준크기의 베어링을 사용해야 한다.

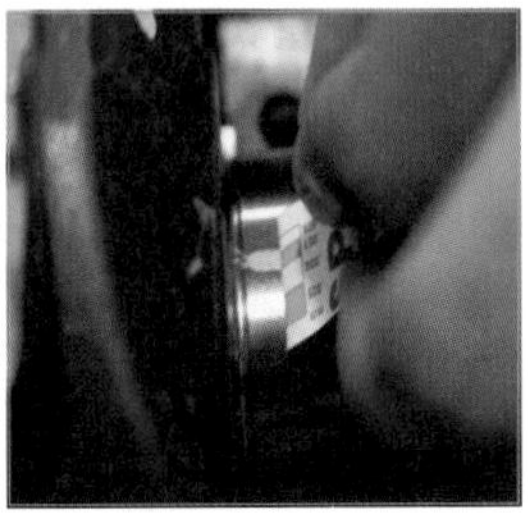

▲ 플라스틱 게이지법

- 측정값은 수검자가 직접 측정하여 기재하고 규정(정비한계)값은 수검자가 시험장에서 제공하는 차량의 정비지침서 또는 시험감독관이 제시하는 규정값을 보고 기재한다.

② 판정 및 정비(또는 조치) 사항

- 수검자가 측정한 값과 규정(정비한계)값을 비교하여 판정란의 양호 또는 불량에 ✓표시를 하고 정비 및 조치사항란에 조치사항을 서술한다.

③ 답안지 작성 예

측정항목	① 측정(또는 점검)		② 판정 및 정비(또는 조치) 사항		득 점
	측정값	규정(정비한계)값	판 정 (□에 ✓표)	정비 및 조치할 사항	
크랭크축 메인저널 오일간극	0.025[mm]	0.018~0.036[mm] (한계값: 0.1mm이하)	☑ 양 호 □ 불 량	정비 및 조치사항 없음	

측정항목	① 측정(또는 점검)		② 판정 및 정비(또는 조치) 사항		득 점
	측정값	규정(정비한계)값	판 정 (□에 ✓표)	정비 및 조치할 사항	
크랭크축 메인저널 오일간극	0.13[mm]	0.018~0.036[mm] (한계값: 0.1mm이하)	□ 양 호 ☑ 불 량	메인저널 베어링 마모, 메인저널 베어링 교환 후 재점검	

측정항목	① 측정(또는 점검)		② 판정 및 정비(또는 조치) 사항		득 점
	측정값	규정(정비한계)값	판 정 (□에 ✓표)	정비 및 조치할 사항	
크랭크축 메인저널 오일간극	0.000[mm]	0.018~0.036[mm] (한계값: 0.1mm이하)	□ 양 호 ☑ 불 량	메인저널 베어링 불량, 메인저널 베어링을 U/S 로 재가공	

측정항목	① 측정(또는 점검)		② 판정 및 정비(또는 조치) 사항		득 점
	측정값	규정(정비한계)값	판 정 (□에 ✓표)	정비 및 조치할 사항	
크랭크축 메인저널 오일간극	0.09[mm]	0.018~0.036[mm] (한계값: 0.1mm이하)	☑ 양 호 □ 불 량	정비 및 조치사항 없음	

※ 주의사항 : 반드시 측정값 및 규정(정비한계)값의 단위(mm, 이상, 이하, 미만 등 포함)를 적는다.

10-2 크랭크축 핀 저널 오일간극 측정

엔진 번호 :			비번호		감독위원 확 인	
측정항목	① 측정(또는 점검)		② 판정 및 정비(또는 조치) 사항			득 점
	측정값	규정(정비한계)값	판 정 (□에 ✓표)	정비 및 조치할 사항		
핀 저널 오일간극			□ 양 호 □ 불 량			

※ 시험위원이 지정하는 부위를 측정합니다.

① 측정 및 점검

- 플라스틱게이지법과 마이크로미터와 텔레스코핑 게이지(실린더 보어 게이지)를 이용하는 방법 중 일반적으로 플라스틱게이지법(토크랜치 함께)을 사용

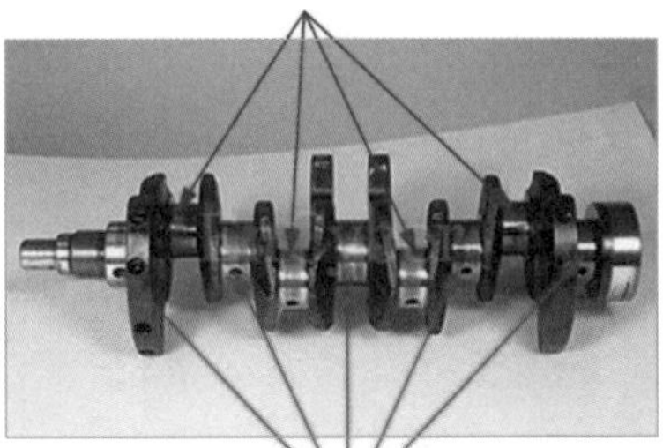

- 위의 그림에서 빨간 색으로 칠해진 부품의 이름은 베어링캡(bearing cap)이라고 합니다. 일명 메인 베어링캡이라고도 합니다.
크랭크축을 실린더블록에 고정시키는 역할을 하며, 내부에는 베어링이 장착되어 크랭크축의 원활한 회전을 돕고 있습니다.

• 위 오른쪽 사진에서 보듯이 크랭크축 중앙에 일직선으로 배치되어 있는 굵은 부위를 메인 저널이라 합니다. 이 부위는 베어링과 함께 메인 베어링캡에 의해 블록에 조립되게 되어 있습니다. 파란색 화살표가 가리키는 부위는 조금 얇은 부위로서 핀저널이라고 부르며, 커넥팅로드의 대단부가 핀저널에 조립되어 엔진의 폭발력을 회전력으로 변경시켜주는 중요한 역할을 합니다.

측정 및 수정방법

- 해당 피스톤의 베이링 캡을 탈거 한 후 베어링의 폭과 같은 길이로 플라스틱 게이지를 잘라서 저널과 평행하게 위치시킨다.
- 피스톤 베어링 캡을 장착하고 규정토크로 조인다.
- 눈금이 있는 플라스틱 게이지를 사용하여 폭이 제일 넓은 부분에서 플라스틱게이지의 폭을 측정한다.
- 간극이 정비한계를 초과하면 베어링을 교환하거나 언더 사이즈를 사용해야 한다.

▲ 플라스틱 게이지법

- 측정값은 수검자가 직접 측정하여 기재하고 규정(정비한계)값은 수검자가 시험장에서 제공하는 차량의 정비지침서 또는 시험감독관이 제시하는 규정값을 보고 기재한다.

② 판정 및 정비(또는 조치) 사항

• 수검자가 측정한 값과 규정(정비한계)값을 비교하여 판정란의 양호 또는 불량에 ✓표시를 하고 정비 및 조치사항란에 조치사항을 서술한다.

③ 답안지 작성 예

측정항목	① 측정(또는 점검)		② 판정 및 정비(또는 조치) 사항		득 점
	측정값	규정(정비한계)값	판 정 (□에 ✓표)	정비 및 조치할 사항	
크랭크축 핀 저널 오일간극	0.030[mm]	0.018~0.036[mm] (한계값: 0.1mm이하)	☑ 양 호 □ 불 량	정비 및 조치 사항 없음	

측정항목	① 측정(또는 점검)		② 판정 및 정비(또는 조치) 사항		득 점
	측정값	규정(정비한계)값	판 정 (□에 ✓표)	정비 및 조치할 사항	
크랭크축 핀 저널 오일간극	0.07[mm]	0.018~0.036[mm] (한계값: 0.1mm이하)	☑ 양 호 □ 불 량	정비 및 조치 사항 없음	

측정항목	① 측정(또는 점검)		② 판정 및 정비(또는 조치) 사항		득 점
	측정값	규정(정비한계)값	판 정 (□에 ✓표)	정비 및 조치할 사항	
크랭크축 핀 저널 오일간극	0.17[mm]	0.018~0.036[mm] (한계값: 0.1mm이하)	□ 양 호 ☑ 불 량	핀 저널 베어링 마모- 베어링을 U/S로 가공 후 재점검	

※ 주의사항 : 반드시 측정값 및 규정(정비한계)값의 단위(mm, 이상, 이하, 미만 등 포함)를 적는다.

11 캠축 휨 측정

엔진 번호 :		비번호		감독위원 확 인		
측정항목	① 측정(또는 점검)		② 판정 및 정비(또는 조치) 사항		득 점	
	측정값	규정(정비한계)값	판 정 (□에 ✓표)	정비 및 조치할 사항		
캠 축 휨			□ 양 호 □ 불 량			

※ 시험위원이 지정하는 부위를 측정합니다.

① 측정 및 점검

- 캠 축을 다이얼 게이지를 이용하여 캠축의 휨을 점검한다.
- 정반위의 V – 블록에 캠축을 올려놓고 중심 저널에 다이얼게이지 스핀들을 직각으로 설치한다.
- 캠축을 천천히 1회전 시켜 다이얼 게이지 바늘이 움직인 양의 1/2값이 휨 값이다. 그 이유는 1회전을 시키므로 휨이 2배가 되었기 때문이다.
- 측정값은 수검자가 직접 측정하여 기입을하고 규정(정비한계)값은 수검자가 시험장에서 제공하는 차량의 정비지침서 또는 시험감독관이 제시하는 규정값을 보고 기재한다.

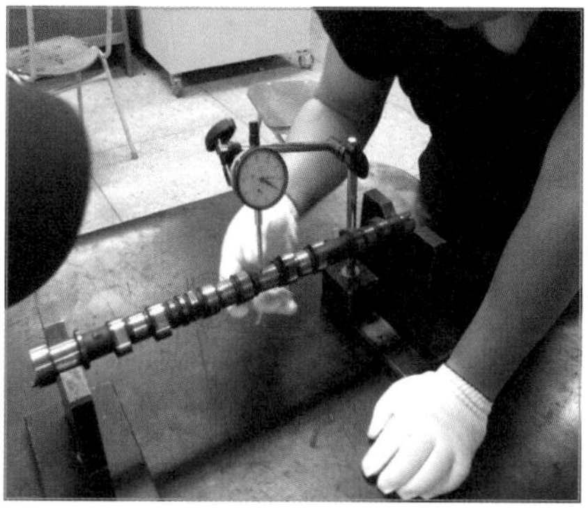

▲ 캠축 휨 측정

② 판정 및 정비(또는 조치) 사항

- 수검자가 측정한 값과 규정(정비한계)값을 비교하여 판정란의 양호 또는 불량에 ✓표시를 하고 정비 및 조치사항란에 조치사항을 서술한다.
- 캠축의 휨이 규정치 이상일 때에는 캠축을 교환한다.

③ 답안지 작성 예

측정항목	① 측정(또는 점검)		② 판정 및 정비(또는 조치) 사항		득 점
	측정값	규정(정비한계)값	판 정 (□에 ✓표)	정비 및 조치할 사항	
캠 축 휨	0.16[mm]	0.02[mm] 이하	□ 양 호 ☑ 불 량	캠축 불량, 캠축 교환 후 재점검	

※ 주의사항 : 반드시 측정값 및 규정(정비한계)값의 단위(mm, 이상, 이하, 미만 등 포함)를 적는다.

12 플라이휠 런 아웃 점검

<table>
<tr><td colspan="3">엔진 번호 :</td><td>비번호</td><td></td><td>감독위원
확　인</td><td></td></tr>
<tr><td rowspan="2">측정항목</td><td colspan="2">① 측정(또는 점검)</td><td colspan="3">② 판정 및 정비(또는 조치) 사항</td><td rowspan="2">득 점</td></tr>
<tr><td>측정값</td><td>규정(정비한계)값</td><td colspan="2">판 정
(□에 ✓표)</td><td>정비 및
조치할 사항</td></tr>
<tr><td>플라이휠 런
아웃</td><td></td><td></td><td colspan="2">□ 양 호
□ 불 량</td><td></td><td></td></tr>
</table>

※ 시험위원이 지정하는 부위를 측정합니다.

① 측정 및 점검

- 플라이휠에 다이얼 게이지 설치하여 휠을 1회전시켜 최댓값을 읽는다.
- 측정값은 수검자가 직접 측정하여 기입을 하고 규정(정비한계)값은 수검자가 시험장에서 제공하는 차량의 정비지침서 또는 시험감독관이 제시하는 규정 값을 보고 기재한다.

▲ 플라이휠 런 아웃 측정

② 판정 및 정비(또는 조치) 사항

- 수검자가 측정한 값과 규정(정비한계)값을 비교하여 판정란의 양호 또는 불량에 ✓표시를 하고 정비 및 조치사항란에 조치사항을 서술한다.
- 캠축의 휨이 규정치 이상일 때에는 캠축을 교환한다.

③ 답안지 작성 예

측정항목	① 측정(또는 점검)		② 판정 및 정비(또는 조치) 사항		득 점
	측정값	규정(정비한계)값	판 정 (□에 ✓표)	정비 및 조치할 사항	
플라이휠 런 아웃	0.026[mm]	0.04[mm] 이하	☑ 양 호 □ 불 량	정비 및 조치사항 없음	

측정항목	① 측정(또는 점검)		② 판정 및 정비(또는 조치) 사항		득 점
	측정값	규정(정비한계)값	판 정 (□에 ✓표)	정비 및 조치할 사항	
플라이휠 런 아웃	0.16[mm]	0.04[mm] 이하	□ 양 호 ☑ 불 량	플라이휠 불량, 교환 후 재점검 (재측정)	

※ 주의사항 : 반드시 측정값 및 규정(정비한계)값의 단위(mm, 이상, 이하, 미만 등 포함)를 적는다.

13 예열플러그 저항 점검

엔진 번호 :			비번호		감독위원 확 인	
측정항목	① 측정(또는 점검)		② 판정 및 정비(또는 조치) 사항			득 점
	측정값	규정(정비한계)값	판 정 (□에 ✓표)		정비 및 조치할 사항	
예열플러그 저항			□ 양 호 □ 불 량			

※ 시험위원이 지정하는 부위를 측정합니다.

① 측정 및 점검

- 멀티테스터기를 이용하여 예열플러그의 중심단자와 나사선에서 저항값을 측정한다.
- 측정값은 수검자가 직접 측정하여 기입을 하고 규정(정비한계)값은 수검자가 시험장에서 제공하는 차량의 정비지침서 또는 시험감독관이 제시하는 규정 값을 보고 기재한다.

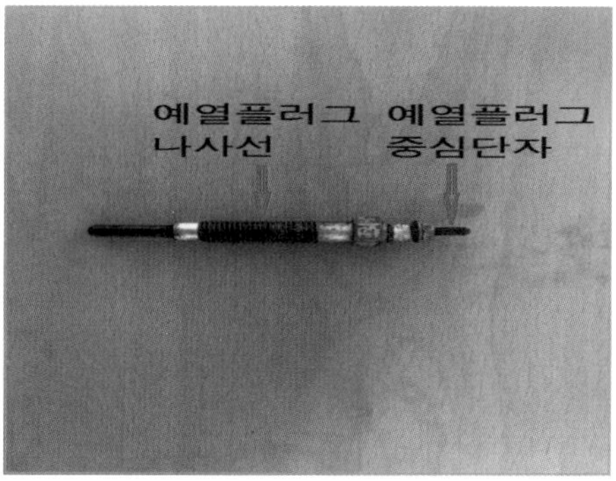

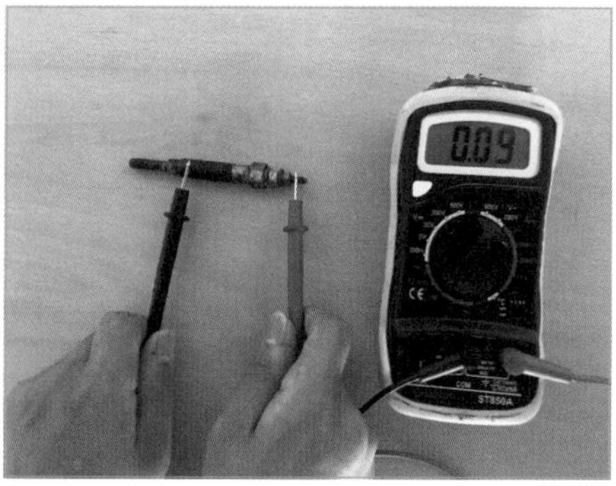

▲ 예열플러그 저항값 측정

② 판정 및 정비(또는 조치) 사항

- 수검자가 측정한 값과 규정(정비한계)값을 비교하여 판정란의 양호 또는 불량에 ✓표시를 하고 정비 및 조치사항란에 조치사항을 서술한다.
- 캠축의 휨이 규정치 이상일 때에는 캠축을 교환한다.

③ 답안지 작성 예

측정항목	① 측정(또는 점검)		② 판정 및 정비(또는 조치) 사항		득 점
	측정값	규정(정비한계)값	판 정 (□에 ✓표)	정비 및 조치할 사항	
예열플러그 저항	0.5[Ω]	0.4~0.6[Ω]	☑ 양 호 □ 불 량	정비 및 조치사항 없음	

측정항목	① 측정(또는 점검)		② 판정 및 정비(또는 조치) 사항		득 점
	측정값	규정(정비한계)값	판 정 (□에 ✓표)	정비 및 조치할 사항	
예열플러그 저항	0.09[Ω]	0.4~0.6[Ω]	□ 양 호 ☑ 불 량	예열플러그 불량, 교환 후 재점검(재 측정)	

※ 주의사항 : 반드시 측정값 및 규정(정비한계)값의 단위(mm, 이상, 이하, 미만 등 포함)를 적는다.

14 실린더 간극 점검

엔진 번호 :			비번호		감독위원 확 인	
측정항목	① 측정(또는 점검)		② 판정 및 정비(또는 조치) 사항		득 점	
	측정값	규정(정비한계)값	판 정 (□에 ✓표)	정비 및 조치할 사항		
실린더 간극			□ 양 호 □ 불 량			

※ 시험위원이 지정하는 부위를 측정합니다.

① 측정 및 점검

- 측정 전 준비사항은 측정부분(피스톤, 실린더 내벽)의 이물질 제거
- 측정공구의 0점 조정
- 피스톤에서 각종 링 제거하여 다음 측정 방법 중 선택하여 간극을 측정한다.

텔레스코핑 게이지를 활용한 측정 방법 및 순서

- 시험 감독관이 지정하는 위치를 확인한다.
- 실린더 안쪽 벽과 피스톤 바깥쪽을 헝겊 등으로 깨끗이 닦는다.
- 텔레스코핑 게이지를 활용하여 측정하고자 하는 실린더 안지름(내경)을 측정한다. 측정부위는 상사점 아래부분의 측압부(축의 직각방향)에서 내경을 측정한다.
- 이때 측정된 텔레스코핑 게이지 길이를 고정 후 외경마이크로 미터로 측정한다.
  ⇒ 이 값이 "실린더 내경 측정값"이다.
- 그 다음 외경마이크로 미터로 피스톤 스커트부 상단 10[mm] 부근(축의 직각 방향) 또는 피스톤 핀에서 직각으로 오일 링 랜드부 하단부 16.5[mm] 지점에서 피스톤의 바깥지름을 측정한다. 통상 피스톤 스커트부 하단 10[mm] 부근(축의 직각 방향)에서 피스톤의 바깥지름을 측정한다.
  ⇒ 이 값이 "피스톤 외경 측정값"이다.
- 피스톤의 간극 = 실린더 내경 측정값 − 피스톤 외경 측정값 이다.

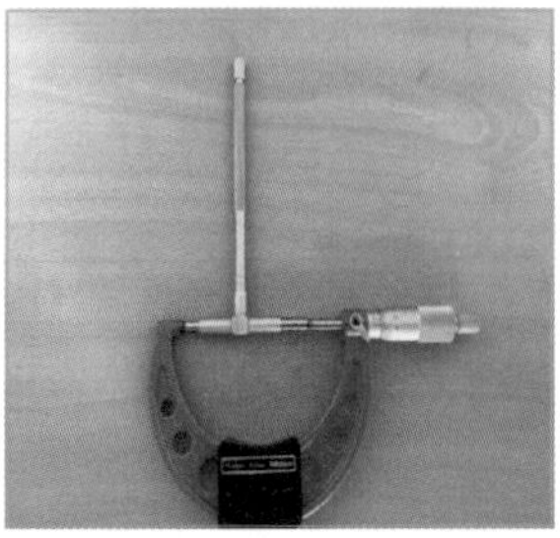
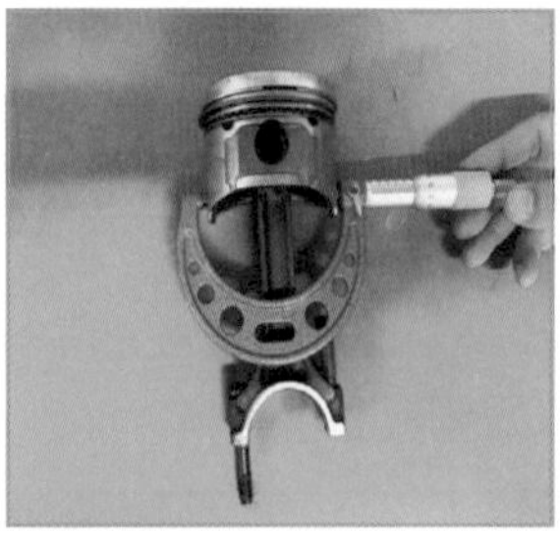

▲ 텔레스코핑 게이지를 활용한 실린더 간극 측정 방법

실린더 보어 게이지와 외측 마이크로미터를 활용한 측정 방법 및 순서

- 시험 감독관이 지정하는 위치를 확인한다.
- 실린더 안쪽 벽과 피스톤 바깥쪽을 헝겊 등으로 깨끗이 닦는다.
- 실린더 보어 게이지를 조립하고 0점을 조정한 외측마이크로 미터를 이용하여 실린더 게이지의 전체 길이를 측정, 즉 0점을 조정한다. 이때 측정바의 크기는 실린더 안지름보다 2[mm]정도 큰 것을 선택한다. 만약 시험장에 측정공구가 셋팅 되어 있다면 건들지 말고 바로 측정한다.
- 실린더 보어 게이지를 활용하여 측정하고자 하는 실린더 안지름(내경)을 측정한다. 측정부위는 상사점 아래부분의 측압부(축의 직각방향)에서 내경을 측정한다.
- 이때 다이얼 게이지의 눈금을 읽는다.
- 그 다음 보어 게이지 전체 길이에서 다이얼 게이지가 움직인 값을 뺀다.
  ⇒ 이 값이 "실린더 내경 측정값"이다.
- 외경마이크로 미터로 피스톤 스커트부 하단 10[mm] 부근(축의 직각 방향)지점에서 피스톤의 바깥지름을 측정한다. ⇒ 이 값이 "피스톤 외경 측정값"이다.
- 피스톤의 간극 = 실린더 내경 측정값 − 피스톤 외경 측정값 이다.

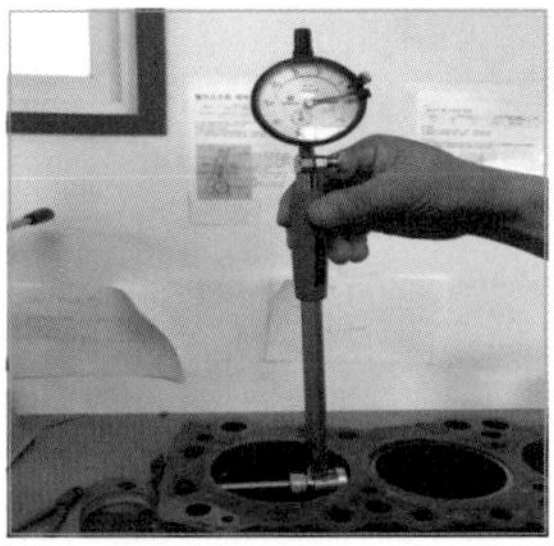
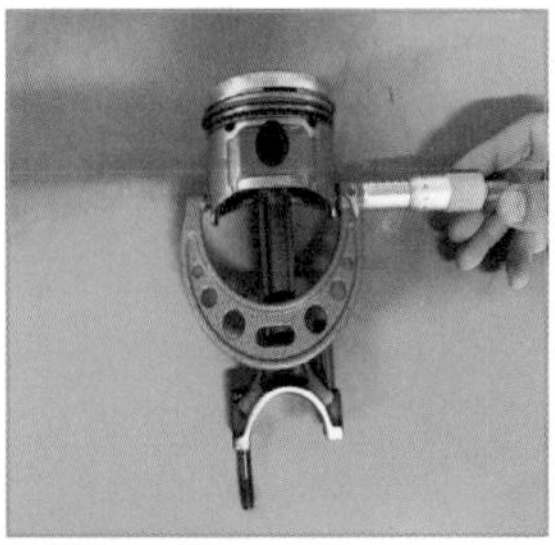

▲ 실린더 보어 게이지와 외측 마이크로미터를 활용한 실린더 간극 측정 방법

필러(간극) 게이지와 스프링 저울을 활용한 측정 방법 및 순서

- 시험 감독관이 지정하는 위치를 확인한다.
- 실린더 안쪽 벽과 피스톤 바깥쪽을 헝겊 등으로 깨끗이 닦는다.
- 실린더 단극 규정 두께의 필러(간극) 게이지를 피스톤 스커트부 쪽의 전체 길이에 걸쳐 실린더에 넣는다.
- 피스톤을 거꾸로 천천히 밀어 넣는다.
- 필러 게이지 손잡이를 스프링 저울로 당겨 필러 게이지가 막 빠지려는 순간의 스프링 저울 눈금을 읽는다. 이때 스프링 저울의 눈금은 약 1.0 ~ 2.5[Kgf]정도면 정상이다. 이때 필러 게이지의 수치가 피스톤과 실린더의 간극이다.

▲ **필러 게이지와 스프링 저울을 활용한 실린더 간극 측정 방법**

② 판정 및 정비(또는 조치) 사항

- 수검자가 측정한 값과 규정(정비한계)값을 비교하여 판정란의 양호 또는 불량에 ✓표시를 하고 정비 및 조치사항란에 조치사항을 서술한다.
- 표준값 이상이지만 한계값 이하인 경우는 널링(Knurling)가공 후 재사용하며, 한계값 이상인 경우에는 피스톤 교환을 하거나 실린더 보링 작업을 한다.

③ 답안지 작성 예

측정항목	① 측정(또는 점검)		② 판정 및 정비(또는 조치) 사항		득 점
	측정값	규정(정비한계)값	판 정 (□에 ✓표)	정비 및 조치할 사항	
실린더 간극	0.02[mm]	0.02~0.04[mm] (한계값: 0.15[mm])	☑ 양 호 □ 불 량	정비 및 조치사항 없음	

측정항목	① 측정(또는 점검)		② 판정 및 정비(또는 조치) 사항		득 점
	측정값	규정(정비한계)값	판 정 (□에 ✓표)	정비 및 조치할 사항	
실린더 간극	0.5[mm]	0.02~0.04[mm] (한계값: 0.15[mm])	□ 양 호 ☑ 불 량	피스톤 불량, 교환 후 재점검(재측정)	

※ 주의사항 : 반드시 측정값 및 규정(정비한계)값의 단위(mm, 이상, 이하, 미만 등 포함)를 적는다.

15 피스톤 링 이음 간극 점검

엔진 번호 :	비번호		감독위원 확인	

측정항목	① 측정(또는 점검)		② 판정 및 정비(또는 조치) 사항		득 점
	측정값	규정(정비한계)값	판 정 (□에 ✓표)	정비 및 조치할 사항	
피스톤링 이음간극			□ 양 호 □ 불 량		

※ 시험위원이 지정하는 부위를 측정합니다.

① 측정 및 점검

- 시크니스(간극, 필러) 게이지를 사용한다. 참고로 위쪽의 수치는 inch이고 아래쪽의 수치는 mm이다.
- 측정 하고자 하는 실린더의 벽을 깨끗이 닦고 시험 감독관이 지정하는 위치를 확인하고 실린더에 피스톤 링의 각인 표시가 실린더 헤드 쪽으로 향하도록 하고 잉의 엔드 캡을 크랭크축의 축방향과 직각방향을 피해 피스톤링을 실린더에 삽입한다.(그림1)
- 실린더의 최소마멸부위 (BDC 아래부분) 까지 피스톤 링을 피스톤을 이용하여 밀어 넣는다.(그림2)
- 시크니스(간극, 필러) 게이지로 피스톤 링의 엔드 갭의 이음 간극을 측정한다. 측정값은 수검자가 직접 측정하여 기입을 하고 규정(정비한계)값은 수검자가 시험장에서 제공하는 차량의 정비지침서 또는 시험감독관이 제시하는 규정값을 보고 기재한다.

▲ 그림1

▲ 그림2

▲ 그림3

② 판정 및 정비(또는 조치) 사항

- 수검자가 측정한 값과 규정(정비한계)값을 비교하여 판정란의 양호 또는 불량에 ✓표시를 하고 정비 및 조치사항란에 조치사항을 서술한다.
- 앤드갭이 규정보다 작을 경우 줄을 바이스에 고정하여 링 이음부를 연삭하여 사용 함
- 앤드갭이 규정보다 클 경우에는 피스톤 링 교환

③ 답안지 작성 예

측정항목	① 측정(또는 점검)		② 판정 및 정비(또는 조치) 사항		득 점
	측정값	규정(정비한계)값	판 정 (□에 ✓표)	정비 및 조치할 사항	
피스톤링 이음간극	1.4[mm]	0.15~0.30[mm] (한계값: 1.0mm이하)	□ 양 호 ☑ 불 량	피스톤 링 마모 – 오버 사이즈 링으로 교환 후 재점검	

측정항목	① 측정(또는 점검)		② 판정 및 정비(또는 조치) 사항		득 점
	측정값	규정(정비한계)값	판 정 (□에 ✓표)	정비 및 조치할 사항	
피스톤링 이음간극	0.04[mm]	0.15~0.30[mm] (한계값: 1.0mm이하)	□ 양 호 ☑ 불 량	피스톤 링 불량 – 피스톤 링 엔드 가공 후 재점검	

측정항목	① 측정(또는 점검)		② 판정 및 정비(또는 조치) 사항		득 점
	측정값	규정(정비한계)값	판 정 (□에 ✓표)	정비 및 조치할 사항	
피스톤링 이음간극	0.50[mm]	0.15~0.30[mm] (한계값: 1.0mm이하)	☑ 양 호 □ 불 량	정비 및 조치 사항 없음	

※ 주의사항 : 반드시 측정값 및 규정(정비한계)값의 단위(mm, 이상, 이하, 미만 등 포함)를 적는다.

16 전자제어 시스템 점검

<table>
<tr><td colspan="4">자동차 번호 :</td><td>비번호
(등번호)</td><td></td><td>감독위원
확 인</td><td></td></tr>
<tr><td rowspan="2">점검항목</td><td colspan="3">① 측정(또는 점검)</td><td colspan="3">② 고장 및 정비(또는 조치) 사항</td><td rowspan="2">득 점</td></tr>
<tr><td>고장부위</td><td>측정값</td><td>규정값</td><td colspan="2">고장내용</td><td>정비 및 조치사항</td></tr>
<tr><td>센서(엑추에이터)점검</td><td></td><td></td><td></td><td colspan="2"></td><td></td><td></td></tr>
</table>

① 측정 및 점검

- 먼저 수검자가 Key ON 또는 차량 공회전 상태에서 자기 진단기를 이용하여 차량사양에 맞추어 찾아 들어간 후 자기진단 항목에서 고장 부위(고장 항목)을 확인 후 답안지 고장부위에 기록.
- 그 다음 고장상태를 차량에서 확인하고 측정값 확인 항목에서 측정값(내용)을 확인하여 내용 및 상태에 기록한다.

② 정비 및 조치 사항

- 수검자가 차량에서 확인한 고장 내용을 바탕으로 정비 및 조치 사항을 기록한다. 여기에는 반드시 "ECU 과거기억 소거 후 재점검"이라는 조치사항이 포함 되어야 한다.

③ 답안지 작성 예 : 흡기압 센서 및 흡기온 센서 "커넥터 탈거" 한 경우, Key On 상태

고장 내용

- ■ 자기 화면에 표시 된 센서를 차량에서 확인한다.
- ■ 차량에서 확인 한 결과 커넥터가 연결된 경우
  - 측정값이 규정값 범위에 있으면 "과거기억 미소거"
  - 측정값이 규정값 범위을 벗어나 있으면 "센서 불량"

주의 규정값은 자기 진단기에서 확인 가능하며 일부 차량은 지원이 되지 않음. 지원이 안 되는 경우는 시험감독관이 규정을 제공한다.

정비 및 조치 사항 작성 방법

- ■ **커넥터 탈거시** : 커넥터 연결(재결합, 재접속)후 (ECU) 과거기억을 소거한 다음 재점검(재측정)
- ■ **과거기억 미소거시** : (ECU) 과거기억 소거 후 다음 재점검(재측정)
- ■ **센서 불량(고장)시** : 센서 교환 후 (ECU) 과거기억 소거한 다음 재점검(재측정)

점검항목	① 측정(또는 점검)			② 고장 및 정비(또는 조치) 사항	
	고장부위	측정값	규정값	고장내용	정비 및 조치사항
센서 (엑추에이터) 점검	흡기압센서	0[mV]	약 0.8 ~ 1.6[V] (800 ~ 1,600[mV])	커넥터 탈거	커넥터 재결합(재접속) 후 ECU 과거기억을 소거한 다음 재점검(재측정)

점검항목	① 측정(또는 점검)			② 고장 및 정비(또는 조치) 사항	
	고장부위	측정값	규정값	고장내용	정비 및 조치사항
센서 (엑추에이터) 점검	흡기온센서	−48.0[℃]	20~60[℃]	커넥터 탈거	커넥터 재결합(재접속) 후 ECU 과거기억을 소거한 다음 재점검(재측정)

※ 주의사항 : 반드시 내용 기록 시 단위(℃, mV, ° 등)를 적는다.
내용은 자기진단기의 센서 측정값을 보고 기록한다. 그리고 상태는 차량에서 고장원인을 파악하여 기록한다.

※ 차량마다 측정값 및 규정값은 다를 수 있음.

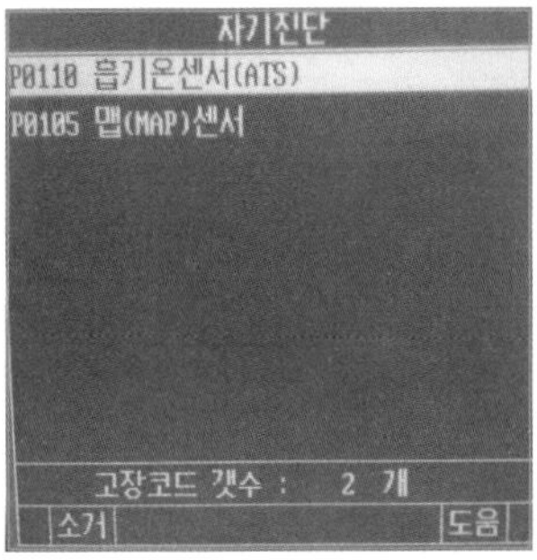

▲ 자기진단 화면

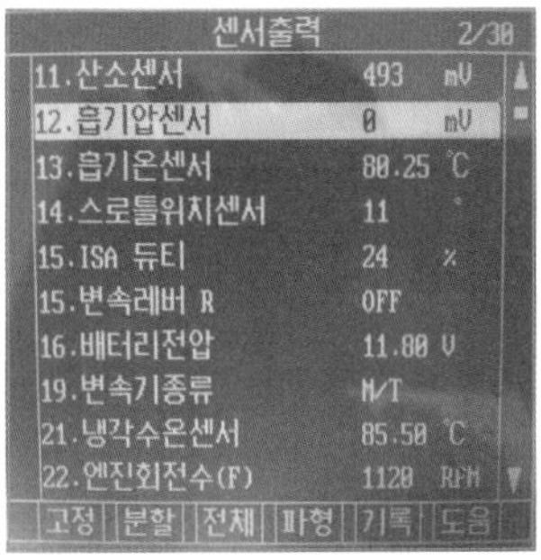

▲ 흡기압(MAP)센서 커넥터 탈거시 측정값

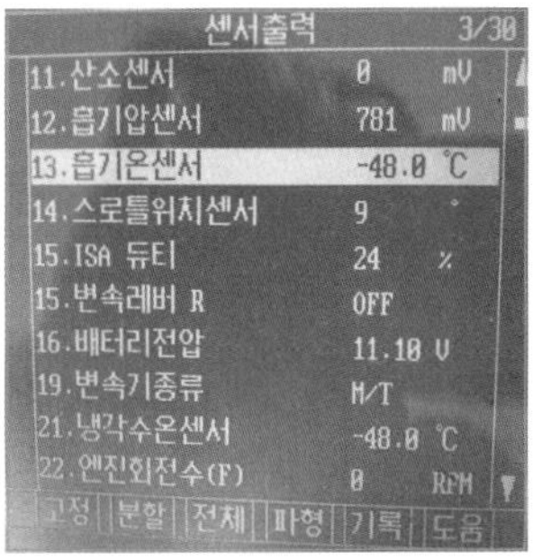

▲ 흡기온센서 커넥터 탈거시 측정값

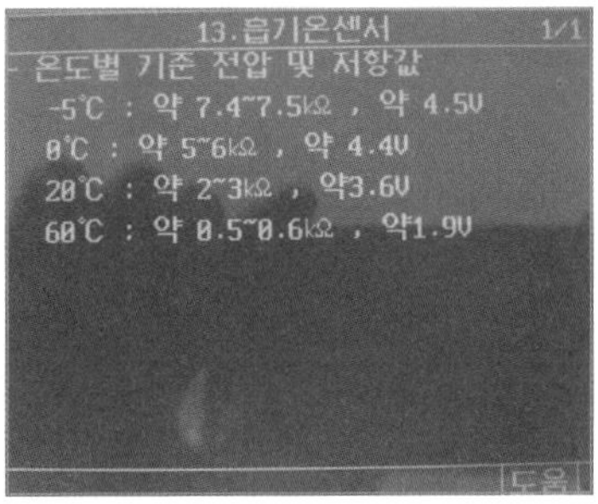

▲ 흡기온센서 규정값

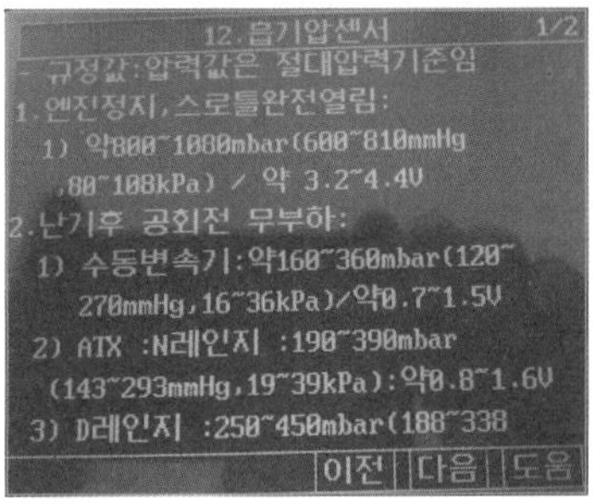

▲ 흡기압(MAP)센서 규정값

17 디젤엔진 매연 측정

자동차 번호 :				비번호		감독위원 확 인	
① 측정(또는 점검)				② 판정 및 정비(또는 조치) 사항			득 점
차종	연식	기준값	측정값	측정	산출근거 (계산기록)	판 정 (□에 ✓표)	
				1회 : 2회 : 3회 :		□ 양 호 □ 불 량	

※ 시험위원이 제시한 자동차등록증(또는 차대번호)을 활용하여 차종 및 연식을 적용합니다.
※ 매연 농도를 산술평균하여 소수점 이하는 버림 값으로 기입합니다.
※ 자동차 검사기준 및 방법에 의하여 기록 및 판정합니다.
※ 산출근거에는 단위를 기록하지 않아도 됩니다.
※ 측정 및 판정은 무부하 조건을 합니다.

① 측정 및 점검

- 측정값은 수검자가3회 측정 평균값을 기재한다. 그러나 최솟값과 최댓값 차이가 5%를 넘으면 5회 측정하여 최댓값과 최솟값을 제외한 3개 측정값을 산술 평균한다. 규정(정비한계)값은 수검자가 대기환경보전법 시행규칙 제78조의 배출가스 허용기준값을 숙지하여 기록하는 경우가 원칙이며 시험장(시험 감독관)이 제시하는 규정값을 보고 기재하는 경우도 있다.
- 시험 감독관에 따라 측정값 기재 시 소수점 이라 절삭하는 경우도 있다.

▲ 여지 반사식

▲ 광투과식식

광투과식 OPA-102 매연 측정기 사용방법

■ 영점 조정(calibration)

1. 하단 양쪽 볼록렌즈를 마른 헝겊으로 닦습니다.
2. [SET] 키를 2회 누르고 [Select] 키를 1회 누릅니다.

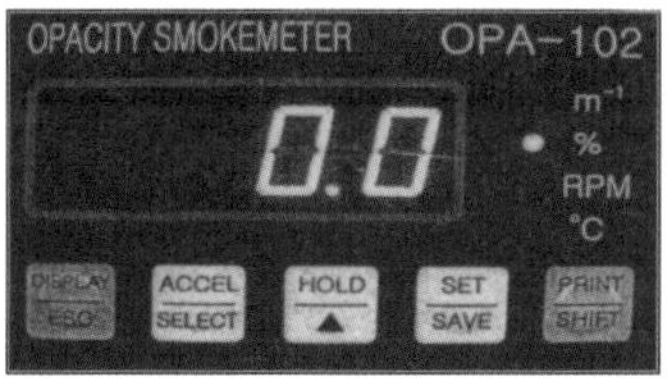

■ 무부하 급가속 매연 측정 방법

① [Display] 키를 누르면서 매연농도[%] 위치에 LED램프가 표시되도록 설정합니다.

② [HOLD] 키를 눌러 피크 홀드 상태로 이동합니다.

③ (표시창의 LED가 깜빡이며, 부저음이 울립니다.)

④ 가속페달에 발을 올려놓고 원동기의 최고회전속도에 도달할 때까지 급속히 밟으면서 시료를 채취합니다.

⑤ 이때 가속페달을 밟을 때부터 놓을 때까지 걸리는 시간은 4초 이내로 합니다.

⑥ 홀드 된 값을 읽고 프린트를 원하면 [PRINT]키를 누르고 재 측정을 원하면 [HOLD]키를 눌러 홀드 모드를 해제한 다음, (2)~(5)과정을 반복합니다.

⑦ 3회 측정 후 답안지에 붙인 후 해당 매연측정 판정을 합니다.

알고가기 운행차량 배출가스 허용기준

차 종		제 작 일 자	매연	
			여지 반사식	광투과식
경자동차 및 승용 자동차		1995. 12. 31 이전	40% 이하	60% 이하
		1996. 1. 1.부터 2000. 12. 31. 까지	35% 이하	55% 이하
		2001. 1. 1.부터 2003. 12. 31. 까지	30% 이하	45% 이하
		2004. 1. 1. 이후 2007. 12. 31. 까지	25% 이하	40% 이하
		2008. 1. 1 이후	10% 이하	20% 이하
승합 / 화물 / 특수 자동차	소형	1995. 12. 31 이전	40% 이하	60% 이하
		1996. 1. 1.부터 2000. 12. 31. 까지	35% 이하	55% 이하
		2001. 1. 1.부터 2003. 12. 31. 까지	30% 이하	45% 이하
		2004. 1. 1. 이후 2007. 12. 31. 까지	25% 이하	40% 이하
		2008. 1. 1 이후	10% 이하	20% 이하

중형 / 대형	1992. 12. 31 이전		40% 이하	60% 이하
	1993. 1. 1.부터 1995. 12. 31. 까지		35% 이하	55% 이하
	1996. 1. 1.부터 1997. 12. 31. 까지		30% 이하	45% 이하
	1996. 1. 1.부터 1997. 12. 31. 까지	시내버스	25% 이하	40% 이하
		시내버스 외	30% 이하	45% 이하
	2001. 1. 1.부터 2004. 9. 30. 까지		25% 이하	45% 이하
	2004. 10. 1.부터 2007. 12. 31. 까지		25% 이하	40% 이하
	2008. 1. 1 이후		10% 이하	20% 이하

※ 주의사항 : 과급기(Turbocharge) 및 중간 냉각기(Intercooler)를 부착한 경유자동차의 매연 배출가스 허용 기준은 5%를 가산한 농도를 기준값을로 한다.

알고가기 **대기환경보존법 시행규칙 : 매연 검사 방법**

관련근거 : **대기환경보존법 시행규칙**

[별표 22] 정기검사의 방법 및 기준(제87조제1항 관련)

매연	광투과식 분석방법(부분유량 채취방식만 해당한다)을 채택한 매연측정기를 사용하여 매연을 측정한 경우 측정한 매연의 농도가 운행차정기검사의 광투과식 매연 배출허용기준에 적합할 것	가) 측정대상자동차의 원동기를 중립인 상태(정지가동상태)에서 급가속하여 최고 회전속도 도달 후 2초간 공회전시키고 정지가동(Idle) 상태로 5~6초간 둔다. 이와 같은 과정을 3회 반복 실시한다. 나) 측정기의 시료채취관을 배기관의 벽면으로부터 5mm 이상 떨어지도록 설치하고 5cm 정도의 깊이로 삽입한다. 다) 가속페달에 발을 올려놓고 원동기의 최고회전속도에 도달할 때까지 급속히 밟으면서 시료를 채취한다. 이때 가속페달을 밟을 때부터 놓을 때까지 걸리는 시간은 4초 이내로 한다. 라) 위 다)의 방법으로 3회 연속 측정한 매연농도를 산술 평균하여 소수점 이하는 버린 값을 최종측정치로 한다.

자동차등록증

<table>
<tr><td colspan="2">① 자동차등록번호</td><td></td><td>② 차종</td><td>소형승용</td><td>③ 용도</td><td></td></tr>
<tr><td colspan="2">④ 차명</td><td>레조</td><td>⑤ 형식 및 연식</td><td></td><td></td><td></td></tr>
<tr><td colspan="2">⑥ 차대번호</td><td>KL1UF75Z14K999950</td><td>⑦ 원동기 형식</td><td></td><td></td><td></td></tr>
<tr><td colspan="2">⑧ 사용본거지</td><td></td><td rowspan="2">⑩ 주민(사업자) 등록번호</td><td colspan="3" rowspan="2"></td></tr>
<tr><td rowspan="2">소유자</td><td>⑨ 성명</td><td></td></tr>
<tr><td>⑪ 주소</td><td></td><td></td><td colspan="3"></td></tr>
<tr><td colspan="7">자동차관리법 제8조의 규정에 의하여 위와 같이 등록하였음을 증명합니다.
2009년 월 일</td></tr>
</table>

※ 주의사항 : 자동차 등록증을 보고 연식을 확인하는 경우에는 10자리가 연식(제작연도)임.
– M:1991, N:1992, P:1993, R:1994, S:1995, T:1996, V:1997, W:1998, X:1999, Y:2000, 1:2001, 2:2002, 3:2003, 4:2004, 5:2005 , …A:2010, B:2011,…

② 판정 및 정비(또는 조치) 사항

- 수검자가 측정값과 규정(정비한계)값을 비교하여 판정란의 양호 또는 불량에 ✓표시를 하고 정비 및 조치사항란에 산출근거를 기록한다.

③ 답안지 작성 예 : 위의 등록증 참조

① 측정(또는 점검)				② 판정 및 정비(또는 조치) 사항			득 점
차종	연식	기준값	측정값	측정	산출근거 (계산기록)	판 정 (□에 ✓표)	
소형승용	2004년	25% 이하	23[%]	1회 : 23[%] 2회 : 25[%] 3회 : 21[%]	$\frac{23(\%)+25(\%)+21(\%)}{3}$ $=23\%$	☑ 양 호 □ 불 량	

※ 시험위원이 제시한 자동차등록증(또는 차대번호)을 활용하여 차종 및 연식을 적용합니다.
※ 매연 농도를 산술평균하여 소수점 이하는 버림 값으로 기입합니다.
※ 자동차 검사기준 및 방법에 의하여 기록 및 판정합니다.
※ 산출근거에는 단위를 기록하지 않아도 됩니다.
※ 측정 및 판정은 무부하 조건을 합니다.

18 CO, HC 측정

<table>
<tr><td>자동차 번호 :</td><td>비번호</td><td></td><td>감독위원
확 인</td><td></td></tr>
</table>

<table>
<tr><th rowspan="2">측정항목</th><th colspan="2">① 측정(또는 점검)</th><th colspan="2">② 판정 및 정비(또는 조치) 사항</th><th rowspan="2">득 점</th></tr>
<tr><th>측정값</th><th>규정(정비한계)값</th><th>판 정
(□에 ✓표)</th><th>정비 및
조치할 사항</th></tr>
<tr><td>CO</td><td></td><td></td><td rowspan="2">□ 양 호
□ 불 량</td><td rowspan="2"></td><td rowspan="2"></td></tr>
<tr><td>HC</td><td></td><td></td></tr>
</table>

※ 자동차 검사기준 및 방법에 의하여 판정한다.
※ CO 측정값은 소수점 둘째자리 이하는 버림하여 기입합니다.
※ HC 측정값은 소수점 첫째자리 이하는 버림하여 기입합니다.

① 측정 및 점검

- 배기가스 측정기를 이용하여 측정

- 측정값은 수검자가 직접 측정하여 기입을 하고 규정(정비한계)값은 수검자가 대기환경보전법 시행규칙 제78조의 배출가스 허용기준값을 숙지하여 기록하는 경우가 원칙이며 시험장(시험 감독관)이 제시하는 규정값을 보고 기재하는 경우도 있다.

※ 주의사항 : 반드시 측정값 및 규정(정비한계)값의 단위(이상, 이하, 미만 등 포함)를 적는다.
자동차 등록증을 보고 연식을 확인하는 경우에는 10자리가 연식(제작연도)임.
– M:1991, N:1992, P:1993, R:1994, S:1995, T:1996, V:1997, W:1998, X:1999, Y:2000, 1:2001, 2:2002, 3:2003, 4:2004, 5:2005 , …A:2010, B:2011,…

② 판정 및 정비(또는 조치) 사항

- 수검자가 측정한 값과 규정(정비한계)값을 비교하여 판정란의 양호 또는 불량에 ✓표시를 하고 정비 및 조치사항란에 조치사항을 서술한다.
- 배출가스제어는 산소센서, 크랭크 케이스 배출장치(PCSV), 증발가스 제어장치(캐니스터, PCSV), 배기가스 제어장치(3원 촉매) 등 각 장치에서 제어한다.

③ 답안지 작성 예(A) : 연식 2007, 소형승용

측정항목	① 측정(또는 점검)		② 판정 및 정비(또는 조치) 사항		득 점
	측정값	규정(정비한계)값	판 정 (□에 ✓표)	정비 및 조치할 사항	
CO	15.2[%]	1.2[%]이하(이내)	□ 양 호 ☑ 불 량	산소센서 커넥터 재결합 후 재점검	
HC	220[ppm]	120[ppm]이하(이내)			

※ CO 측정값은 소수점 둘째자리 이하는 버림하여 기입합니다.
※ HC 측정값은 소수점 첫째자리 이하는 버림하여 기입합니다.
※ 주의사항 : 반드시 내용 기록 시 단위(%, ppm, 이하 등)를 적는다.

④ 답안지 작성 예(B) : 연식 2004, 중형승용

측정항목	① 측정(또는 점검)		② 판정 및 정비(또는 조치) 사항		득 점
	측정값	규정(정비한계)값	판 정 (□에 ✓표)	정비 및 조치할 사항	
CO	10.2[%]	1.2[%]이하	□ 양 호 ☑ 불 량	에어클리너 재장착 후 재점검	
HC	510[ppm]	220[ppm]이하			

※ CO 측정값은 소수점 둘째자리 이하는 버림하여 기입합니다.
※ HC 측정값은 소수점 첫째자리 이하는 버림하여 기입합니다.
※ 주의사항 : 반드시 내용 기록 시 단위(%, ppm, 이하 등)를 적는다.
※ 차량마다 측정값 및 규정값은 다를 수 있음.

⑤ 답안지 작성 예(C) : 연식 2007, 소형승용

측정항목	① 측정(또는 점검)		② 판정 및 정비(또는 조치) 사항		득 점
	측정값	규정(정비한계)값	판 정 (□에 ✓표)	정비 및 조치할 사항	
CO	0.9[%]	1.2[%]이하	☑ 양 호 □ 불 량	정비 및 조치사항 없음	
HC	110[ppm]	220[ppm]이하			

※ CO 측정값은 소수점 둘째자리 이하는 버림하여 기입합니다.
※ HC 측정값은 소수점 첫째자리 이하는 버림하여 기입합니다.
※ 주의사항 : 반드시 내용 기록 시 단위(%, ppm, 이하 등)를 적는다.
※ 차량마다 측정값 및 규정값은 다를 수 있음.

알고가기 운행차량 배출가스 허용기준

차 종		제 작 일 자	일산화탄소(CO)	탄화수소(HC)	공기과잉율
경자동차		1997. 12. 31 이전	4.5% 이하	1,200ppm 이하	1± 0.1 이내 다만, 기화기식 연료공급장치 부착자동차는 1± 0.15 이내 촉매 미부착 자동차는 1± 0.20 이내
		1998. 1. 1.부터 2000. 12. 31. 까지	2.5% 이하	400ppm 이하	
		2001. 1. 1.부터 2003. 12. 31. 까지	1.2% 이하	220ppm 이하	
		2004. 1. 1. 이후	1.0% 이하	150ppm 이하	
승용 자동차		1987. 12. 31 이전	4.5% 이하	1,200ppm 이하	
		1988. 1. 1.부터 2000. 12. 31. 까지	1.2% 이하	220ppm 이하 (휘발유, 알코올자동차) 400ppm 이하 (가스자동차)	
		2001. 1. 1.부터 2005. 12. 31. 까지	1.2% 이하	220ppm 이하	
		2006. 1. 1. 이후	1.0% 이하	120ppm 이하	
승합/ 화물/ 특수 자동차	소형	1989. 12. 31 이전	4.5% 이하	1,200ppm 이하	
		1990. 1. 1.부터 2003. 12. 31. 까지	2.5% 이하	400ppm 이하	
		2004. 1. 1. 이후	1.2% 이하	220ppm 이하	
	중형/ 대형	2003. 12. 31 이전	4.5% 이하	1,200ppm 이하	
		2004. 1. 1. 이후	2.5% 이하	400ppm 이하	

알고가기 **대기환경보존법 시행규칙 : 배출가스 검사 방법**

관련근거 : **대기환경보존법 시행규칙**

[별표 22] 정기검사의 방법 및 기준(제87조제1항 관련)

3. 배출가스검사	일산화탄소, 탄화수소의 측정결과가 운행차 배출가스 정기검사의 배출허용기준에 적합할 것	1) 측정대상자동차의 상태가 정상으로 확인되면 정지가동상태(원동기가 가동되어 공회전되어 있으며 가속페달을 밟지 않은 상태를 말한다)에서 시료채취관을 배기관 내에 30cm 이상 삽입한다. 만약 시료채취관 삽입이 어려운 경우에는 별도의 연결장치를 설치하여야 한다. 2) 배출가스의 충분한 흡입을 위해 시료채취관을 삽입한 후 20초 이상 경과 이후 모드가 안정된 구간에서 10초 동안의 일산화탄소, 탄화수소 등을 측정하여 그 산술평균값을 최종측정치로 한다. 3) 일산화탄소는 소수점 둘째자리 이하는 버리고 0.1% 단위로, 탄화수소는 소수점 첫째자리 이하는 버리고 1ppm 단위로 최종측정치를 읽는다. 다만, 측정치가 불안정할 경우에는 20초간의 평균치로 읽는다.

19 밸브스프링 자유길이

자동차 번호 :			비번호		감독위원 확 인	
측정항목	① 측정(또는 점검)		② 판정 및 정비(또는 조치) 사항		득 점
	측정값	규정(정비한계)값	판 정 (□에 ✓표)	정비 및 조치할 사항	
밸브스프링 장력			□ 양 호 □ 불 량		

※ 시험위원이 지정하는 부위를 측정합니다.
※ 단위가 누락되거나 틀린 경우 오답으로 채점

① 측정 및 점검

- 밸브 스프링의 자유길이(자유고)는 스프링의 높이를 측정하는 것을 말한다.
- 엔진 회전시 스프링은 압축되어 밸브를 닫는 기능을 하는데 이 기능으로 인하여 스프링의 자유길이가 줄어들면 블로백 현상이 발생 할 수 있으므로 스프링의 자유길이를 측정하여 상태를 판정한다.

  ※ **블로백(blow back) 현상** : 압축 및 폭발행정에서 가스가 밸브와 밸브 시트 사이로 누출되는 현상을 말한다.

측정 방법

- 시험 감독관이 지정하는 밸브스프링을 확인한다.
- 버니어캘리퍼스를 이용하여 해당 밸브 스프링의 자유고(길이)를 측정한다.

▲ 밸브스프링

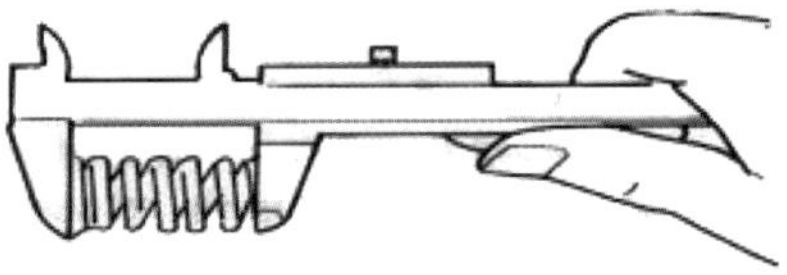

▲ 밸브스프링 자유고 측정

밸브 스프링의 점검사항

- 직각도: 스프링 자유고의 3% 이하일 것
- 자유고: 스프링 규정 자유고의 3% 이하일 것
- 스프링 장력: 스프링 규정 장력의 15% 이하일 것

■ 버니어캘리퍼스 사용법

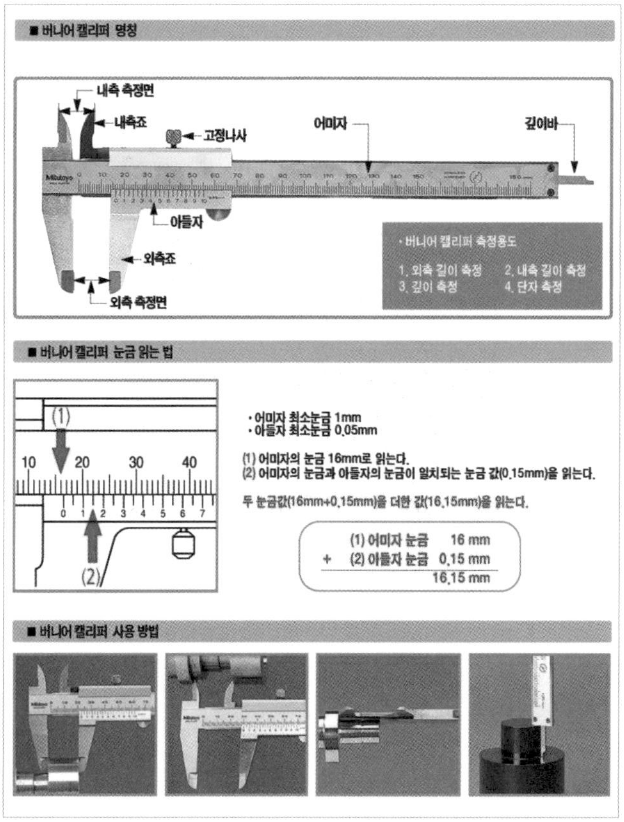

② 판정 및 정비(또는 조치) 사항

- 수검자가 측정한 값과 규정(정비한계)값을 비교하여 판정란의 양호 또는 불량에 √표시을 하고 정비 및 조치사항란에 조치사항을 서술한다.

측정 예시

- 밸브 스프링의 자유고 정비기준이 45[mm]이면
- 자유고(자유길이)는 정비기준 높이의 3% 이내 이므로 45×0.03=1.35[mm]를 정비기준에서 빼서 계산하거나 바로 45×0.97=43.65[mm]로 한다. 스프링의 자유고 측정값이 43.65[mm] ~ 45[mm] 이내 값이 나오면 "양호"로 판정한다.

③ 답안지 작성 예

■ G 1.6 SOHC 소나타 엔진

- 밸브 스프링의 자유고 정비기준이 49.8[mm]이면, 자유고(자유길이)는 정비기준 높이의 3% 이내 이므로 49.8×0.03=1.494[mm]를 정비기준에서 빼서 계산하거나 49.8×0.97=48.306[mm]으로 한다. 따라서 스프링의 자유고 측정값이 48.31[mm] ~ 49.8[mm] 이내 값이 나오면 "양호"로 판정한다.
- 측정값이 48[mm]이기에 이 스프링의 자유고(자유길이)는 불량이다.

주의 시험 감독관이 규정값을 정비기준 49.8[mm]로 줄 경우 수검자는 위의 방법을 활용하여 본인이 측정한 값이 범위에 있는지를 비교하여 판단하여야한다.

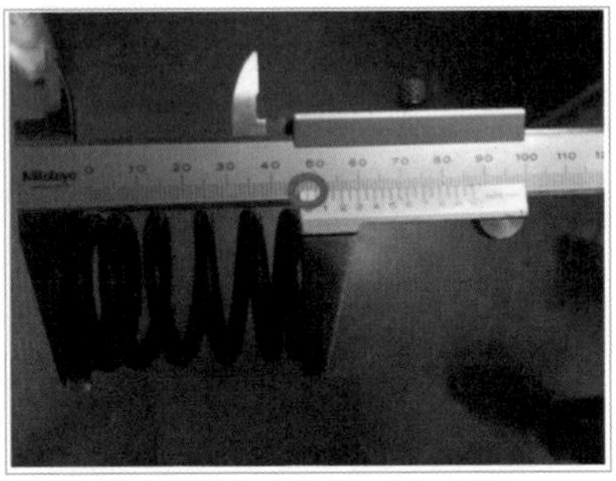

▲ 밸브스프링 자유도 측정값: 48mm

측정항목	① 측정(또는 점검)		② 판정 및 정비(또는 조치) 사항		득 점
	측정값	규정(정비한계)값	판 정 (□에 ✓표)	정비 및 조치할 사항	
밸브 스프링 자유길이	48[mm]	49.8[mm]	□ 양 호 ☑ 불 량	자유고측정결과 최소규정값 보다 0.31[mm]줄었 으므로 밸브스프링 교환 후 재측정	

※ 주의사항 : 반드시 내용 기록 시 단위(mm, %, ppm, 아하 등)를 적는다.
※ 차량마다 측정값 및 규정값은 다를 수 있음.

MEMO

PART

02

새시 답안지 작성법

01 캐스터 각 및 캠버 점검

자동차 번호 :

측정항목	① 측정(또는 점검)		② 판정 및 정비(또는 조치) 사항		득 점
	측정값	규정(정비한계)값	판 정 (□에 ✓표)	정비 및 조치할 사항	
캐스트 각			□ 양 호 □ 불 량		
캠버 각					

① 측정 및 점검

1. 캠버 측정 방법

측정 장비

▶ 캐스터 게이지

- 캠버/캐스터/킹핀경사각을 측정할 수 있는 게이지 이다.
- 큰 눈금 한칸당 1°(도), 작은 눈금 한칸당 30′(분)으로 표시 된다.
- 게이지에는 각각의 수평기포가 있으며 가장 위에는 중심을 잡아주는 수평기포가 있다.
- 게이지 뒷면에는 캐스터 및 킹핀경사각 게이지의 0점을 조정할 수 있는 조절 나사가 있다.

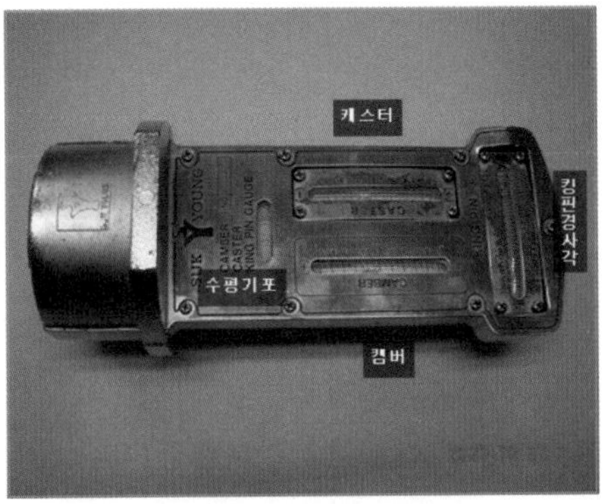

▲ 캐스터 게이지

▲ 턴테이블

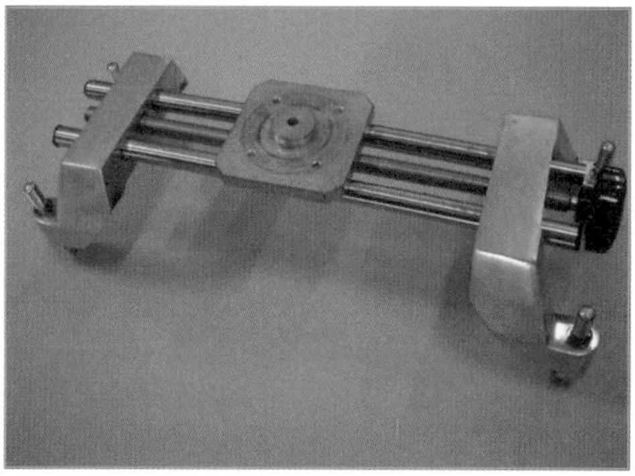

▲ 휠 고정암

측정 순서

㉠ 바퀴를 똑바로 하고 턴테이블의 고정핀을 빼고 0점에 맞춘다.

㉡ 바퀴 고정암을 이용해 캠버 게이지 설치한다.

㉢ 캠버게이지 수평기포 중심에 둔다.

㉣ 캠버게이지 캠버 눈금에서 캠버 값을 읽는다.

조정 방법

대부분의 차량은 맥퍼슨 형식을 거의 사용하므로 캠버를 조정 할 수 없는 구조로 되어 있다.
만약 캠버가 규정치에 내에 없으면 굽은
부품 혹은 손상 부품을 교환한다.
부정확한 캠버는 타이어 편마모 및 주행중 자동차가 한쪽으로 쏠리는 현상이 발생된다.

2. 캐스터 측정 방법

측정 장비

▶ 캐스터 게이지

- 캠버/캐스터/킹핀경사각을 측정할 수 있는 게이지 이다.
- 큰 눈금 한칸당 1°(도), 작은 눈금 한칸당 30′(분)으로 표시 된다.
- 게이지에는 각각의 수평기포가 있으며 가장 위에는 중심을 잡아주는 수평기포가 있다.
- 게이지 뒷면에는 캐스터 및 킹핀경사각 게이지의 0점을 조정할 수 있는 조절 나사가 있다.

▲ 캐스터 게이지

▲ 휠 고정암

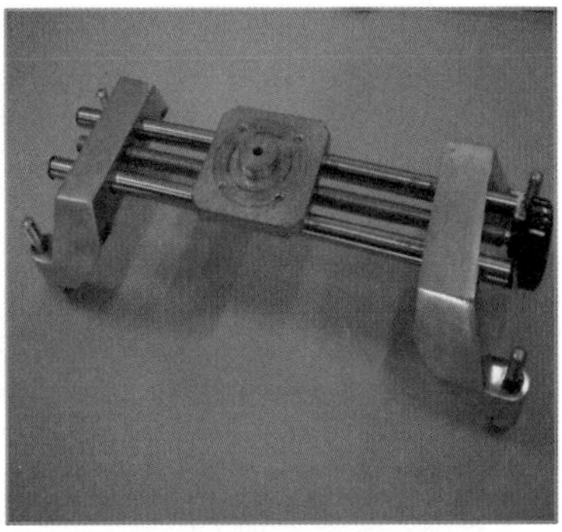

▲ 턴테이블

측정 순서

㉠ 바퀴를 똑바로 하고 턴테이블의 고정핀을 빼고 0점에 맞춘다.
㉡ 바퀴 고정암을 이용해 캠버 게이지 설치한다.

㉢ 바퀴를 바깥 쪽으로 20도 회전 시킨다.
㉣ 캠버게이지 수평기포 중심에 맞추고 게이지 뒷면의 캐스터 "0"조정나사 돌려 캐스터 눈금 0점에 맞춘다.

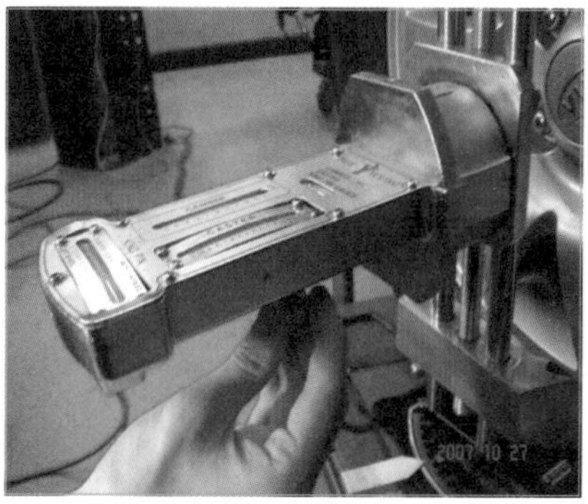

㉤ 바퀴를 안쪽으로 20도(총40도) 돌린다.
㉥ 게이지 수평기포를 중심에 맞추고 캐스터 눈금에서 캐스터값을 읽는다.

조정 방법

대부분의 차량은 캐스터가 조정이 필요 없다. 만일 캐스터가 불량일 경우 굽은 부품 혹은 손상 부품을 교환한다.

조정이 되는 타입의 경우 스트러트 바 혹은 캠버 볼트로 교환 한 후 캠버 볼트 돌리면서 조절한다.

부정확한 캐스터는 불안정한 주행, 시미현상, 차량이 한쪽으로 쏠리는 현상이 생긴다.

▶ 휠 얼라이먼트 장비로 측정한 경우

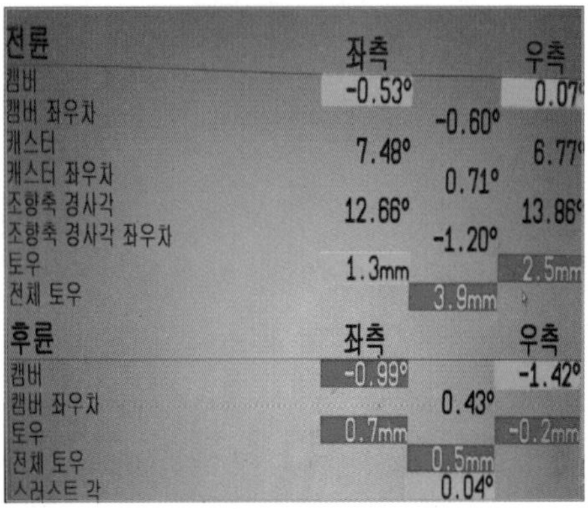

② 판정 및 정비(또는 조치) 사항

- 수검자가 측정한 값과 규정(정비한계)값을 비교하여 판정란의 양호 또는 불량에 ✓표시를 하고 정비 및 조치사항란에 조치사항을 서술한다.

③ 답안지 작성 예

▶ 휠 얼라이먼트 장비로 측정한 경우

<table>
<tr><th rowspan="2">측정항목</th><th colspan="2">① 측정(또는 점검)</th><th colspan="2">② 판정 및 정비(또는 조치) 사항</th><th rowspan="2">득 점</th></tr>
<tr><th>측정값</th><th>규정(정비한계)값</th><th>판 정
(□에 ✓표)</th><th>정비 및
조치할 사항</th></tr>
<tr><td>캠 버</td><td>좌:−0.53[°]
우:+0.07[°]</td><td>0 ± 2[°]</td><td rowspan="2">☑ 양 호
□ 불 량</td><td rowspan="2">정비 및
조치사항 없음</td><td rowspan="2"></td></tr>
<tr><td>캐스터</td><td>좌:+7.48[°]
우:+6.77[°]</td><td>5 ± 3[°]</td></tr>
</table>

▶ 캐스터/캠버 게이지로 측정한 경우

측정항목	① 측정(또는 점검)		② 판정 및 정비(또는 조치) 사항		득 점
	측정값	규정(정비한계)값	판 정 (□에 ✓표)	정비 및 조치할 사항	
캠 버	1[°]	0 ± 0.5[°]	□ 양 호 ☑ 불 량	휠 얼라이먼트 불량, 조정 후 재점검한다.	
캐스터	1[°]	2.75 ± 0.5[°]			

※ 주의사항 : 반드시 측정값 및 규정(정비한계)값의 단위(mm, °, 이상, 이하, 미만 등 포함)를 적는다.

▶ 캐스터, 캠버, 토-인아웃

휠 얼라이먼트 측정 장비 활용하기

대부분의 장비 활용법이 유사하여 아래 장비 Nextech NA-4000 Wheel Alignment의 활용법을 소개한다.

측정 장비

▶ Nextech NA-4000 Wheel Alignment

측정 순서

㉠ "전체 4륜" 정렬절차는 네 센서 모두를 사용할 필요가 있고 후륜 캠버 및 후륜 토우를 조정할 수 있을 때 전형적으로 사용합니다.

주의 이 항목은 얼라인먼트 작업에 대한 하나의 개관이다. 어떤 절차에 대한 자세한 것은 지침서에 해당 항목을 참조하여야 합니다.

차량을 얼라인먼트 작업을 하기 위한 준비(컴퓨터를 켠다)를 하십시오.

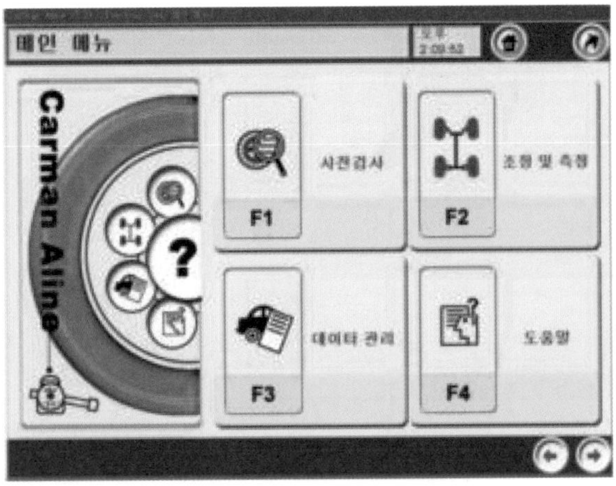

차량을 리프트 위에 올려 놓고 전륜을 턴테이블 중앙에 올려 놓으십시오.
차량 트랜스밋션을 주차에 놓고 주차 브레이크를 거십시오.
얼라인먼트 작업을 위한 높이에 리프트를 놓으십시오.

주의 얼라인먼트 작업을 정상적으로 수행하기 위해서는 얼라인먼트 리프트의 랙이 반드시 수평이 되어야만 합니다.

타이어 공기압을 차량 제조회사의 규격에 맞게 조정하십시오.
서스펜션 및 조향 연결 부품들이 마모되거나 헐겁거나 손상되었는지 검사하십시오.
차량을 들어올린 상태에서 클램프를 장착하십시오.

주의 센서 파손 방지를 위하여 공기 주입구에 클램프에 부착된 센서 안전 케이블을 장착하여야 합니다.

장착된 클램프에 헤드 센서를 장착하십시오.

주의 구동축의 경우 런아웃시에 반대쪽 바퀴가 따라 돌면서 헤드 센서가 충격을 받지 않도록 헤드센서의 브레이크 손잡이를 풀어 놓아야 합니다.

통신 케이블을 헤드 센서와 본체에 연결하여 통신할 수 있도록 장착하십시오.
차량 트랜스밋션을 중립에 놓고 주차 브레이크를 푸십시오.

ⓛ 카맨 얼라인 프로그램의 "메인 메뉴"에서 "측정 및 조정"을 선택합니다.
"고객정보입력" 화면이 나타납니다.

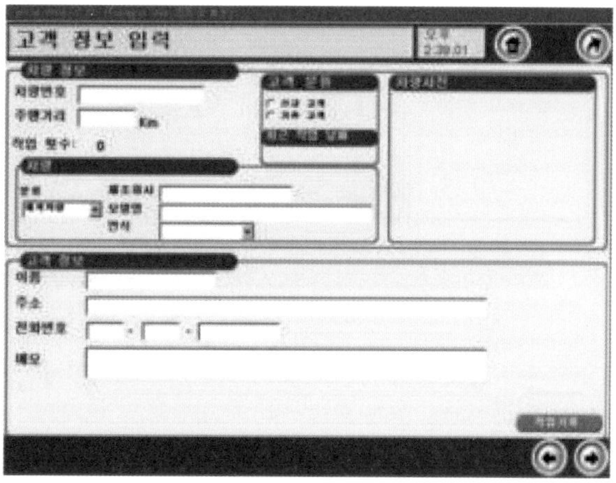

키보드나 마우스를 사용하여 고객정보를 입력하십시오.

차량번호를 입력하고 주행거리를 입력합니다. 만일, 얼라인먼트 작업을 받을 차량의 정보가 이미 존재한다면 신규 고객이 아닌 기존의 고객이 될 것입니다. 또한 작업횟수가 증가되고 고객 정보란에서 “작업기록”이 반전되어 과거의 작업기록을 볼 수가 있습니다.

주의 고객 정보의 관리는 차량의 번호로 관리되기 때문에 정확한 차량번호를 입력하여야만 합니다.

차량은 국내차량과 해외차량에서 해당되는 제조회사를 선택한 후에 차량을 선택하십시오. 또한 차량을 선택할 때에는 년도의 구분이 2개 이상 되어 있으면 정확하게 선택하십시오.

경고 차량 제조회사에서 제공한 얼라인먼트 차량 제원은 제조회사 마다 측정방법이 다르기 때문에 차량의 명칭에서 “2인 승차”나 “[add???kg]이 나타난 차량은 그 만큼의 중량을 차량에 배분하여 정위치 시킨 후 작업을 하여야 정확한 얼라인먼트 작업이 이루어질 수 있습니다.

고객관리를 위해서는 고객정보를 입력하십시오.

고객정보를 전부 입력한 후에는 “ ”나 “F10”키를 선택하십시오.

㉢ 헤드 센서와 컴퓨터간에 연결케이블이 정확하게 연결되어 통신을 할 수 있는지를 확인하는 장비 점검 단계입니다.

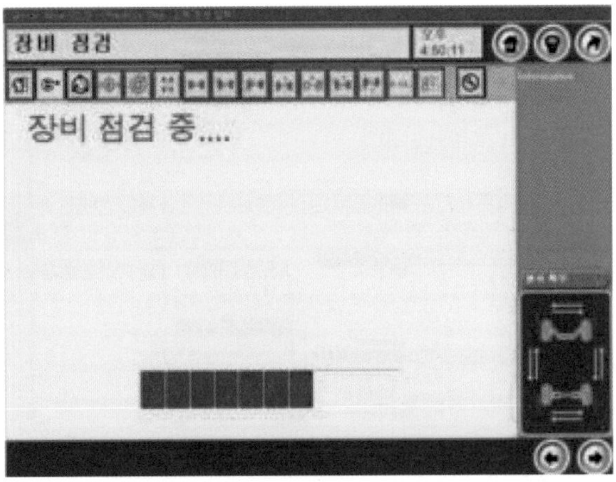

경고 장비가 정확하게 설치되어 있지 않으면 확인하여 정확하게 설치하여야만 합니다. 또한 설치가 정확하게 되어 있는데도 “통신 오류” 및 “케이블 확인” 메시지가 나타나게 되면 절대 얼라인먼트 측정을 하여서는 안됩니다.

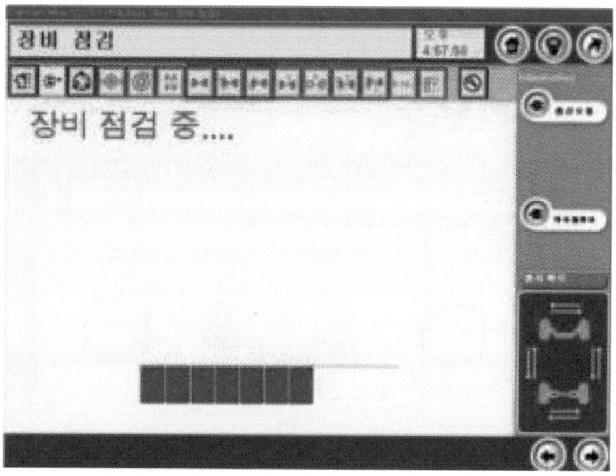

정상적으로 동작한다는 메시지가 나타나게 되면 얼라인먼트를 작업하여도 됩니다.

㉣ 장비점검 단계에서 이상이 없으면 자동으로 런아웃 단계에 들어오게 됩니다.

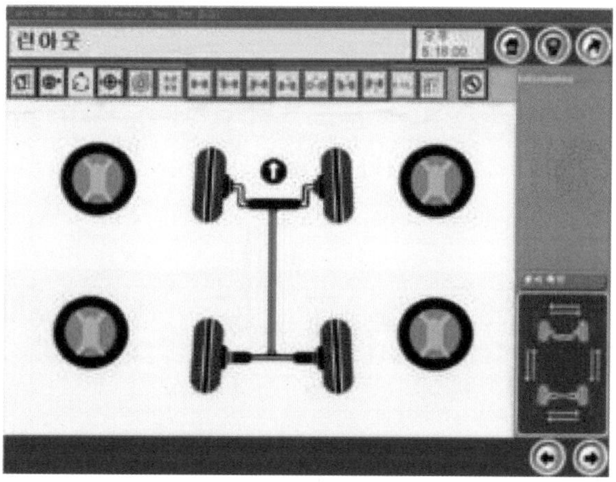

런아웃 보정은 센서헤드 하나씩 하여도 되고 동시에 4개를 보정하여도 됩니다.

경고 런아웃 보정시 기준이 되는 차량이 절대 좌우로 움직여서는 안됩니다. 또한 전륜의 경우 차량 바퀴를 돌릴 때 핸들이 움직여서는 안됩니다.

주의 구동축의 경우, 런아웃시에 반대쪽의 바퀴가 따라 회전할 수 있기 때문에 항상 런아웃 전이나 후에 헤드센서 브레이크 핸들을 풀어놓아야 합니다. 그렇지 않으면 헤드센서가 리프트의 랙에 충격을 받아 제대로 동작하지 않을 수 있습니다.

런아웃 보정은 센서헤드 하나씩 하여도 되고 동시에 4개를 보정하여도 됩니다.

경고 런아웃 보정시 기준이 되는 차량이 절대 좌우로 움직여서는 안됩니다. 또한 전륜의 경우 차량 바퀴를 돌릴 때 핸들이 움직여서는 안됩니다.

주의 구동축의 경우, 런아웃시에 반대쪽의 바퀴가 따라 회전할 수 있기 때문에 항상 런아웃 전이나 후에 헤드센서 브레이크 핸들을 풀어놓아야 합니다. 그렇지 않으면 헤드센서가 리프트의 랙에 충격을 받아 제대로 동작하지 않을 수 있습니다.

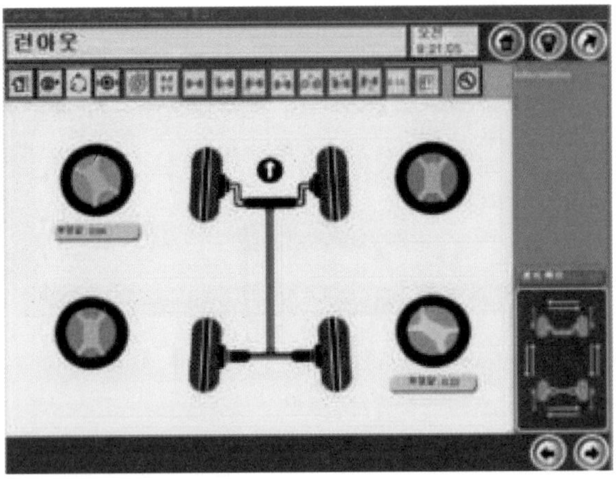

ⓜ 런아웃이 끝나면 자동으로 다음단계로 넘어가게 됩니다. 만일 런아웃 값을 확인하고 싶다면 ""을 선택하거나 플로우 아이콘에서 ""을 선택하십시오.

"런아웃 재측정을 하시겠습니까?"라는 메시지 창이 나타나게 되면 이미 런아웃을 실행했기 때문에 '취소'를 선택하여 런아웃의 값을 확인할 수 있습니다.

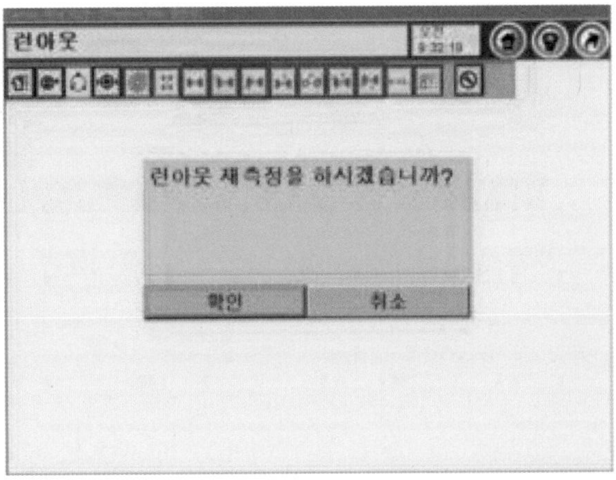

런아웃 보정이 이상하거나 잘못 측정하였다면 플로우 아이콘 ""을 선택하면 "런아웃 재측정을 하시겠습니까?"라는 메시지 창에서 '확인'을 선택하십시오.

다시 런아웃 보정을 하여야 할 헤드센서에 대해서 선택하여 체크표시를 하고 '시작'버튼을 선택하십시오.

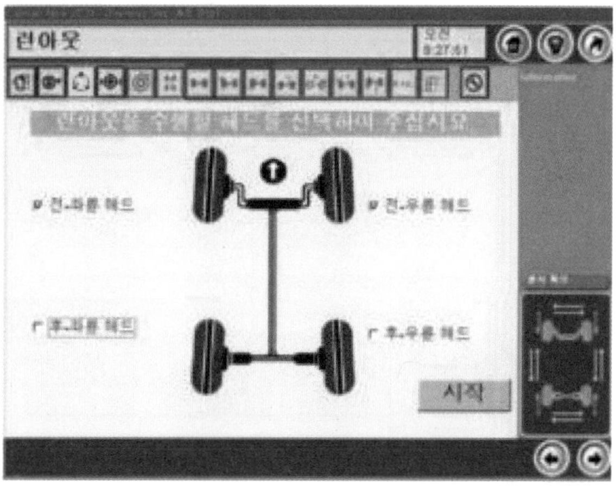

ⓗ 쉽게 런아웃 보정을 다시 하는 방법은 런아웃시 보정이 잘못 되어 문제가 생겨 런아웃을 다시 해야 할 경우에는 센서헤드에 통신케이블을 분리하여 화면에서 통신오류가 생기게 한 후 다시 통신케이블을 삽입하여 런아웃 보정을 하시면 됩니다.

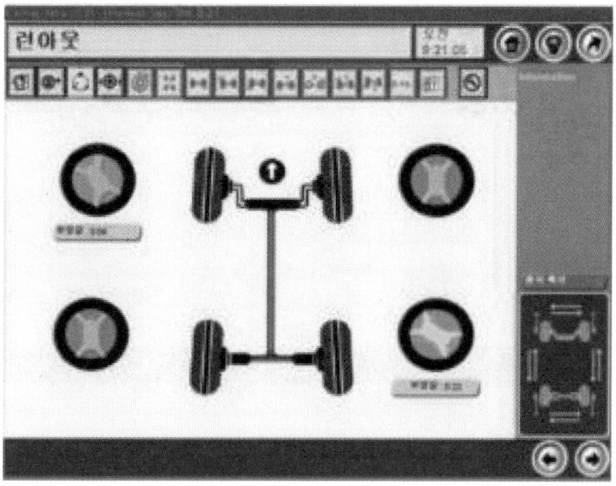

만일, 작업도중 타이어를 탈착 할 경우에는 클램프와 헤드센서를 장착하고 플로우 아이콘 ' '을 선택하여 런아웃 보정을 다시 하거나 통신케이블을 분리하여 통신에러를 만든 후 통신케이블을 삽입하여 런아웃 보정을 무조건 다시 하여야 합니다.

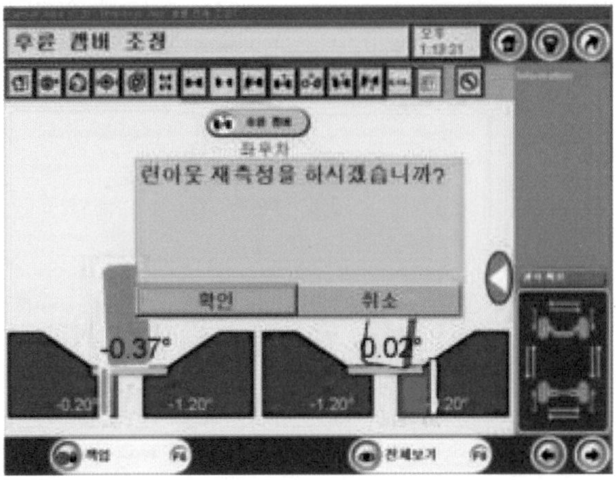

㉦ 런아웃 보정이 끝나면 캐스터 측정준비 단계가 자동으로 나타나게 되고 측정준비를 하십시오.

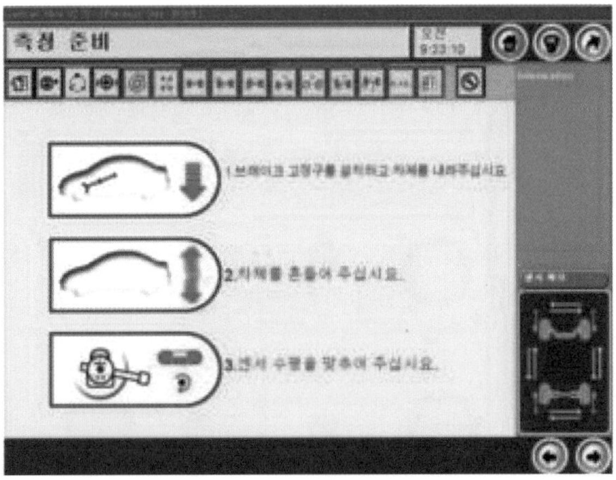

측정 준비가 끝났으면 “”나 “F10”키를 선택하십시오.

캐스터 측정은 중앙 정렬, 좌측 조향, 우측 조향 그리고 중앙정렬을 하도록 하여 측정하게 됩니다.

경고 화면에서 “제대로 조정되었습니다”라는 메시지가 나타나게 될 때에는 절대로 화면이 사라지기 전에는 차량을 움직이지 마십시오. 그렇지 않으면 정확한 얼라인먼트 측정을 할 수 없습니다.

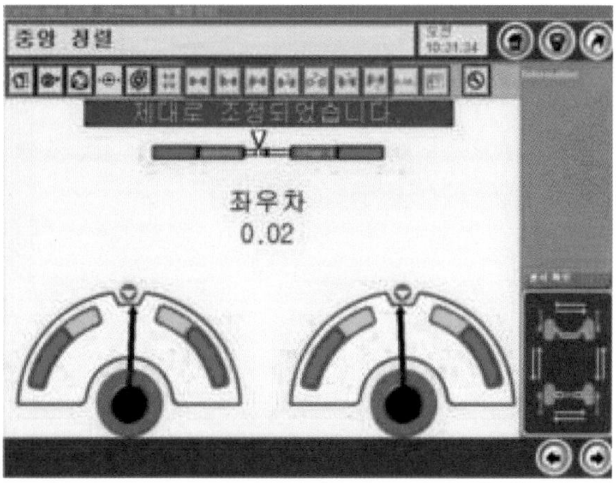

ⓞ 중앙정렬이 되면 다시 수평을 유지 시키십시오.

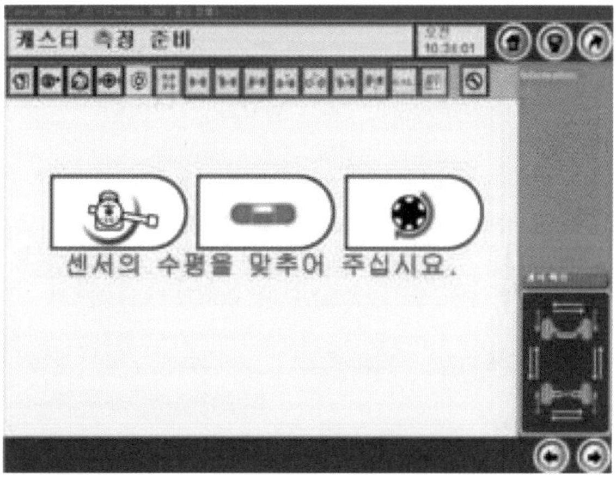

캐스터 측정 좌조향을 하십시오.

측정 시 좌측이든 우측이든 먼저 범위 안에 들어온 값을 맞추면 됩니다.

경고 조향시에 “제대로 맞추었습니다.”라는 메시지가 나타나면 화면의 그림이 사라질 때까지 차량을 움직여서는 안됩니다.

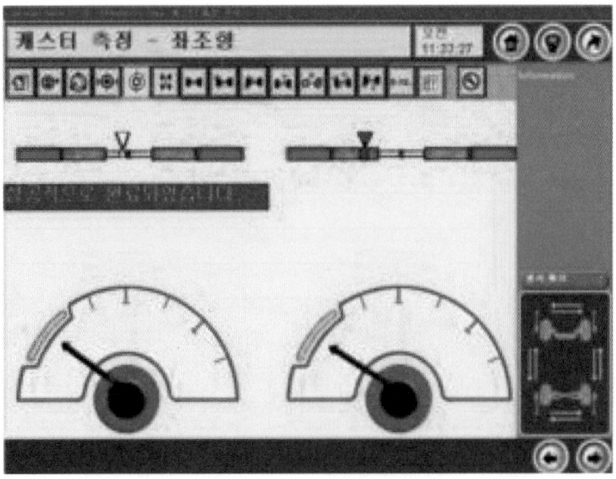

좌, 우측 모두가 정확하게 측정되면 캐스터측정 우조향으로 자동으로 넘어갑니다.

㉩ 캐스터 측정 우조향을 하십시오.

측정 시 좌측이든 우측이든 먼저 범위 안에 들어온 값을 맞추면 됩니다.

경고 조향시에 "제대로 맞추었습니다."라는 메시지가 나타나면 화면의 그림이 사라질 때까지 차량을 움직여서는 안됩니다.

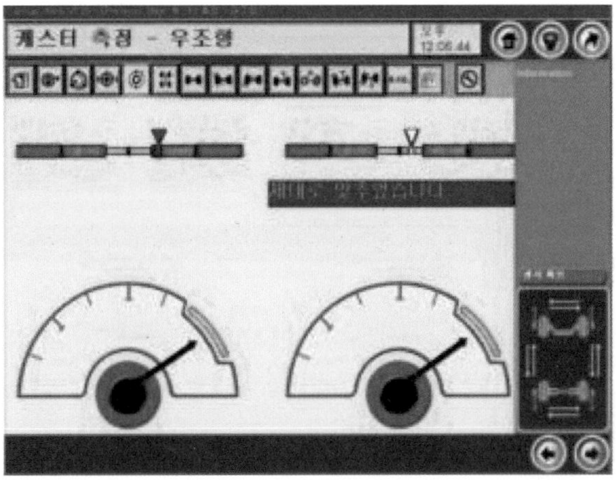

캐스터 측정 좌, 우 조향이 정확하게 끝났으면 다시 한번 중앙정렬을 하십시오.

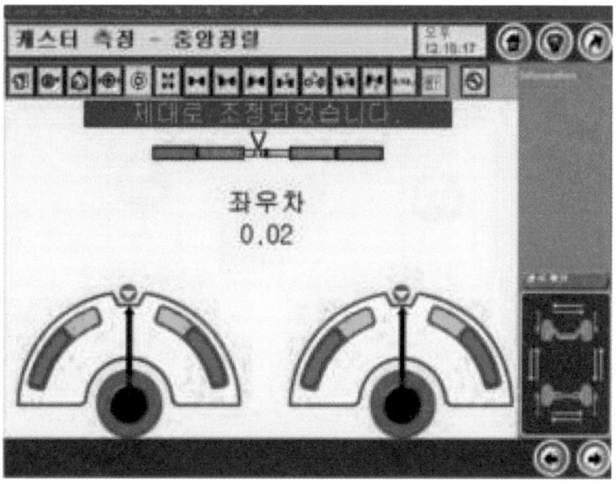

㉢ 측정이 끝나면 측정값이 나타나게 됩니다.
측정된 수치를 보고 차량의 상태를 파악하여 어떠한 방법으로 조정을 해야 할지에 대해서 생각을 하고 조정 단계로 넘어가는 것이 손쉽게 작업을 할 수 있을 것입니다.

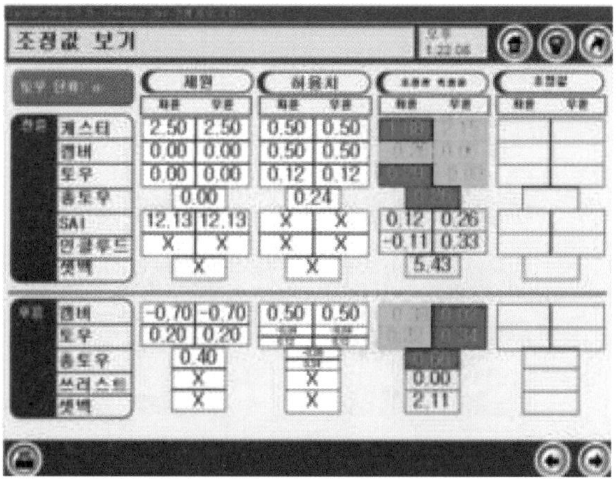

조정 작업 단계에 들어오면 항상 핸들의 중앙 상태를 유지하고 고정구를 체결하십시오.

경고 전륜 조정 작업 시에는 먼저 핸들의 중앙을 유지하십시오.

전륜 조정 작업에서 핸들의 중앙을 맞추지 않은 상태에서 캐스터 및 캠버를 조정 작업한 후에 토우 작업 시에만 핸들의 중앙을 유지한다면 조정 작업한 캐스터 및 캠버의 조정값이 틀어질 수 있기 때문에 반드시 핸들 중앙을 유지하여야 합니다.

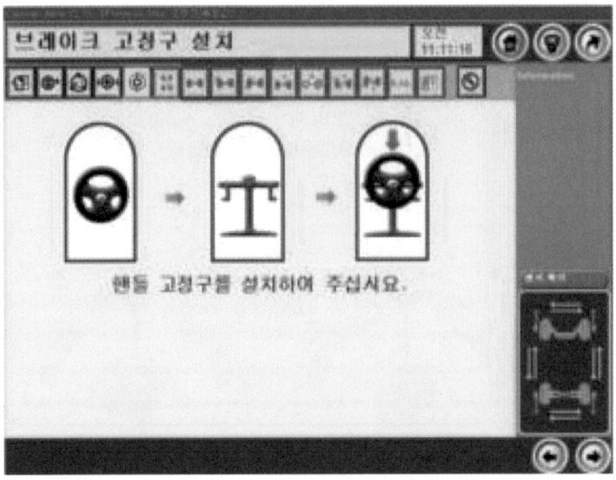

㉪ 전체 조정 화면에서는 전륜의 캐스터, 캠버, 토우의 현재상태를 보여 줍니다. 또한 후륜의 캠버와 토우의 상태도 보여 줍니다.

주의 얼라인먼트 작업은 전륜, 후륜을 전부 작업해야지만 정확한 작업이 될 수 있습니다.(항상 작업 후에는 전체 상태를 확인하여야만 합니다.)

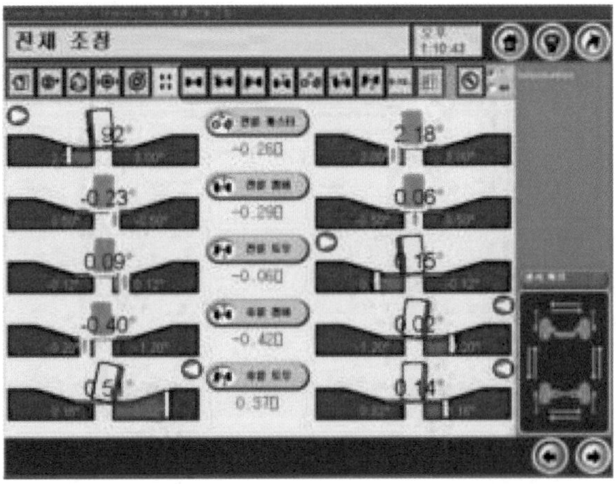

전체 조정 작업 화면에서 작업을 할 때에는 조정의 기본이 되는 후륜의 작업을 먼저 하여야 합니다.

경고 후륜의 스러스트 값을 정확하게 맞추지 않은 상태에서 전륜을 작업하게 되면 주행 중에 핸들이 중앙에 위치하지 않을 수 있습니다.

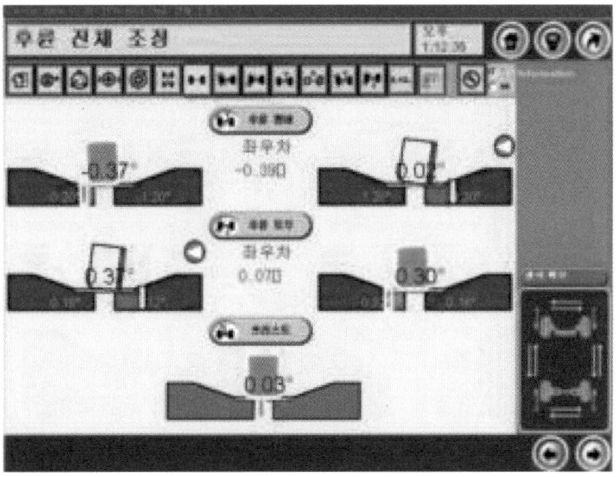

ⓔ 후륜 조정 작업을 할 때에는 캠버의 좌우차를 각각의 캠버값의 허용치 이내에서 최대한 편차가 없도록 조정하십시오.

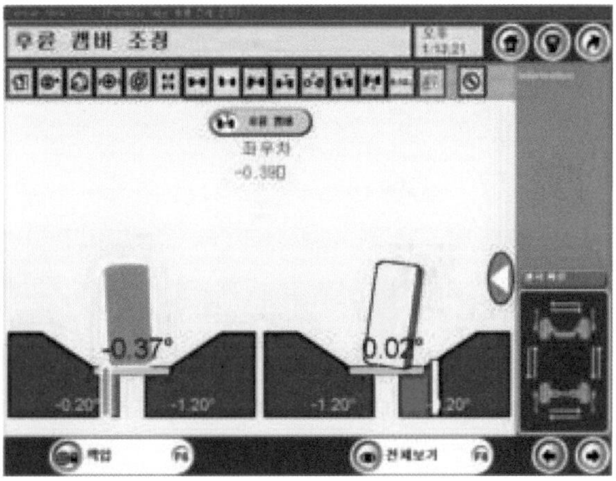

차량을 조정하기에 리프트 랙 위에서 공간이 협소할 때에는 '잭업'버튼을 선택하여 차량을 잭업하여 헤드센서 수평을 잡은 상태에서 조정을 하십시오.

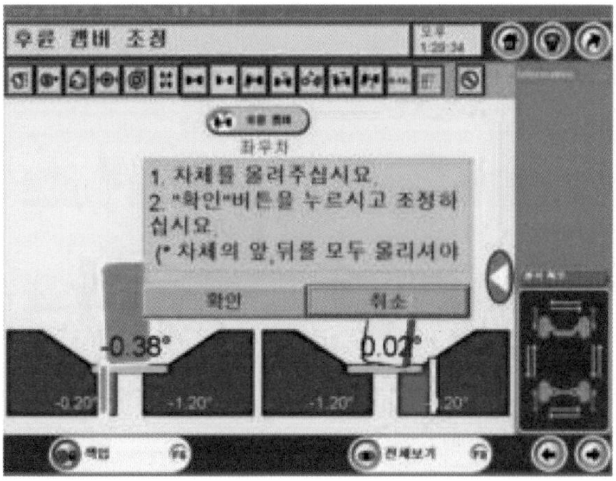

조정이 끝난 후에 '잭업해지'버튼을 선택하여 차량을 리프트 랙 위에 내려 계속 조정작업을 하십시오.

차량을 내린 후에는 다시 헤드센서 수평을 잡으십시오.

㉣ 후륜 토우 조정 작업 시에는 좌우의 편차가 없이 허용값 범위 안에서 조정하십시오.

주의 후륜 토우의 좌우차는 스러스트에 영향을 주기 때문에 정확하게 조정해야만 차량 주행 시에 핸들 중앙을 유지할 수 있습니다.

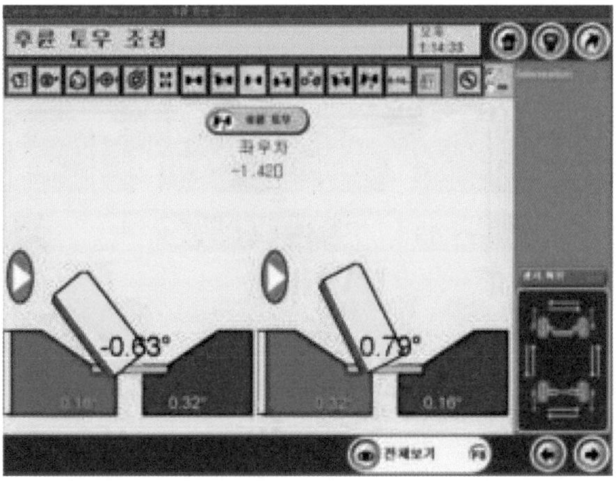

특히, 후륜이 일체식 차축의 경우에는 개별 토우의 값이 한쪽은 마이너스 값이고 다른 한쪽이 플러스 값이면 셋백의 상태(한쪽 타이어가 뒤로 밀렸거나 앞으로 밀렸음)를 의심하여 조정을 하여 주면 됩니다. 이때 개별 토우의 값이 좌우차가 나타나지 않도록 조정하십시오.

후륜 조정 작업이 끝났으면 "후륜 전체 조정" 작업 화면에서 정확하게 작업이 되었는지 확인하십시오.

스러스트, 캠버, 토우의 상태를 확인하시오. 필요하다면 조정값 화면으로 바로 이동하여 셋백의 상태까지 확인하십시오.

㉮ 전륜 조정 작업에 들어오게 되면 핸들을 중앙에 위치시키고 핸들 고정구를 체결하십시오.

주의 전륜 조정 작업 전에 핸들을 중앙에 위치시키지 않고 토우조정에서만 핸들 중앙을 유지한다면 캐스터 및 캠버의 조정된 값이 달라질 수 있습니다.

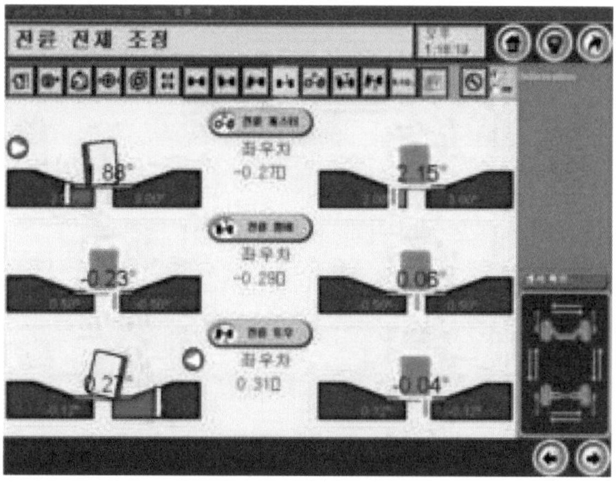

조정 작업은 캐스터 및 캠버의 상태를 먼저 조정하십시오.

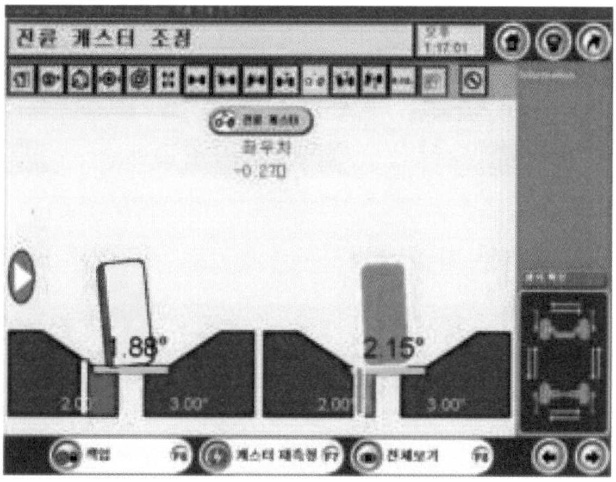

주의 캐스터 및 캠버의 상태를 조정 후에는 반드시 '캐스터 재측정' 버튼을 선택하여 조정이 정확하게 되었는지 캐스터 재측정을 하여 측정된 값을 확인하십시오.

㉯ 전륜 캠버 조정에서도 핸들의 중앙은 유지 되어야 합니다.

주의 캐스터 및 캠버를 조정할 때에는 좌우차가 나타나지 않도록 조정하십시오.

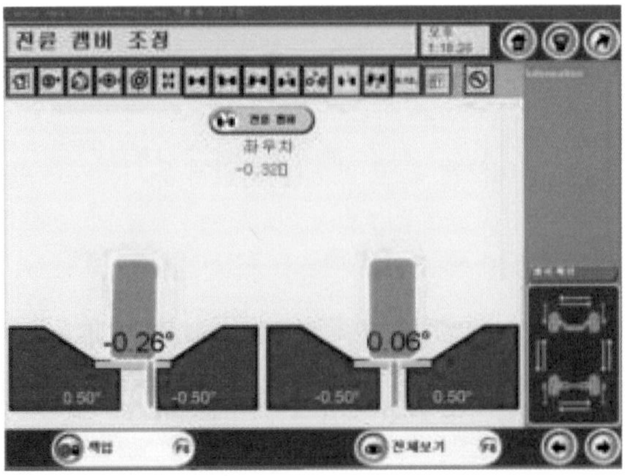

차량을 조정하기에 리프트 랙 위에서 공간이 협소할 때에는 '잭업'버튼을 선택하여 차량을 잭업하여 헤드센서 수평을 잡은 상태에서 조정을 하십시오.

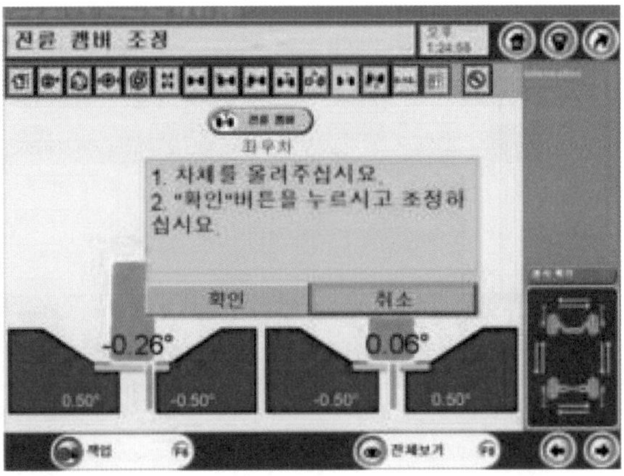

㉰ 전륜 토우 작업 시에는 파워 스티어링이 장치된 차량이면 시동을 걸으십시오.

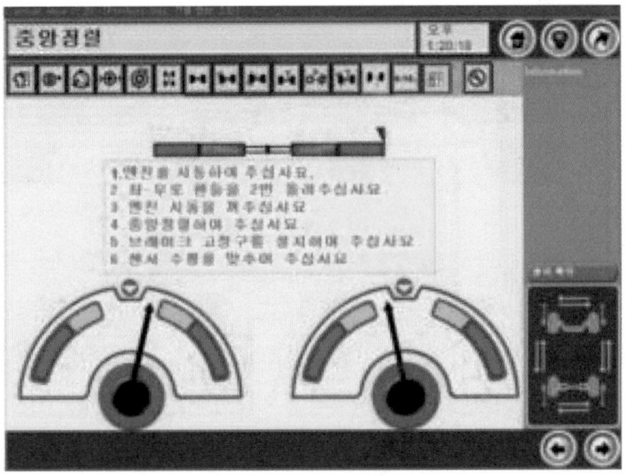

전륜 토우 조정이 올바르게 되도록 화면을 보고 차량 전륜 토우를 조정하십시오.

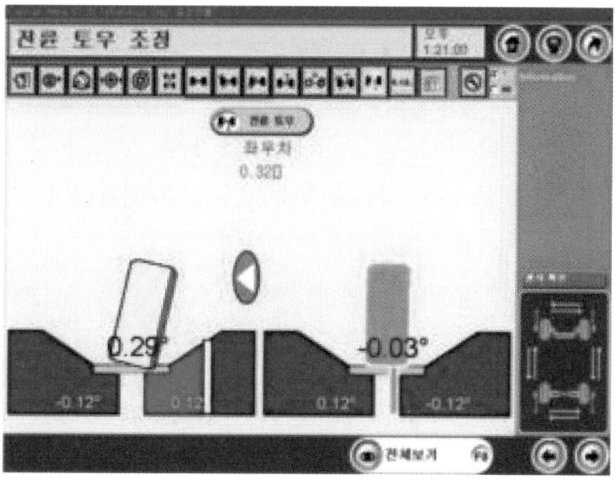

주의 전륜 토우의 경우에는 핸들부터 바퀴까지 부품들의 결합으로 이루어지므로 유격이 있을 수 있습니다. 이것을 확인할 수 있는 방법은 핸들을 한쪽 방향으로 조향 후에 천천히 반대쪽으로 풀면 "토우 조정 작업" 화면에서 좌측, 우측의 측정값이 동시에 움직이는 것이 아니라 한쪽이 움직인 후에 다른 한쪽이 따라서 움직인다면 전륜에 유격이 있는 것입니다. 확인하여 손상된 부품은 교환하십시오.

㉱ 전륜, 후륜에 대해서 조정 작업이 끝났으면 "전체 조정" 선택하여 조정이 정확하게 이루어졌는지 확인한 후에 조정값을 선택하십시오.

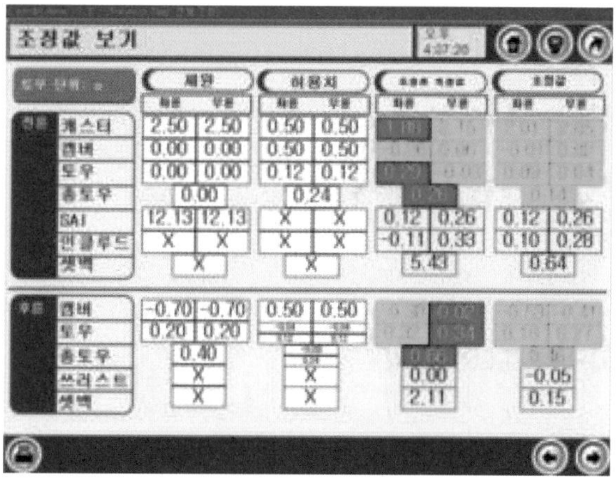

원한다면 '인쇄' 버튼을 선택하여 인쇄물을 출력하십시오.

인쇄 버튼을 선택하면 용지 선택을 물을 것입니다. 이때 프린터 용지에 틀이 그려져 있으면 '전용 용지'를 선택하고 아무것도 그려져 있지 않으면 '일반 용지'를 선택하십시오.

얼라인먼트 작업이 완료되었으면 조정값 화면에서 [F10] 키 ''버튼, ''버튼을 선택하여 작업자가 작업을 끝마치기 위해서 누른 것인지를 물어 보게 됩니다. 이때 선택을 하여 작업을 끝마치고 '메인 메뉴'로 빠져 나간후에 센서 연결 케이블을 분리하고 헤드 센서를 제거하십시오.

차량을 리프트에서 내리고 차를 주행하여 얼라인먼트 작업이 정확하게 되었는지 확인하십시오.

02 수동변속기 입력축 엔드 플레이 점검

자동차 번호 :			비번호		감독위원 확 인	
측정항목	① 측정(또는 점검)		② 판정 및 정비(또는 조치) 사항		득 점	
	측정값	규정(정비한계)값	판 정 (□에 ✓표)	정비 및 조치할 사항		
입력축 엔드 플레이			□ 양 호 □ 불 량			

① 측정 및 점검

- 방법1 플라스틱게이지나 직경 3mm이고 길이 10mm인 납(솔드) 2개를 입력축 베어링 외부 레이스 밑에 장착하고 트랜스 액슬 하우징을 규정 토크(시험장에서 제시 또는 정비 지침서 참조)로 조인 후 다시 탈거하여 납작해진 플라스틱 게이지의 눌러진 넓이를 측정하거나 마이크로미터를 이용하여 납의 두께를 측정하여 엔드 플레이를 측정한다.
- 방법2 변속기에 다이얼 게이지를 스핀들과 입력 축에 직각이 되고 설치한 다음 축을 안으로 밀어 다이얼 게이지 0점 셋팅 후 입력축을 축 방향으로 당겨 바늘의 움직임 값을 측정한다. 통상 다이얼 게이지의 눈금은 총 100개의 눈금이 있으며 1 눈금 당 치수는 0.01[mm]이다. 다시 말해 바늘이 1회전하면 1[mm]가 된다. (그림1.) ⇒ 시험장에 주로 사용

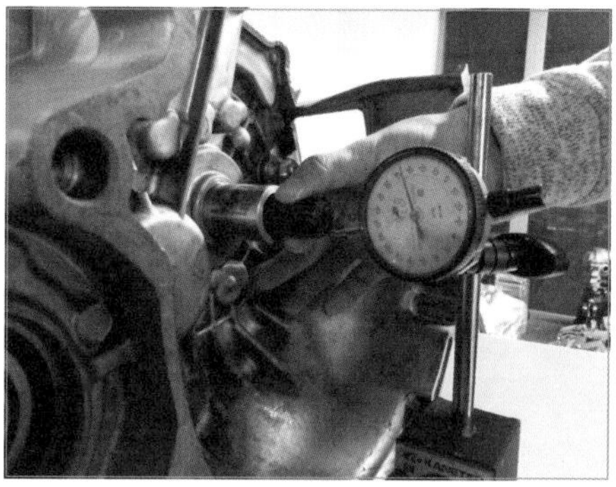

▲ 수동변속기 입력축 엔드 플레이 점검

• 측정값은 수검자가 직접 측정하여 기재하고 규정(정비한계)값은 수검자가 시험장에서 제공하는 차량의 정비지침서 또는 시험감독관이 제시하는 규정값을 보고 기재한다.

② 판정 및 정비(또는 조치) 사항

• 수검자가 측정한 값과 규정(정비한계)값을 비교하여 판정란의 양호 또는 불량에 ✓표시를 하고 정비 및 조치사항란에 조치사항을 서술한다.

③ 답안지 작성 예

측정항목	① 측정(또는 점검)		② 판정 및 정비(또는 조치) 사항		득 점
	측정값	규정(정비한계)값	판 정 (□에 ✓표)	정비 및 조치할 사항	
입력축 엔드 플레이	0.07[mm]	0.05~0.10[mm]	☑ 양 호 □ 불 량	정비 및 조치사항 없음	

측정항목	① 측정(또는 점검)		② 판정 및 정비(또는 조치) 사항		득 점
	측정값	규정(정비한계)값	판 정 (□에 ✓표)	정비 및 조치할 사항	
입력축 엔드 플레이	0.60[mm]	0.05~0.10[mm]	□ 양 호 ☑ 불 량	입력축에 두꺼운 베어링 스페이스를 삽입하여 조정 후 재점검	

측정항목	① 측정(또는 점검)		② 판정 및 정비(또는 조치) 사항		득 점
	측정값	규정(정비한계)값	판 정 (□에 ✓표)	정비 및 조치할 사항	
입력축 엔드 플레이	0.00[mm]	0.05~0.10[mm]	□ 양 호 ☑ 불 량	입력축에 얇은 베어링 스페이스를 삽입하여 조정 후 재점검	

※ 주의사항 : 반드시 측정값 및 규정(정비한계)값의 단위(mm, 이상, 이하, 미만 등 포함)를 적는다.

03 조향 휠 유격 점검

자동차 번호 :			비번호		감독위원 확 인	
측정항목	① 측정(또는 점검)		② 판정 및 정비(또는 조치) 사항		득 점	
	측정값	기준값	산출근거 (계산 기록)	판 정 (□에 ✓표)		
조향 휠 유격				□ 양 호 □ 불 량		

① 측정 및 점검

- 조향핸들 유격 측정 : 시동을 걸고 핸들을 직진으로 한 다음 그림과 같이 조향핸들 윗부분에 케이블타이 또는 백묵으로 표시하고 핸들을 타이어가 움직이기 직전까지 좌우로 돌려 케이블타이가 움직인 직선거리를 기록한다.

  * 시험장에서 시동을 걸지 않고 측정하는 경우가 있다.

참고 조향핸들 프리로드 측정

자동차를 들어 올린 상태에서 스프링 저울을 이용하여 핸드에 노끈이나 케이블 타이를 묶어서 스프링 저울을 연결 할 수 있게 하여 수직으로 당기면서 움직일 때 스프링 저울이 지시하는 값이 프리로드이다.

▲ 조향핸들 유격 측정

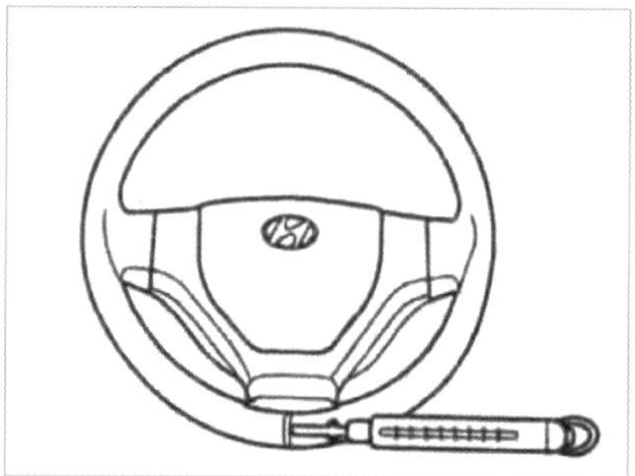

▲ 조향핸들 프리로드 측정

- 측정값은 수검자가 직접 측정하여 기재하고 규정(정비한계)값은 수검자가 시험장에서 제공하는 차량의 정비지침서 또는 시험감독관이 제시하는 규정값을 보고 기재한다.

② 판정 및 정비(또는 조치) 사항

- 수검자가 측정한 값과 규정(정비한계)값을 비교하여 판정란의 양호 또는 불량에 ✓표시를 하고 정비 및 조치사항란에 조치사항을 서술한다.

* 규정값 : 핸들 직경의 12.5% 이내 또는 시험장에서 주어진 기준 값
* 핸들의 직경 = L(전체직경) − D(핸들손잡이 폭)
* 볼 너트 형식 : 섹터 축 조정 스크루를 조이면 유격이 감소하고 풀면 유격이 증가한다.
* 랙 피니언 형식 : 요크 플러그를 조이면 유격이 감소하고 풀면 유격이 증가한다.

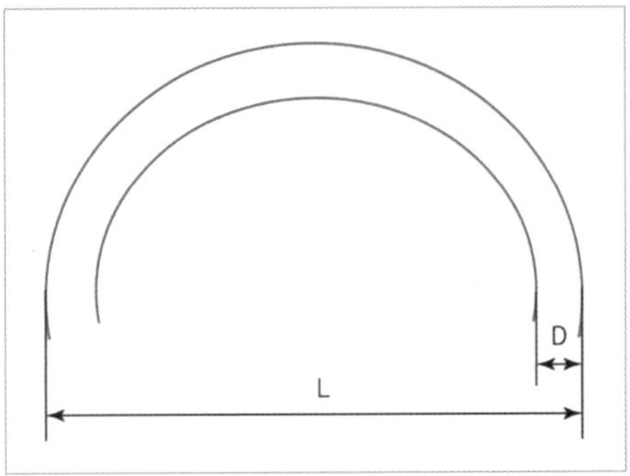

▲ 조향핸들 직경 측정

③ 답안지 작성 예 : 핸들 지름이 35[cm]인 경우

측정항목	① 측정(또는 점검)		② 판정 및 정비(또는 조치) 사항		득 점
	측정값	기준값	산출근거 (계산 기록)	판 정 (□에 ✓표)	
조향 휠 유격	20[mm]	43.7[mm] 이내	(핸들 직경의 12.5% 이내) 35 × 0.125 = 4.37[cm] (43.7[mm])	☑ 양 호 □ 불 량	

측정항목	① 측정(또는 점검)		② 판정 및 정비(또는 조치) 사항		득 점
	측정값	기준값	산출근거 (계산 기록)	판 정 (□에 ✓표)	
조향 휠 유격	50[mm]	43.7[mm] 이내	(핸들 직경의 12.5% 이내) 35 × 0.125 = 4.37[cm] (43.7[mm])	□ 양 호 ☑ 불 량	

※ 주의사항 : 반드시 측정값 및 규정(정비한계)값의 단위(mm, 이상, 이하, 미만 등 포함)를 적는다.

04 휠 밸런스 점검

자동차 번호 :			비번호		감독위원 확인	

측정항목	① 측정(또는 점검)		② 판정 및 정비(또는 조치) 사항		득 점
	측정값	규정(정비한계)값	판 정 (□에 ✓표)	정비 및 조치할 사항	
휠 밸런스	IN:	IN:	□ 양 호 □ 불 량		
	OUT:	OUT:			

① 측정 및 점검

1. 타이어 탈착 방법

■ 장비명 : MRC−205

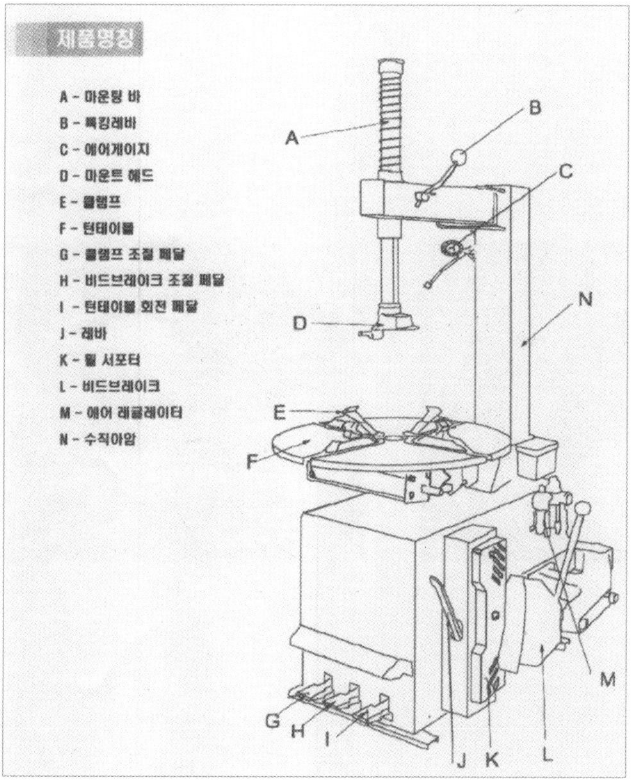

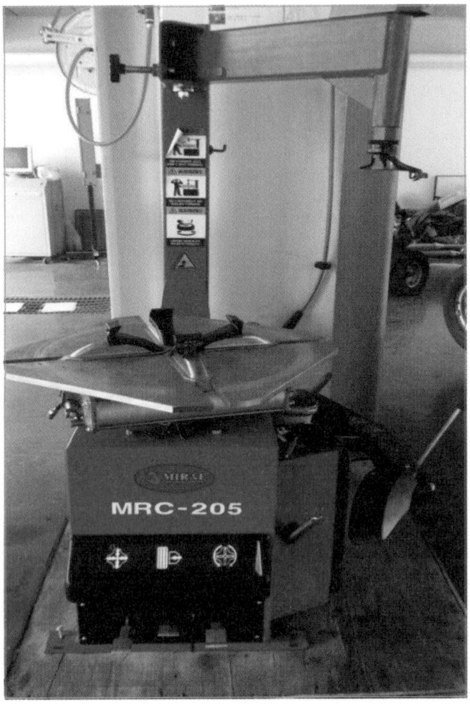

주의 시험장마다 장비가 상이 하므로 시험장에 비치되어 있는 사용 설명서 및 시험감독 위원에게 장비 사용법에 대한 설명을 문의하여 측정하도록 한다.

㉠ 먼저 니플을 풀어 타이어 공기를 뺀다.

㉡ 니플이 타이어 공기압으로 인해 튀어 나올 수 있으니 주의할 것.

㉢ 타이어를 그림과 같이 압착기에 설치 후 페달을 밟아 타이어를 압착한다.

㉣ 타이어를 반대방향으로 돌려 같은 방법으로 작업하여 림에서 타이어를 분리시킨다.

㉤ 타이어를 탈착기의 회전 테이블에 올려서 타이어 고정 표시가 있는 왼쪽 페달을 밟아 고정을 시킨다.

ⓑ 지지레버를 하강시켜 고정 버튼을 눌러 휠에 고정 시킨 후 탈착레버를 삽입하여 회전 표시 페달을 밟아 타이어를 회전시켜 타이어를 탈착시킨다.

2. 타이어 장착 방법

㉠ 타이어 비드부 양면에 비눗물이나 장착용 오일을 바르고 탈착레버를 안쪽으로 걸어 고정시킨 후 페달을 밟아 회전시키면서 손으로 눌러주면서 타이어 아래면 부터 장착 후 윗면을 장착한다.

㉡ 타이어 장착 후 탈거 한 니플을 다시 부착하고 타이어 공기압을 규정압 30 ~ 40[psi]로 맞춘다.

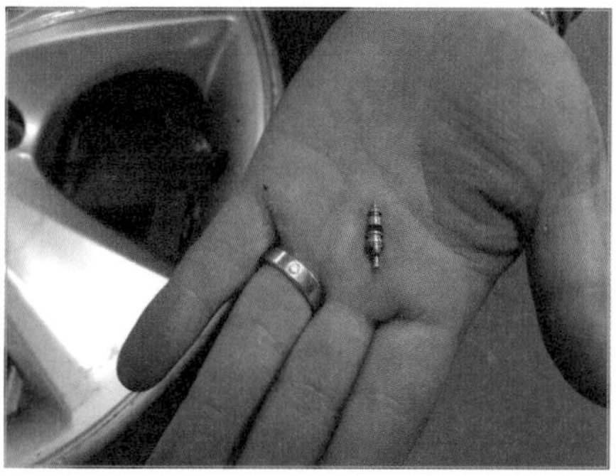

3. 휠 밸런스 측정 방법

■ 장비명 : HS-505H

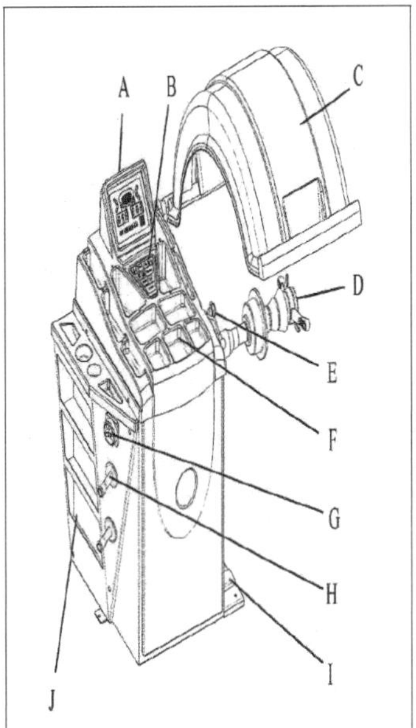

그림. 1

A: 제어반 디스플레이 판넬
B: 제어반 컨트롤 판넬
C: 후드 커버
D: 자동 너트
E: 거리바
F: 바란스 납 보관함/커버
G: 메인 스위치
H: 콘 홀더 (Cone holder)
I: 풋 브레이크
J: 툴 보관함

주의 시험장마다 장비가 상이 하므로 시험장에 비치되어 있는 사용 설명서 및 시험감독 위원에게 장비 사용법에 대한 설명을 문의하여 측정하도록 한다.

• 휠 밸런스 장비에 타이어를 장착 후 타이어에 부착되어 있는 평형추를 모두 제거하고 휠 옆면에 표시되어 있는 림의 치수를 확인 후 다음 순서에 맞추어 작업을 진행한다.

㉠ 기계 왼쪽 상단에 있는 메인스위치를 ON시킨다.
㉡ 스위치를 ON 시킨 후 아래 그림과 같은 버튼을 누른다.

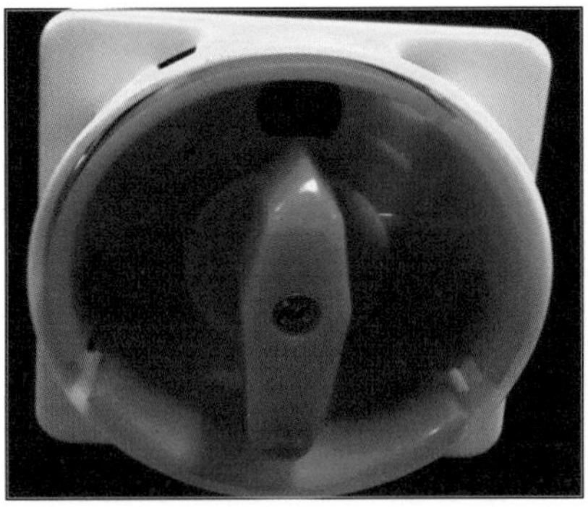

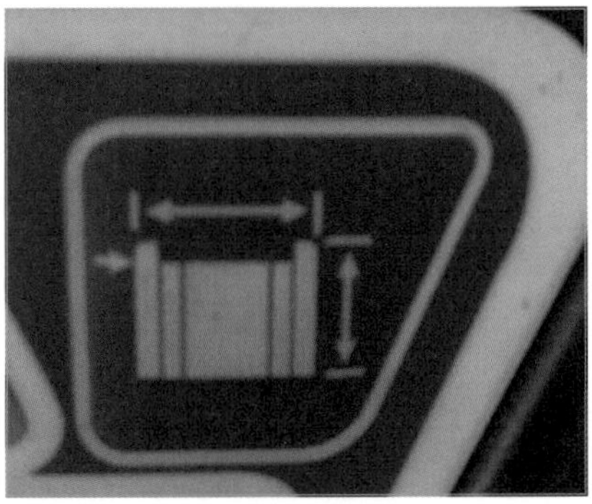

ⓒ 화면에 A라는 표시가 나오면 이때 거리바를 끌어당겨 림 내부 가장자리 반대방향에 눈금 끝부분을 놓으면 기기에서부터 림(rim) 안쪽까지 측정한 거리와 휠 지름이 자동으로 결정 및 입력되어 디지털 표시판에 표시된다.

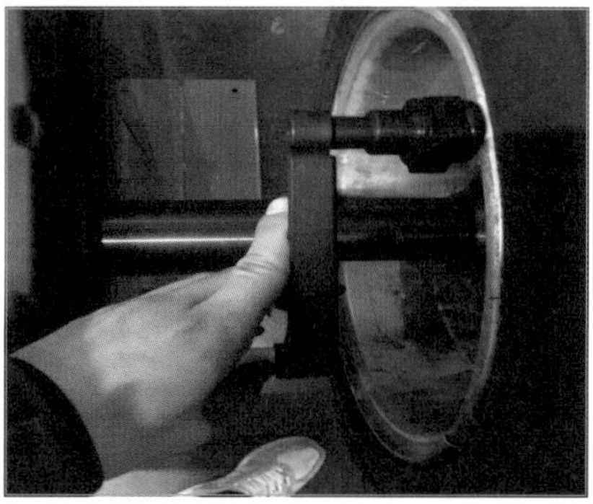

ⓓ 림 거리를 측정 후 B라는 화면이 나오면 아래 공구(캘리퍼스)를 이용하여 림폭(너비)을 측정한다.

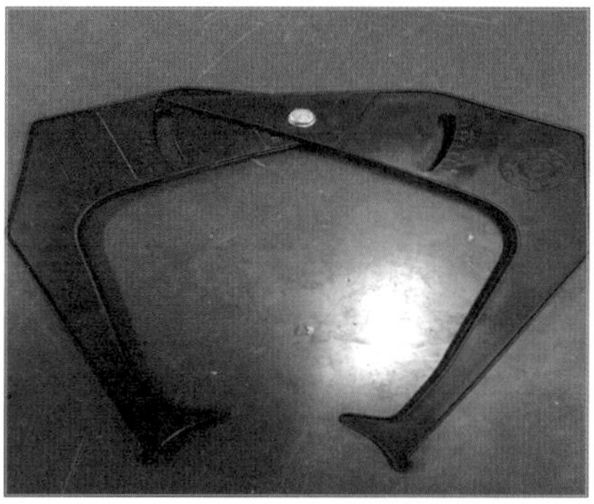

ⓔ 림폭(너비)을 측정 후 아래 버튼을 누른 후 타이어의 인치를 수동으로 화살표를 이용하여 입력한다.

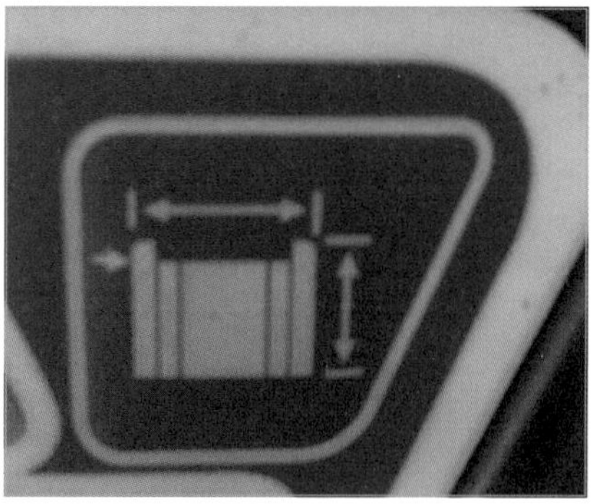

ⓑ 안전커버를 내린 후 측정을 시작하면 화면에 측정값이 표시된다.

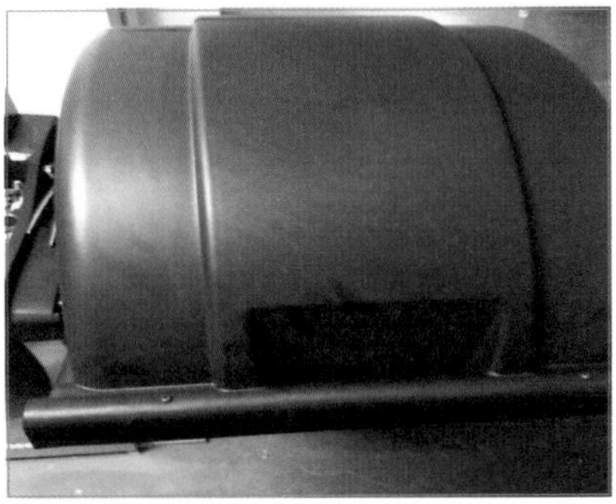

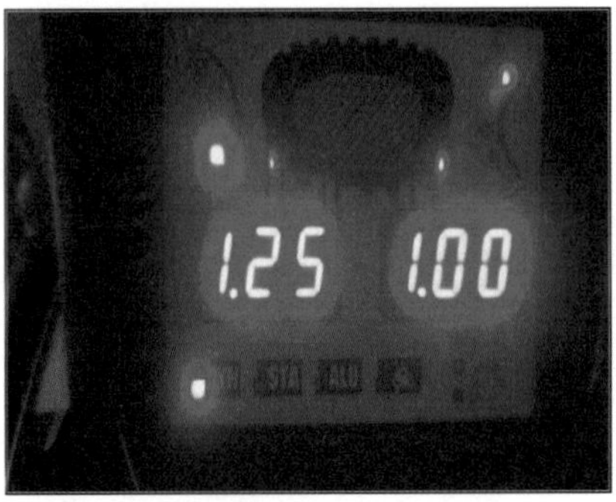

ⓢ 측정이 완료되면 영점을 맞춘 후 평형추를 장착하여 휠의 밸런스가 맞는지를 재검사한다.

② 판정 및 정비(또는 조치) 사항

- 수검자가 측정한 값과 규정(정비한계)값을 비교하여 판정란의 양호 또는 불량에 ✓표시를 하고 정비 및 조치사항란에 조치사항을 서술한다.

③ 답안지 작성 예 :

측정항목	① 측정(또는 점검)		② 판정 및 정비(또는 조치) 사항		득 점
	측정값	규정(정비한계)값	판 정 (□에 ✓표)	정비 및 조치할 사항	
휠 밸런스	IN: 0[g_f]	IN: 0[g_f]	☑ 양 호 □ 불 량	정비 및 조치사항 없음	
	OUT: 0[g_f]	OUT: 0[g_f]			

측정항목	① 측정(또는 점검)		② 판정 및 정비(또는 조치) 사항		득 점
	측정값	규정(정비한계)값	판 정 (□에 ✓표)	정비 및 조치할 사항	
휠 밸런스	IN: 1.25[g_f]	IN: 0[g_f]	□ 양 호 ☑ 불 량	IN으로 1.25[g_f], OUT으로 1.00[g_f] 평형추를 추가하여 재점검한다.	
	OUT: 1.00[g_f]	OUT: 0[g_f]			

※ 주의사항 : 반드시 측정값 및 규정(정비한계)값의 단위(mm, 이상, 이하, 미만 등 포함)를 적는다.

05 주차 레버 클릭 수 점검

자동차 번호 :			비번호		감독위원 확 인	
측정항목	① 측정(또는 점검)		② 판정 및 정비(또는 조치) 사항		득 점	
	측정값	규정(정비한계)값	판 정 (□에 ✓표)	정비 및 조치할 사항		
주차 레버 클릭수(노치)			□ 양 호 □ 불 량			

① 측정 및 점검

- 사이드 브레이크(주차 레버)를 아래쪽으로 완전히 내린 후 레버를 잡고 20[Kg_f]의 힘으로 당기면서 작동 클릭수를 측정한다.

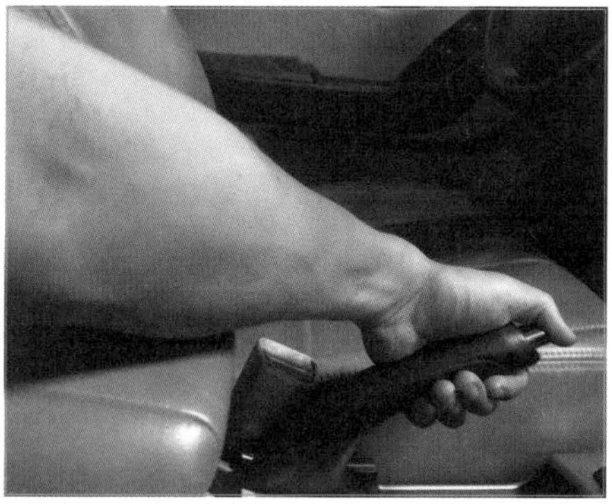
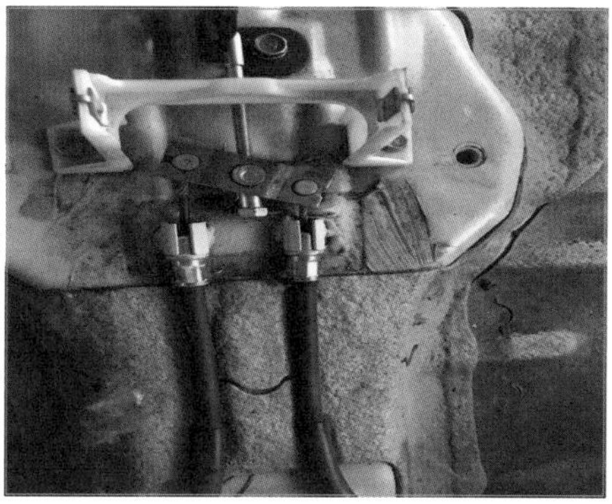

▲ 주차 레버 클릭 수 측정

- 측정값은 수검자가 직접 측정하여 기입을 하고 규정(정비한계)값은 수검자가 시험장에서 제공하는 차량의 정비지침서 또는 시험감독관이 제시하는 규정값을 보고 기재한다.

② 판정 및 정비(또는 조치) 사항

- 수검자가 측정한 값과 규정(정비한계)값을 비교하여 판정란의 양호 또는 불량에 ✓표시를 하고 정비 및 조치사항란에 조치사항을 서술한다.

  * 규정값 : 6 ~ 8클릭/20[Kg_f]
  * 클릭수가 규정값 보다 작으면 : 케이블 장력조정 너트로 재조정한다.
  * 클릭수가 규정값 보다 크면 : 뒤 라이닝 마모, 라이닝 교환 후 케이블 장력조정 너트로 재조정한다.

③ 답안지 작성 예

측정항목	① 측정(또는 점검)		② 판정 및 정비(또는 조치) 사항		득 점
	측정값	규정(정비한계)값	판 정 (□에 ✓표)	정비 및 조치할 사항	
주차 레버 클릭수(노치)	4클릭/ 20[Kg_f]	6 ~ 8클릭/ 20[Kg_f]	□ 양 호 ☑ 불 량	주차 케이블 조정불량, 조정나사로 케이블 조정 후 재점검	

측정항목	① 측정(또는 점검)		② 판정 및 정비(또는 조치) 사항		득 점
	측정값	규정(정비한계)값	판 정 (□에 ✓표)	정비 및 조치할 사항	
주차 레버 클릭수(노치)	12클릭/ 20[Kg_f]	6 ~ 8클릭/ 20[Kg_f]	□ 양 호 ☑ 불 량	뒤 라이닝 마모, 라이닝 교환 후 조정나사로 케이블조정 후 재점검	

※ 주의사항 : 반드시 측정값 및 규정(정비한계)값의 단위(mm, 이상, 이하, 미만 등 포함)를 적는다.

06 브레이크 디스크 두께 및 흔들림(런 아웃) 점검

<table>
<tr><td colspan="3">자동차 번호 :</td><td>비번호</td><td></td><td>감독위원
확 인</td><td></td></tr>
<tr><td rowspan="2">측정항목</td><td colspan="2">① 측정(또는 점검)</td><td colspan="3">② 판정 및 정비(또는 조치) 사항</td><td rowspan="2">득 점</td></tr>
<tr><td>측정값</td><td>규정(정비한계)값</td><td colspan="2">판 정
(□에 ✓표)</td><td>정비 및
조치할 사항</td></tr>
<tr><td>디스크 두께</td><td></td><td></td><td colspan="2" rowspan="2">□ 양 호
□ 불 량</td><td rowspan="2"></td><td rowspan="2"></td></tr>
<tr><td>흔들림(런 아웃)</td><td></td><td></td></tr>
</table>

① 측정 및 점검

- **디스크 두께:** 버니어 캘리퍼스를 이용하여 브레이크 디스크의 두께를 측정한다.
- **디스크 흔들림:** 브레이크 디스크에 다이얼 게이지를 설치하고 0점 조정 후 디스크를 1회전 하면서 최고값을 읽는다.

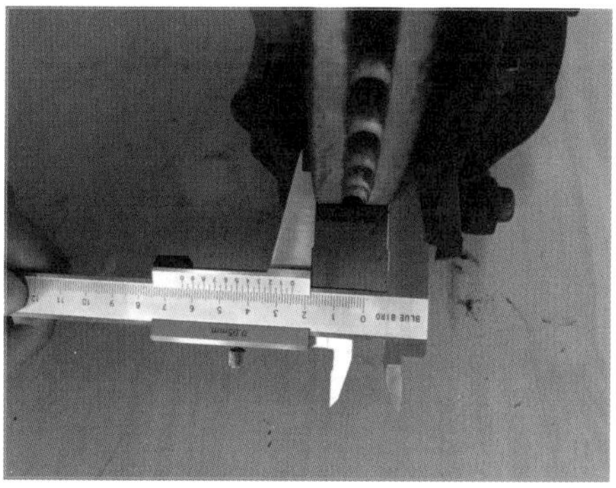

▲ 브레이크 두께 및 흔들림 측정

- 측정값은 수검자가 직접 측정하여 기입을 하고 규정(정비한계)값은 수검자가 시험장에서 제공하는 차량의 정비지침서 또는 시험감독관이 제시하는 규정값을 보고 기재한다.

② 판정 및 정비(또는 조치) 사항

- 수검자가 측정한 값과 규정(정비한계)값을 비교하여 판정란의 양호 또는 불량에 ✓표시를 하고 정비 및 조치사항란에 조치사항을 서술한다.

③ 답안지 작성 예

측정항목	① 측정(또는 점검)		② 판정 및 정비(또는 조치) 사항		득 점
	측정값	규정(정비한계)값	판 정 (□에 ✓표)	정비 및 조치할 사항	
디스크 두께	24.4[mm]	23~25[mm]	☑ 양 호 □ 불 량	정비 및 조치 사항 없음	
흔들림(런 아웃)	0.05[mm]	0.07[mm]이하			

측정항목	① 측정(또는 점검)		② 판정 및 정비(또는 조치) 사항		득 점
	측정값	규정(정비한계)값	판 정 (□에 ✓표)	정비 및 조치할 사항	
디스크 두께	22.4[mm]	23~25[mm]	□ 양 호 ☑ 불 량	디스크 마모 불량(과대) 디스크 교환 후 재점검	
흔들림(런 아웃)	0.05[mm]	0.07[mm]이하			

측정항목	① 측정(또는 점검)		② 판정 및 정비(또는 조치) 사항		득 점
	측정값	규정(정비한계)값	판 정 (□에 ✓표)	정비 및 조치할 사항	
디스크 두께	23.4[mm]	23~25[mm]	□ 양 호 ☑ 불 량	디스크 흔들림(런 아웃) 불량(과다) 디스크 교환 후 재점검	
흔들림(런 아웃)	0.15[mm]	0.07[mm]이하			

※ 주의사항 : 반드시 측정값 및 규정(정비한계)값의 단위(mm, 이상, 이하, 미만 등 포함)를 적는다.

07 자동변속기 오일량 점검

자동차 번호 :		비번호		감독위원 확인	

측정항목	① 측정(또는 점검)	② 판정 및 정비(또는 조치) 사항		득 점
	측정(또는 점검)	판 정 (□에 ✓표)	정비 및 조치할 사항	
오일량	COLD HOT 오일 레벨을 게이지에 그리시오.	□ 양 호 □ 불 량		

① 측정 및 점검

■ 자동변속기 오일량 점검 방법

- 자동차를 평평한 장소에 주차시킨다.
- 오일 레벨 게이지를 깨끗이 닦는다.
- 변속레버를 P위치로 하고 주차브레이크를 작동시킨 후 엔진 시동을 건다.
- 엔진을 10분 정도 난기 시킨 후 정상온도(50~80℃)에 이르게 한다.
- 선택레버를 각 위치에서(P→R→N→D→2→L) 변화시켜 토크컨버터 및 유압회로에 변속기 오일이 순환되도록 한다.
- 선택레버를 중립(N)위치에 놓는다.
- 오일 레벨 게이지를 뽑아 깨끗이 닦은 후 다시 끼운다.
- 다시 오일 레벨 게이지를 뽑아 유량을 점검한다.
  - ▶ 열간 시: COLD위치 안쪽에 있으면 불량(오일 부족), HOT위치를 넘어가도 불량(오일 과다), HOT위치 안쪽에 있으면 정상.
  - ▶ 냉간 시: COLD위치 안쪽에 있으면 정상, COLD위치를 넘어 가거나 HOT위치에 있으면 불량.

■ 자동변속기 오일 상태 방법

- 붉은색: 정상
- 흑색: 오일오염(변속기내부 클러치디스크마멸)
- 유백색: 냉각수유입(오일 쿨러 파손)

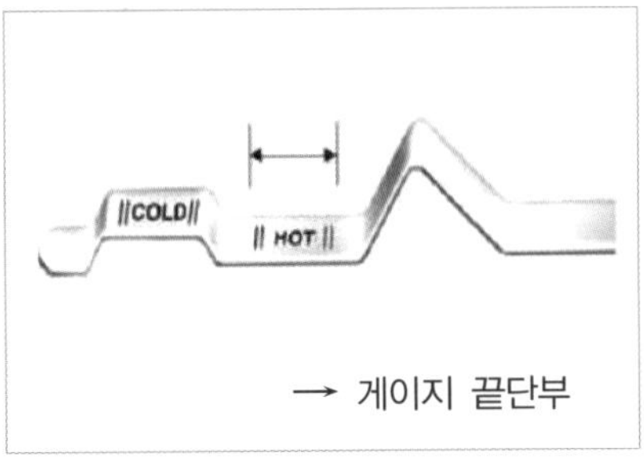

▲ 자동변속기 오일 레벨 게이지 및 장착 위치

- 측정값은 수검자가 직접 측정하여 기입을 하고 규정(정비한계)값은 수검자가 시험장에서 제공하는 차량의 정비지침서 또는 시험감독관이 제시하는 규정값을 보고 기재한다.

② 판정 및 정비(또는 조치) 사항

- 수검자가 측정한 값과 규정(정비한계)값을 비교하여 판정란의 양호 또는 불량에 ✓표시를 하고 정비 및 조치사항란에 조치사항을 서술한다.

③ 답안지 작성 예 ("열간" 시 기준)

측정항목	① 측정(또는 점검)	② 판정 및 정비(또는 조치) 사항		득 점
	측정(또는 점검)	판 정 (□에 ✓표)	정비 및 조치할 사항	
오일량	 오일 레벨을 게이지에 그리시오.	□ 양 호 ☑ 불 량	오일량 부족, 규정 값까지 보충 후 재점검	

측정항목	① 측정(또는 점검)	② 판정 및 정비(또는 조치) 사항		득 점
	측정(또는 점검)	판 정 (□에 ✓표)	정비 및 조치할 사항	
오일량	 오일 레벨을 게이지에 그리시오.	□ 양 호 ☑ 불 량	오일량 과다, 규정 값까지 배출 후 재점검	

측정항목	① 측정(또는 점검)	② 판정 및 정비(또는 조치) 사항		득 점
	측정(또는 점검)	판 정 (□에 ✓표)	정비 및 조치할 사항	
오일량	 오일 레벨을 게이지에 그리시오.	☑ 양 호 □ 불 량	정비 및 조치사항 없음	

※ 주의사항 : 반드시 측정값 및 규정(정비한계)값의 단위(mm, 이상, 이하, 미만 등 포함)를 적는다.

08 종감속 기어 백래시 점검

자동차 번호 :			비번호		감독위원 확 인	
측정항목	① 측정(또는 점검)		② 판정 및 정비(또는 조치) 사항			득 점
	측정값	규정(정비한계)값	판 정 (□에 ✓표)		정비 및 조치할 사항	
백 래시			□ 양 호 □ 불 량			

① 측정 및 점검

- 종감속 기어 링기어에 잇면과 90도 각도로 다이얼게이지가 반대편 잇면과 닿지 않도록 다이얼게이지를 설치한다.
- 링기어를 좌우로 움직이면서 백래시를 측정한다.

▲ 백 래시 점검

▲ 런 아웃 : 다이얼 게이지 직각 설치

- 측정값은 수검자가 직접 측정하여 기입을 하고 규정(정비한계)값은 수검자가 시험장에서 제공하는 차량의 정비지침서 또는 시험감독관이 제시하는 규정값을 보고 기재한다.

② 판정 및 정비(또는 조치) 사항

- 수검자가 측정한 값과 규정(정비한계)값을 비교하여 판정란의 양호 또는 불량에 ✓표시를 하고 정비 및 조치사항란에 조치사항을 서술한다.

■ 백 래시 조정방법

- 스크루방식: 조정너트로 조정하는 방식
- 시임방식: 시임의 두께를 가감하는 방식

▶ 규정값 보다 클 때 : 링기어를 안쪽으로 밀고 피니언기어를 바깥쪽으로 밀어서 백래시를 조정 후 재측정(점검) 한다.

▶ 규정값 보다 작을 때 : 링기어를 바깥쪽으로 밀고 피니언기어를 안쪽으로 밀어서 백래시를 조정 후 재측정(점검) 한다.

③ 답안지 작성 예

측정항목	① 측정(또는 점검)		② 판정 및 정비(또는 조치) 사항		득 점
	측정값	규정(정비한계)값	판 정 (□에 ✓표)	정비 및 조치할 사항	
백 래시	0.25[mm]	0.20~0.28[mm]	☑ 양 호 □ 불 량	정비 및 조치 사항 없음	

측정항목	① 측정(또는 점검)		② 판정 및 정비(또는 조치) 사항		득 점
	측정값	규정(정비한계)값	판 정 (□에 ✓표)	정비 및 조치할 사항	
백 래시	0.15[mm]	0.20~0.28[mm]	□ 양 호 ☑ 불 량	피니언 기어를 바깥쪽으로 당겨지도록 피니언에 쉼을 넣어 조정 후 재점검	

측정항목	① 측정(또는 점검)		② 판정 및 정비(또는 조치) 사항		득 점
	측정값	규정(정비한계)값	판 정 (□에 ✓표)	정비 및 조치할 사항	
백 래시	0.45[mm]	0.20~0.28[mm]	□ 양 호 ☑ 불 량	피니언 기어를 안쪽으로 밀어지도록 피니언에 쉼을 빼서 조정 후 재점검	

※ 주의사항 : 반드시 측정값 및 규정(정비한계)값의 단위(mm, 이상, 이하, 미만 등 포함)를 적는다.

09 브레이크 페달 점검

자동차 번호 :			비번호		감독위원 확 인	
측정항목	① 측정(또는 점검)		② 판정 및 정비(또는 조치) 사항		득 점	
	측정값	규정(정비한계)값	판 정 (□에 ✓표)	정비 및 조치할 사항		
작동 거리			□ 양 호 □ 불 량			
페달 유격						

① 측정 및 점검

- 시험차량과 직각자를 준비하고 차량에 시공을 건다.
- 브레이크페달과 직각이 되게 자를 설치하고 "현재 값"을 읽고 기록한다. (예 170[mm])
- 브레이크페달을 저항이 느껴지기 전까지 살짝 눌렀을 때 값을 읽고 기록한다. (예 165[mm])
  이 값을 현재 값 − 누름 값(살짝) = "페달유격" 값이 된다. (예 170 − 165 = 5[mm])
- 브레이크페달을 최대한 눌렀을 때 값을 읽고 기록한다. (예 155[mm])
  이 값을 브레이크 페달을 살짝 눌렀을 때의 값에서 빼면 "작동거리"가 된다. (예 165 − 155 = 10[mm])

▲ 브레이크페달의 현재 높이

▲ 브레이크페달의 살짝 눌렀을 때

▲ 브레이크페달을 최대한 눌렀을 때

- 측정값은 수검자가 직접 측정하여 기입을 하고 규정(정비한계)값은 수검자가 시험장에서 제공하는 차량의 정비지침서 또는 시험감독관이 제시하는 규정값을 보고 기재한다.

② 판정 및 정비(또는 조치) 사항

- 수검자가 측정한 값과 규정(정비한계)값을 비교하여 판정란의 양호 또는 불량에 ✓표시를 하고 정비 및 조치사항란에 조치사항을 서술한다.

■ 브레이크페달의 조정

– 푸시로드 로크너트를 풀고 푸시로드를 스패너나 조정렌치로 돌려 길이로 조정한다.

▶ 너트를 풀면 : 푸시로드 길이가 길어져 간극이 적어진다.

▶ 너트를 조이면 : 푸시로드 길이가 짧아져 간극이 커진다.

③ 답안지 작성 예

측정항목	① 측정(또는 점검)		② 판정 및 정비(또는 조치) 사항		득 점
	측정값	규정(정비한계)값	판 정 (□에 ✓표)	정비 및 조치할 사항	
작동 거리	10[mm]	17 ~ 23[mm]	□ 양 호 ☑ 불 량	작동거리 불량, 푸시로드 길이를 규정범위로 조정 후 재점검	
페달 유격	5[mm]	4 ~ 10[mm]			

측정항목	① 측정(또는 점검)		② 판정 및 정비(또는 조치) 사항		득 점
	측정값	규정(정비한계)값	판 정 (□에 ✓표)	정비 및 조치할 사항	
작동 거리	19[mm]	17 ~ 23[mm]	□ 양 호 ☑ 불 량	자유간극 불량, 푸시로드 길이를 규정범위로 조정 후 재점검	
페달 유격	3[mm]	4 ~ 10[mm]			

※ 주의사항 : 반드시 측정값 및 규정(정비한계)값의 단위(mm, 이상, 이하, 미만 등 포함)를 적는다.

10 휠 얼라이먼트 점검(토[Toe] 점검)

측정항목	① 측정(또는 점검)		② 판정 및 정비(또는 조치) 사항		득 점
	측정값	규정(정비한계)값	판 정 (□에 ✓표)	정비 및 조치할 사항	
토(toe)			□ 양 호 □ 불 량		

① 측정 및 점검

1. 토(toe) 측정 방법

측정 장비

▶ 토(toe) 게이지

측정 순서

㉠ 앞바퀴를 지면에 내려놓고 직진 상태를 정확하게 유지 시킨다.

㉡ 토 게이지의 마이크로미터의 눈금을 0점에 맞춘다.

㉢ 토 게이지를 앞바퀴 뒤쪽에서 마이크로미터 쪽의 포인터를 타이어 중심선에 일치시킨다.

㉣ 토 게이지 중앙의 바퀴 사이 거리 조정 나사를 풀고 마이크로미터 반대쪽의 포인터를 바퀴 허브의 높이와 비슷하게 일치시킨 후 조정나사를 조인다.

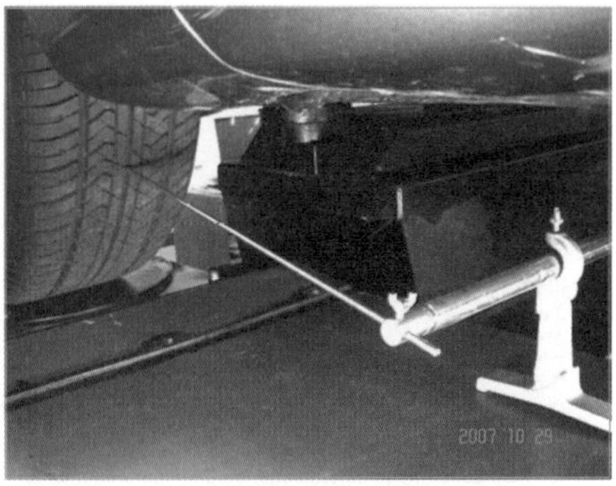

㉤ 포인터 고정 나사를 풀고 포인터를 앞타이어 뒷부분 중심선에 일치시킨 후 고정나사를 조인다.

㉥ 토 게이지를 앞쪽으로 이동시켜 고정된 측 포인터를 타이어 중심선에 일치시킨다.

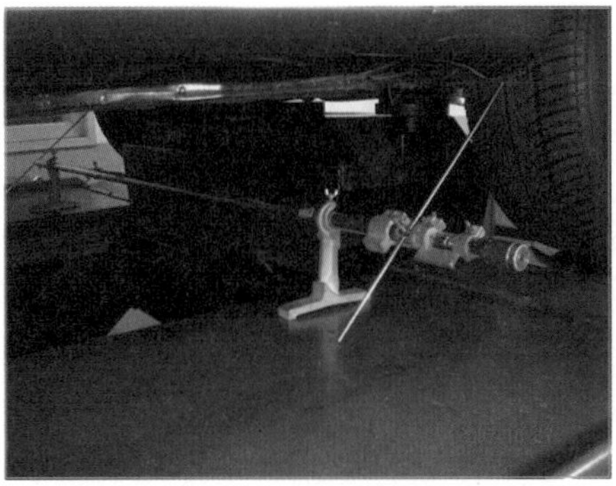

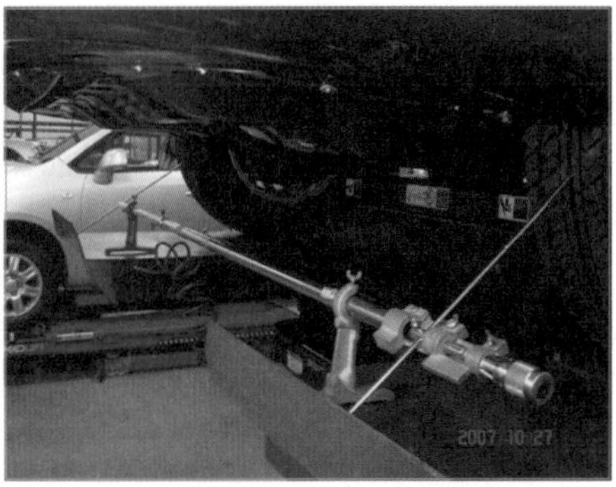

ⓢ 마이크로 미터를 회전시켜 마이크로 미터쪽의 포인터를 타이어 중심선에 일치시킨 후 마이크로미터 눈금을 읽는다.

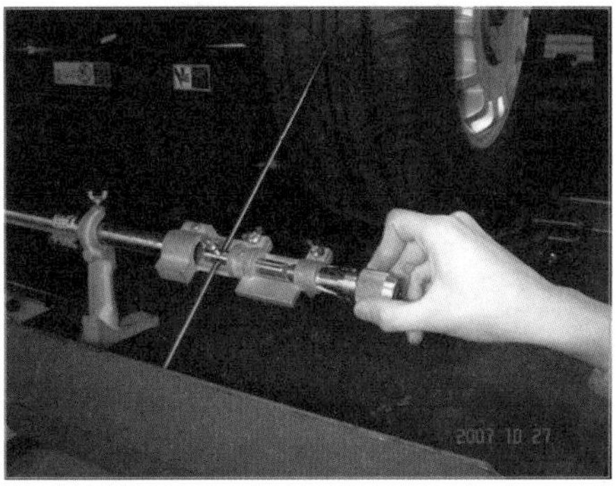

■ 토 게이지의 마이크로미터 눈금 읽는 방법

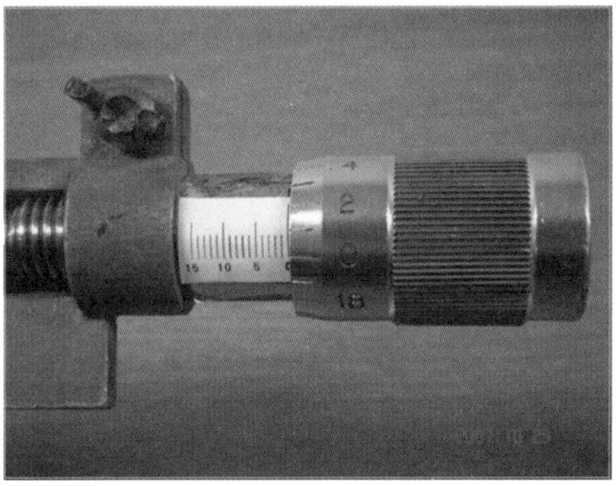

- 슬리브의 한 눈금은 1mm이고 0점을 기준으로 하여 좌우 15mm까지 표시되어 있다.
- 딤블의 눈금은 20개이며 딤블을 1회전시키면 슬리브의 눈금이 2mm 이동하므로 딤블의 한 눈금은 0.1mm 이다.
- 슬리브에서 보이는 부분의 눈금은 짝수만 읽고, 그 값에 딤블의 눈금을 토인(Toe In)은 빼고 토아웃(Toe Out)은 더한다.
  (단! 슬리브 눈금이 2mm 미만인 경우에는 딤블 눈금만 읽는다.)

토 조정

- 토 조정은 조향 장치에서 타이로드를 좌우 같은 양만큼 돌려서 조정한다.
- 타이 로드 고정 너트를 풀어서 타이로드를 돌려서 조정한다.

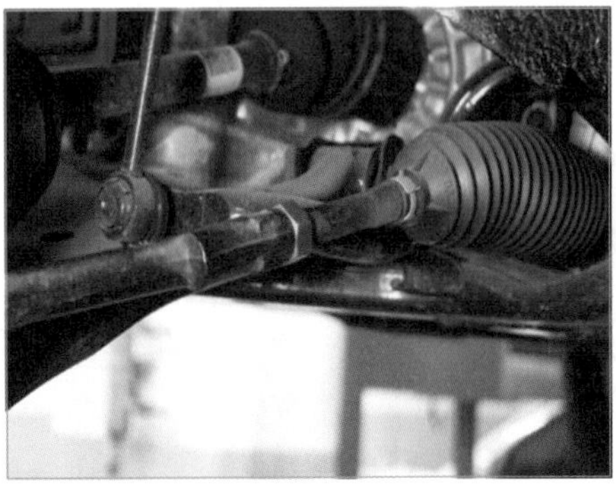

■ 휠 얼라이먼트 장비 로 측정한 경우

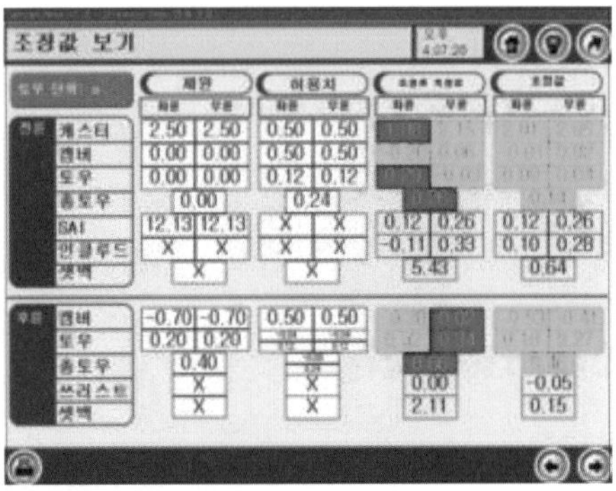

② 판정 및 정비(또는 조치) 사항

- 수검자가 측정한 값과 규정(정비한계)값을 비교하여 판정란의 양호 또는 불량에 ✓표시를 하고 정비 및 조치사항란에 조치사항을 서술한다.

③ 답안지 작성 예

휠 얼라이먼트 장비로 측정한 경우

측정항목	① 측정(또는 점검)		② 판정 및 정비(또는 조치) 사항		득 점
	측정값	규정(정비한계)값	판 정 (□에 ✓표)	정비 및 조치할 사항	
토(toe)	좌 : +0.29[mm] 우 : −0.03[mm]	0 ± 2[mm]	☑ 양 호 ☐ 불 량	정비 및 조치사항 없음	

측정항목	① 측정(또는 점검)		② 판정 및 정비(또는 조치) 사항		득 점
	측정값	규정(정비한계)값	판 정 (□에 ✓표)	정비 및 조치할 사항	
토(toe)	좌:+2.39[mm] 우:−0.13[mm]	0 ± 2[mm]	□ 양 호 ☑ 불 량	휠 얼라이먼트 불량, 조정 후 재점검한다.	

토 게이지로 측정한 경우

측정항목	① 측정(또는 점검)		② 판정 및 정비(또는 조치) 사항		득 점
	측정값	규정(정비한계)값	판 정 (□에 ✓표)	정비 및 조치할 사항	
토(toe)	out(바깥쪽) 8[mm]	0 ± 2[mm]	□ 양 호 ☑ 불 량	안쪽방향으로 타이로드를 양쪽에서 4mm씩 돌려 조정 후 재점검	

측정항목	① 측정(또는 점검)		② 판정 및 정비(또는 조치) 사항		득 점
	측정값	규정(정비한계)값	판 정 (□에 ✓표)	정비 및 조치할 사항	
토(toe)	In(안쪽) 6[mm]	0 ± 2[mm]	□ 양 호 ☑ 불 량	타이로드를 양쪽에서 바깥쪽으로 3mm씩 돌려 조정 후 재점검	

※ 주의사항 : 반드시 측정값 및 규정(정비한계)값의 단위(mm, °, 이상, 이하, 미만 등 포함)를 적는다.

▶ 휠 얼라인먼트 활용법은 섀시 1번 항목 휠 얼라인먼트 점검(캠버, 토 측정)을 참조하세요.

11 클러치 페달 유격(자유간극) 점검

자동차 번호 :			비번호		감독위원 확 인	
측정항목	① 측정(또는 점검)		② 판정 및 정비(또는 조치) 사항		득 점
	측정값	규정(정비한계)값	판 정 (□에 ✓표)	정비 및 조치할 사항	
클러치 페달 유격			□ 양 호 □ 불 량		

① 측정 및 점검

- 클러치 페달의 유격(자유간극)은 릴리스 베어링이 릴리스 레버 또는 다이어프램 스프링 핑거에 닿을 때까지 페달이 움직인 거리이며 클러치 페달을 서너 번 밟은 다음 강철자를 페달과 직각이 되게 세워 페달 표면이 가리키는 높이를 강철자에 표시한다. 이 값이 "페달의 높이"이며 그다음 클러치 페달을 손으로 가볍게 눌러서 힘이 느껴지는 부분에서 강철자에 금을 긋고 페달 높이에서 그곳까지의 거리를 읽으면 그 값이 "자유간극"이다. 자유간극을 두는 이유는 클러치의 미끄러짐을 방지하기 위해서 이며 작으면 클러치가 미끄러지고 크면 차단이 불량해진다. 케이블식은 유격이 20~30mm정도이며 유압식은 6~13mm정도이다.
- 측정값은 수검자가 직접 측정하여 기입을하고 규정(정비한계)값은 수검자가 시험장에서 제공하는 차량의 정비지침서 또는 시험감독관이 제시하는 규정값을 보고 기재한다.

■ 자유간극 및 페달높이 조정 방법

- 케이블식 : 엔진룸 쪽에서 케이블 너트를 돌려 종정한다. 조정 너트를 조이면 유격이 작아지고, 풀면 유격이 커진다. 페달의 높이 조정은 페달높이 조정나사 로크 너트를 풀고 조정한다.
- 유압식 : 릴리스 실린더의 푸시로드 길이를 가감하여 조정한다. 푸시로드 길이를 길게 하면 유격이 작아지고 짧게 하면 커진다. 페달의 높이 조정은 페달과 연결된 푸시로드의 길이를 가감하여 조정한다.

▲ 클러치 측정

② 판정 및 정비(또는 조치) 사항

- 수검자가 측정한 값과 규정(정비한계)값을 비교하여 판정란의 양호 또는 불량에 ✓표시를 하고 정비 및 조치사항란에 조치사항을 서술한다.

③ 답안지 작성 예 : 쏘나타 차량

측정항목	① 측정(또는 점검)		② 판정 및 정비(또는 조치) 사항		득 점
	측정값	규정(정비한계)값	판정 (□에 ✓표)	정비 및 조치할 사항	
클러치 페달 유격	8[mm]	6~13[mm]	☑ 양 호 □ 불 량	정비 및 조치사항 없음	

측정항목	① 측정(또는 점검)		② 판정 및 정비(또는 조치) 사항		득 점
	측정값	규정(정비한계)값	판 정 (□에 ✓표)	정비 및 조치할 사항	
클러치 페달 유격	29[mm]	6~13[mm]	□ 양 호 ☑ 불 량	자유간극이 크므로 푸시로드의 길이를 길게 규정값으로 조정 후 재점검	

측정항목	① 측정(또는 점검)		② 판정 및 정비(또는 조치) 사항		득 점
	측정값	규정(정비한계)값	판 정 (□에 ✓표)	정비 및 조치할 사항	
클러치 페달 유격	3[mm]	6~13[mm]	□ 양 호 ☑ 불 량	자유간극이 작으므로 마스터 실린더 푸시로드의 길이를 짧게 규정값으로 조정 후 재점검 한다.	

※ 주의사항 : 반드시 측정값 및 규정(정비한계)값의 단위(mm, 이상, 이하, 미만 등 포함)를 적는다.

12 사이드 슬립 점검

자동차 번호 :			비번호		감독위원 확 인	
측정항목	① 측정(또는 점검)		② 판정 및 정비(또는 조치) 사항			득 점
	측정값	규정(정비한계)값	판 정 (□에 ✓표)	정비 및 조치할 사항		
사이드 슬립량			□ 양 호 □ 불 량			

① 측정 및 점검

- 수검자는 측정값을 답안지에 기입한다. 측정시 주의사항은 조향핸들에 손을 떼고 5km/h로 서행하면서 게기의 눈금을 타이어 접지면이 시험기 답판을 통과 완료할 때 읽는다.
- 규정(정비한계)값은 수검자가 시험장에서 제공하는 차량의 정비지침서 또는 시험감독관이 제시하는 규정값을 보고 기재하는 경우도 있고 수검자가 자동차 안전기준에 관한 안전규칙 제14조의 안전 기준값을 숙지하여 기입해야 하는 경우도 있으므로 반드시 숙지한다.

■ 법규기준 : 안쪽(IN)이나 바깥쪽(OUT) 5mm/m 이내 또는 ±5mm/m 또는 5m/km이다. 하지만 차량 마다 다르므로 시험장에서 별도로 규정(정비한계)값을 제시하는 경우에는 그 값을 기준으로 한다.

② 판정 및 정비(또는 조치) 사항

- 수검자가 측정한 값과 규정(정비한계)값을 비교하여 판정란의 양호 또는 불량에 ✓표시를 하고 정비 및 조치사항란에 조치사항을 서술한다.

■ 사이드 슬립(Side slip) 조정 방법

– 타이로드 엔드 고정너트를 풀고 타이로드를 시계방향으로 회전시키면 볼트가 들어가는 방향이므로 타이로드의 길이가 짧아져 바퀴의 앞쪽이 벌어져 토 아웃이 된다. 조정량은 차량마다 다르지만 타이로드 1회전은 양쪽으로 나누어서 조정되므로 예를 들면 12mm 토아웃으로 조정하여야 한다면 왼쪽바퀴 6mm, 오른쪽바퀴 6mm이므로 타이로드를 시계방향으로 반 바퀴씩 조여 준다.

③ 답안지 작성 예

측정항목	① 측정(또는 점검)		② 판정 및 정비(또는 조치) 사항		득 점
	측정값	규정(정비한계)값	판 정 (□에 ✓표)	정비 및 조치할 사항	
사이드 슬립량	안쪽(IN) 3mm/m	안쪽(IN)이나 바깥쪽(OUT)으로 5mm/m 이내 (±5mm/m)	☑ 양 호 □ 불 량	정비 및 조치사항 없음	

측정항목	① 측정(또는 점검)		② 판정 및 정비(또는 조치) 사항		득 점
	측정값	규정(정비한계)값	판 정 (□에 ✓표)	정비 및 조치할 사항	
사이드 슬립량	안쪽(IN) 10mm/m	안쪽(IN)이나 바깥쪽(OUT)으로 5mm/m 이내 (±5mm/m)	□ 양 호 ☑ 불 량	타이로드를 시계(바깥쪽)방향으로 돌여 양쪽에서 나누어 조정 후 재점검	

측정항목	① 측정(또는 점검)		② 판정 및 정비(또는 조치) 사항		득 점
	측정값	규정(정비한계)값	판 정 (□에 ✓표)	정비 및 조치할 사항	
사이드 슬립량	바깥쪽(OUT) 6.5m/Km	안쪽(IN)이나 바깥쪽(OUT)으로 5m/Km 이내 (±5m/Km)	□ 양 호 ☑ 불 량	타이로드를 반시계(안쪽)방향으로 돌여 양쪽에서 나누어 조정 후 재점검	

※ 주의사항 : 반드시 측정값 및 규정(정비한계)값의 단위(mm, 이상, 이하, 이내 등 포함)를 적는다.

13 ABS 스피드 센서 점검 (톤 휠 간극 점검)

자동차 번호 :				비번호		감독위원 확인	

측정항목	① 측정(또는 점검)			② 판정 및 정비(또는 조치) 사항		득 점
	측정값		규정(정비한계)값	판 정 (□에 ✓표)	정비 및 조치할 사항	
톤 휠 간극	□ 앞축			□ 양 호		
	□ 뒤축			□ 불 량		

① 측정 및 점검

■ 휠 스피드센서 톤 휠 간극점검

- 차량을 리프터로 들어 올린 후 스피드센서와 톤휠 사이의 간극을 간극게이지를 삽입하여 측정한다.
- 간극게이지의 최댓값이 측정값이다.
- 간극이 규정값을 벗어나면 센서와 톤휠을 재설치한다.
- 측정값은 수검자가 직접 측정하여 기입을 하고 규정(정비한계)값은 수검자가 시험장에서 제공하는 차량의 정비지침서 또는 시험감독관이 제시하는 규정값을 보고 기재한다.

② 판정 및 정비(또는 조치) 사항

- 수검자가 측정한 값과 규정(정비한계)값을 비교하여 판정란의 양호 또는 불량에 ✓표시를 하고 정비 및 조치사항란에 조치사항을 서술한다.

▲ 휠 스피드센서 톤 휠 간극점검

③ 답안지 작성 예

측정항목	① 측정(또는 점검)			② 판정 및 정비(또는 조치) 사항		득 점
	측정값		규정(정비한계)값	판 정 (□에 ✓표)	정비 및 조치할 사항	
톤 휠 간극	□ 앞축 ☑ 뒤축	좌: 0.46[mm] 우: 0.49[mm]	0.4~0.6[mm]	☑ 양 호 □ 불 량	정비 및 조치사항 없음	

측정항목	① 측정(또는 점검)		② 판정 및 정비(또는 조치) 사항		득 점
	측정값	규정(정비한계)값	판 정 (□에 ✓표)	정비 및 조치할 사항	
톤 휠 간극	0.9[mm]	0.4~0.6[mm]	☑ 양 호 □ 불 량	톤 휠 간극불량, 간극 조정 및 교 환 후 재점검	

※ 주의사항 : 반드시 측정값 및 규정(정비한계)값의 단위(mm, 이상, 이하, 이내 등 포함)를 적는다.

14 자동변속기 선택레버 작동(인히비터 스위치와 선택레버) 점검

자동차 번호 :			비번호		감독위원 확 인	
점검항목	① 측정(또는 점검)		② 판정 및 정비(또는 조치) 사항		득 점
	점검 위치	내용 및 상태	판 정 (□에 ✓표)	정비 및 조치할 사항	
변속 선택 레버			□ 양 호 □ 불 량		
인히비터 스위치					

① 측정 및 점검

- 인히비터 스위치는 변속레버를 P레인지 또는 N레인지에서만 엔진이 시동되도록 하고 그 외의 레인지 위치에서는 시동이 되지 않도록 하며 R레이지에서는 후진등이 점등되도록 하는 것이다.
- 먼저 시험차량의 자동변속기 레버를 N 위치에 두고 인히비터 스위치의 레버위치가 N 위치인지를 확인한다.

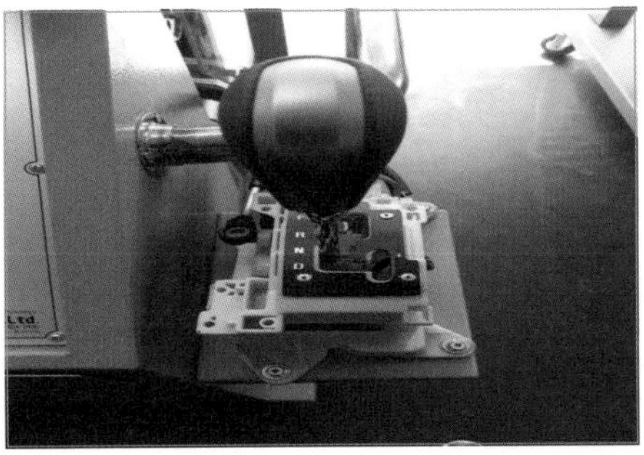

▲ 선택레버 위치 및 인히비터 스위치 위치 점검

② 판정 및 정비(또는 조치) 사항

- 수검자가 각 레인지별 단자가 통전이 되는지 확인하고 판단하여 판정란의 양호 또는 불량에 ✓표시를 하고 정비 및 조치 사항란에 불량 원인을 정비하기 위한 조치사항을 서술한다.

③ 답안지 작성 예 :

점검항목	① 측정(또는 점검)		② 판정 및 정비(또는 조치) 사항		득 점
	점검 위치	내용 및 상태	판 정 (□에 ✓표)	정비 및 조치할 사항	
변속 선택 레버	N	케이블 조정 정상	☑ 양 호 □ 불 량	정비 및 조치사항 없음	
인히비터 스위치	N				

점검항목	① 측정(또는 점검)		② 판정 및 정비(또는 조치) 사항		득 점
	점검 위치	내용 및 상태	판 정 (□에 ✓표)	정비 및 조치할 사항	
변속 선택 레버	N	케이블 조정 불량	□ 양 호 ☑ 불 량	변속 케이블 조정 후 재점검	
인히비터 스위치	D				

15 자동변속기 자기진단 점검

자동차 번호 :			비번호		감독위원 확 인	
측정항목	① 측정(또는 점검)		② 판정 및 정비(또는 조치) 사항			득 점
	이상부위	내용 및 상태	판 정 (□에 ✓표)	정비 및 조치할 사항		
변속기 자기진단			□ 양 호 □ 불 량			

① 측정 및 점검

- 자기진단기를 차량에 연결하고 제작사 → 차종 → 자동변속기를 선택 → 차량 배기량 선택 → 자기진단 실시 → 고장코드를 보고 고장부위 확인 후 답안지 작성
- 규정(정비한계)값은 수검자가 시험장에서 제공하는 차량의 정비지침서 또는 시험감독관이 제시하는 규정값 및 진단기 도움 기능을 활용한다.

② 판정 및 정비(또는 조치) 사항

- 수검자가 측정한 값과 규정(정비한계)값을 비교하여 판정란의 양호 또는 불량에 ✓표시를 하고 정비 및 조치사항란에 조치사항을 서술한다.

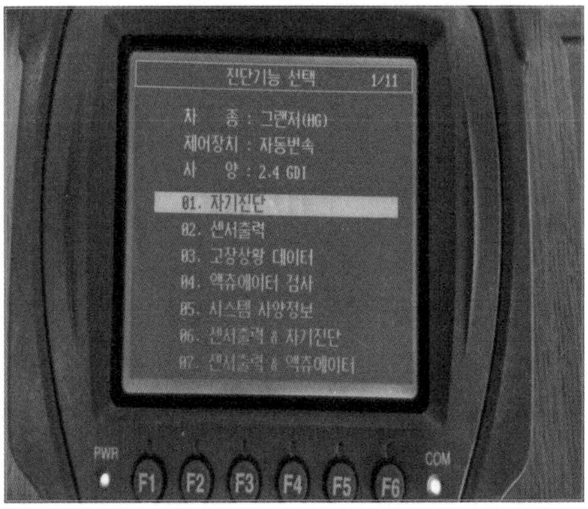

▲ 자동변속기 자기진단 점검: 인히비터 스위치 커넥터 탈거

③ 답안지 작성 예

측정항목	① 측정(또는 점검)		② 판정 및 정비(또는 조치) 사항		득 점
	이상부위	내용 및 상태	판 정 (□에 ✓표)	정비 및 조치할 사항	
변속기 자기진단	인히비터 스위치	인히비터 스위치 커넥터 탈거(접촉불량, 단선)	□ 양 호 ☑ 불 량	인히비터 스위치 커넥터 재접속, 과거기억 소거 후 재점검	

※ 주의사항 : 반드시 측정값 및 규정(정비한계)값의 단위(mm, 이상, 이하, 이내 등 포함)를 적는다.

16 ECS(전자제어 현가장치) 자기진단 점검

자동차 번호 :			비번호		감독위원 확 인	
점검항목	① 측정(또는 점검)		② 판정 및 정비(또는 조치) 사항		득 점
	이상부위	내용 및 상태	판 정 (□에 ✓표)	정비 및 조치할 사항	
ECS 점검			□ 양 호 □ 불 량		

① 측정 및 점검

- 수검자는 자기 진단기를 이용하여 점화 스위치 ON 상태에서 시험장에 비치된 정비 지침서 또는 시험 감독관의 지시를 참조하여 진단을 실시한다.

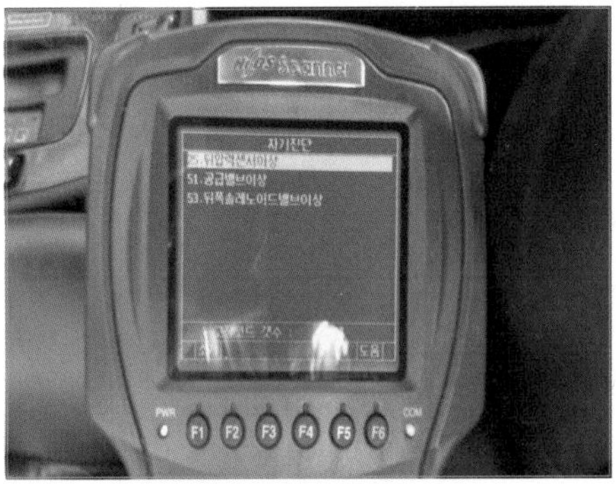

▲ 스캐너를 이용한 진단 결과

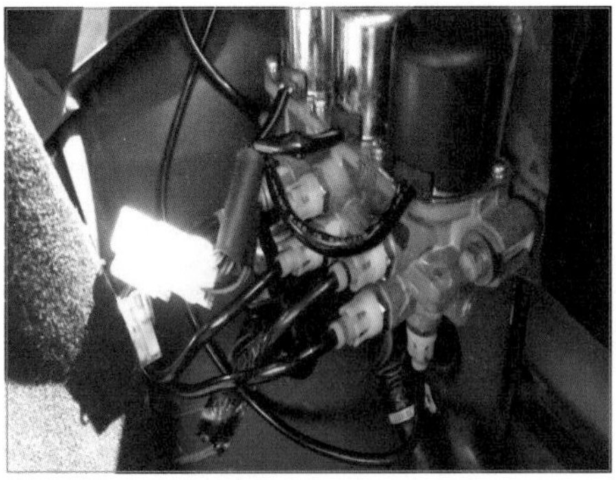

▲ 커넥터 탈거

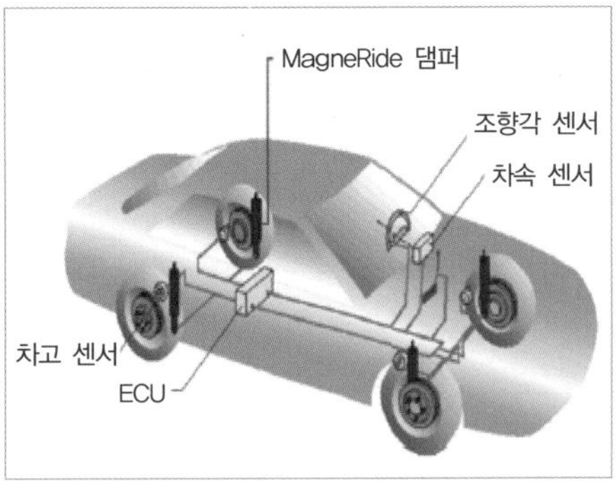

▲ 시스템 구성도

② 판정 및 정비(또는 조치) 사항

- 수검자는 자기진단 및 센서 출력값을 확인하고 판단하여 판정란의 양호 또는 불량에 ✓표시를 하고 정비 및 조치 사항란에 불량 원인을 정비하기 위한 조치사항을 서술한다.

③ 답안지 작성 예 :

점검항목	① 측정(또는 점검)		② 판정 및 정비(또는 조치) 사항		득 점
	이상부위	내용 및 상태	판 정 (□에 ✓표)	정비 및 조치할 사항	
ECS 점검	없음	정상	☑ 양 호 ☐ 불 량	정비 및 조치사항 없음	

점검항목	① 측정(또는 점검)		② 판정 및 정비(또는 조치) 사항		득 점
	이상부위	내용 및 상태	판 정 (□에 ✓표)	정비 및 조치할 사항	
ECS 점검	차고조정이상	*(내용): N1111 *(상태): 콤프레셔불량	☐ 양 호 ☑ 불 량	콤프레셔 교환 후 (과거)기억소거 후 재점검	

점검항목	① 측정(또는 점검)		② 판정 및 정비(또는 조치) 사항		득 점
	이상부위	내용 및 상태	판 정 (□에 ✓표)	정비 및 조치할 사항	
ECS 점검	뒤 압력센서(이상)	*(내용): 커넥터 *(상태): 탈거(단선) (커넥터 탈거)	☐ 양 호 ☑ 불 량	커넥터 재결합 후 (과거)기억 소거 후 재점검	

17 ABS 시스템(자기진단) 점검

자동차 번호 :			비번호		감독위원 확 인	
점검항목	① 측정(또는 점검)		② 판정 및 정비(또는 조치) 사항			득 점
	이상부위	내용 및 상태	판 정 (□에 ✓표)	정비 및 조치할 사항		
ABS 자기진단			□ 양 호 □ 불 량			

① 측정 및 점검

- 수검자는 자기 진단기를 이용하여 점화 스위치 ON 상태에서 시험장에 비치된 정비 지침서 또는 시험 감독관의 지시를 참조하여 진단을 실시한다.

▲ 스캐너를 이용한 진단 결과

▲ 싼타페 앞 우측 휠 센서 배선 단선

② 판정 및 정비(또는 조치) 사항

- 수검자는 자기진단 및 센서 출력값을 확인하고 판단하여 판정란의 양호 또는 불량에 ✓표시를 하고 정비 및 조치 사항란에 불량 원인을 정비하기 위한 조치사항을 서술한다.

③ 답안지 작성 예 :

<table>
<tr><th rowspan="2">점검항목</th><th colspan="2">① 측정(또는 점검)</th><th colspan="2">② 판정 및 정비(또는 조치) 사항</th><th rowspan="2">득 점</th></tr>
<tr><th>이상부위</th><th>내용 및 상태</th><th>판 정
(□에 ✓표)</th><th>정비 및
조치할 사항</th></tr>
<tr><td>ABS
자기진단</td><td>없음</td><td>정상</td><td>☑ 양 호
□ 불 량</td><td>정비 및
조치사항 없음</td><td></td></tr>
</table>

<table>
<tr><th rowspan="2">점검항목</th><th colspan="2">① 측정(또는 점검)</th><th colspan="2">② 판정 및 정비(또는 조치) 사항</th><th rowspan="2">득 점</th></tr>
<tr><th>이상부위</th><th>내용 및 상태</th><th>판 정
(□에 ✓표)</th><th>정비 및
조치할 사항</th></tr>
<tr><td>ABS
자기진단</td><td>앞 우측 휠센서</td><td>*(내용): 배선
*(상태): 단선
(배선 단선)</td><td>□ 양 호
☑ 불 량</td><td>배선 재결합 후 (과거)기억 소거 후 재점검</td><td></td></tr>
</table>

<table>
<tr><th rowspan="2">점검항목</th><th colspan="2">① 측정(또는 점검)</th><th colspan="2">② 판정 및 정비(또는 조치) 사항</th><th rowspan="2">득 점</th></tr>
<tr><th>이상부위</th><th>내용 및 상태</th><th>판 정
(□에 ✓표)</th><th>정비 및
조치할 사항</th></tr>
<tr><td>ABS
자기진단</td><td>앞 우측 휠센서</td><td>*(내용): 커넥터
*(상태): 탈거(단선)
(커넥터 탈거)</td><td>□ 양 호
☑ 불 량</td><td>커넥터 재결합 후 (과거)기억 소거 후 재점검</td><td></td></tr>
</table>

18 자동변속기 오일 압력 점검

작업대 번호 :			비번호		감독위원 확 인	
점검항목	① 측정(또는 점검)		② 판정 및 정비(또는 조치) 사항		득 점
	측정값	규정값	판 정 (□에 ✓표)	정비 및 조치할 사항	
( )의 오일압력			□ 양 호 □ 불 량		

① 측정 및 점검 : 반드시 해당 정비 지침서를 참조한다.

㉠ 시뮬레이션 엔진 계기판에는 여러가지 유압계가 설치 되어있고 명칭이 써 있지만 가려져 있을 가능성이 많습니다. 이때는 정비 지침서를 보고 유압라인을 찾아야합니다.

㉡ 시험장에선 대부분 시뮬레이터 엔진으로 측정하기 때문에 예비 점검하는 것을 절대 잊으면 안 됩니다.
(변속기 오일량, 유온 80~90도, 오일 상태 등을 점검합니다)

㉢ 측정 장비 (HI-DS 스캐너)를 시뮬레이션 엔진에 설치하고 자동변속기 항목에 들어가서 기본 상태를 측정한다.

㉣ 엔드 클러치는 3단에서 4단으로 변속할 때 변속을 부드럽게 작동하기 위해 다판 클러치 디스크와 플레이트를 직결, 구동력을 작동시킨다.

㉤ 따라서, 정비 지침서를 참조하여 각 단에서 변속시 압력 게이지를 읽고 정비 지침서의 규정 압력(또는 규정값)과 측정 압력을 비교하여 판정한다.

㉥ 다시 한 번 측정해서 유압의 오차가 없는지 확인 합니다.

주의 시험장에서 여러 개의 압력계 중에서 특정 작동요소의 기준 값이 주어진 경우 그 곳의 압력만 측정하여 답안지에 기록한다.

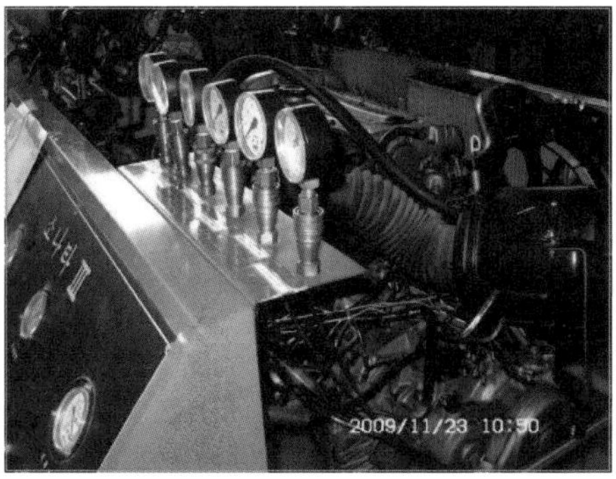

▲ 변속기 라인 압력 시뮬레이션 엔진

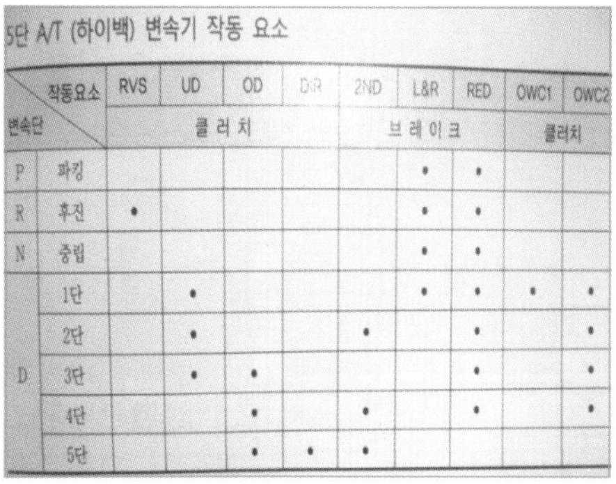

5단 A/T (하이백) 변속기 작동 요소

변속단 \ 작동요소		RVS	UD	OD	D/R	2ND	L&R	RED	OWC1	OWC2
		클러치				브레이크			클러치	
P	파킹						•	•		
R	후진	•					•	•		
N	중립						•	•		
D	1단		•				•	•	•	•
	2단		•			•		•		•
	3단		•	•				•		•
	4단			•		•		•		•
	5단			•	•	•				

▲ 5단 자동변속기 정비 지침서 내용

② 판정 및 정비(또는 조치) 사항

- 수검자가 이상이 있는 단품을 확인하고 판단하여 판정란의 양호 또는 불량에 ✓표시를 하고 정비 및 조치 사항란에 조치사항을 서술한다.
- 반드시 오일 압력 규정값을 정비 지침서에서 확인 또는 시험 감독관이 제시하는 값을 참조한다.

③ 답안지 작성 예

점검항목	① 측정(또는 점검)		② 판정 및 정비(또는 조치) 사항		득 점
	측정값	규정값	판 정 (□에 ✓표)	정비 및 조치할 사항	
(UD)의 오일압력	9[kg/㎠]	8 ~ 11[kg/㎠]	☑ 양 호 □ 불 량	정비 및 조치사항 없음	

※ 주의사항 : 반드시 내용 기록 시 단위(kg/㎠, 이하, 이내 등)를 적는다.

19 제동력 점검

<table>
<tr><td colspan="4">자동차 번호 :</td><td>비번호</td><td></td><td>감독위원
확 인</td><td></td></tr>
<tr><td colspan="5">① 측정(또는 점검)</td><td colspan="3">② 판정 및 정비(또는 조치) 사항</td><td rowspan="2">득 점</td></tr>
<tr><td>항 목</td><td>구분</td><td>측정값</td><td colspan="2">기준값
(□에 "✓"표)</td><td colspan="2">산출근거</td><td>판 정
(□에 ✓표)</td></tr>
<tr><td rowspan="3">제동력위치
(□에 "✓"표)

□ 앞

□ 뒤</td><td rowspan="2">좌</td><td rowspan="2"></td><td colspan="2">□ 앞
축중의
□ 뒤</td><td rowspan="2">편차</td><td rowspan="2"></td><td rowspan="3">□ 양 호
□ 불 량</td><td rowspan="3"></td></tr>
<tr><td>제동력
편차</td><td></td></tr>
<tr><td>우</td><td></td><td>제동력
합</td><td></td><td>합</td><td></td></tr>
</table>

※ 측정 위치는 시험위원이 지정하는 위치의 □에 "✓"표시합니다.
※ 자동차검사기준 및 방법에 의하여 기록 판정합니다.
※ 측정값의 단위는 시험장비 기준으로 작성합니다.
※ 산출근거에는 단위를 기록하지 않아도 됩니다.

① 측정 및 점검

- 시험 감독관의 지시에 따라 제동력을 측정하는 차량의 해당축를 답안지 위치에 ✓표시 한다.
- 수검자가 측정한 좌, 우 바퀴의 제동력을 답안지에 기입한다.
- 기준값은 시험 감독관이 제시하는 경우도 있지만 수검자가 자동차 안전기준에 관한 규칙 제15조의 안전 기준값을 숙지하여 기입해야 하는 경우도 있으므로 반드시 숙지한다.

  ※ 해당 축중은 측정하는 경우와 시험 감독관이 제시하는 경우가 있음.

■ 기준값

- 각 축의 제동력의 총합 : 차량 중량의 50% 이상.
- 각 축중의 제동력 합 : 전(앞) 축중의 50% 이상. (다만, 뒷축의 경우에는 후 축중의 20% 이상)
- 좌·우 바퀴의 제동력의 차이 : 당해 축중의 8% 이하.

② 판정 및 정비(또는 조치) 사항

- 수검자가 측정한 값을 공식에 대입하여 계산한 식을 답안지에 "산출근거"란이 있는 경우에는 기재하고 없는 경우에는 계산값을 바탕으로 기준값과 비교하여 판정란의 양호 또는 불량에 ✓표시를 하고 정비 및 조치사항란에 조치사항을 서술한다.

■ 제동력 편차 $= \dfrac{\text{좌우제동력의 편차}}{\text{해당축중}} \times 100$

■ 제동력 합 $= \dfrac{\text{좌우제동력의 합}}{\text{해당축중}} \times 100$

③ 답안지 작성 예 : 해당 축중은 560[kg]이고 소수점 둘째자리에서 "반올림" 하시오.

<table>
<tr><td colspan="5">자동차 번호 :</td><td>비번호</td><td></td><td>감독위원
확 인</td><td></td></tr>
<tr><td colspan="5">① 측정(또는 점검)</td><td colspan="3">② 판정 및 정비(또는 조치) 사항</td><td rowspan="2">득 점</td></tr>
<tr><td>항 목</td><td>구분</td><td>측정값</td><td colspan="2">기준값
(□에 "✓"표)</td><td colspan="2">산출근거</td><td>판 정
(□에 ✓표)</td></tr>
<tr><td rowspan="3">제동력위치
(□에 "✓"표)
□ 앞
☑ 뒤</td><td rowspan="2">좌</td><td rowspan="2">100[kg(f)]</td><td colspan="2">□ 앞
축중의
☑ 뒤</td><td rowspan="2">편차</td><td rowspan="2">$\frac{100-92}{560} \times 100 =$
1.4%</td><td rowspan="3">☑ 양 호
□ 불 량</td><td rowspan="3"></td></tr>
<tr><td>제동력
편차</td><td>후축중의
8%이내</td></tr>
<tr><td>우</td><td>92[kg(f)]</td><td>제동력
합</td><td>후축중의
20%이상</td><td>합</td><td>$\frac{100+92}{560} \times 100 =$
34.3%</td></tr>
</table>

※ 시험위원이 지정하는 위치의 □에 "✓"표시합니다.
※ 자동차검사기준 및 방법에 의하여 기록 판정합니다.
※ 측정값의 단위는 시험장비 기준으로 기록합니다.
※ 산출근거에는 단위를 기록하지 않아도 됩니다.

20 최소회전반경 점검

자동차 번호 :					비번호		감독위원 확인	
측정항목	① 측정(또는 점검)				② 산출근거 및 판정		득 점
	최대조향각		기준값	측정값	판 정	정비 및	
	좌측바퀴	우측바퀴	(최소회전반경)	(최소회전반경)	(□에 ✓표)	조치 할 사항	
회전방향 (□에 ✓표) □ 좌 □ 우					□ 양 호 □ 불 량		

※ 회전방향은 감독위원이 지정하는 위치에 □에 "✓" 표시합니다.
※ 축거 및 바퀴의 접지면 중심과 킹핀과의 거리(r)는 감독위원이 제시합니다.
※ 자동차검사기준 및 방법에 의하여 기록 판정합니다.

① 측정 및 점검

- 회전방향 은 수검자가 감독위원 지시에 따라 좌, 우 회전 방향에 ✓표시를 한다.
- 축거는 수검자가 동심원을 그리는 바깥쪽 바퀴의 앞바퀴 중심과 뒷바퀴 중심간의 축간거리를 줄자로 측정하여 기록한다.
- 조향각도는 수검자가 조향핸들을 꺾은 바깥쪽 바퀴의 꺽인 각도를 기록한다.
  (예 우 회전시 좌측 바퀴의 최대 회전 각도를 측정한다.)
- 최소회전반경 측정값은 수검자가 계산하여 나온 값을 기록한다.

▲ 최소회전반경 측정 준비

▲ 턴 테이블 설치 모습

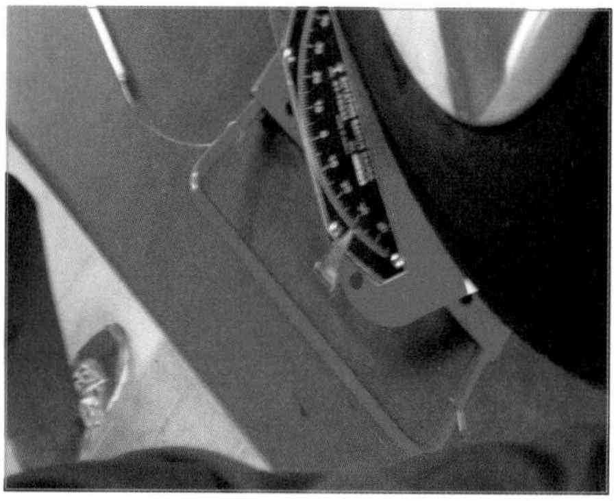

▲ 조향각도 측정

② 판정 및 산출근거

- 수검자는 기준값을 확인하고 판단하여 판정란의 양호 또는 불량에 ✓표시를 한다.
- 최소회전반경 구하는 공식

$$R = \frac{L}{\sin \alpha} + r$$

R : 최소 회전반경 [m]
L : 축거 [m]
r : 바퀴 접지면 중심과 킹핀과의 거리 [m]
α : 외측륜(바깥쪽 바퀴) 조향각 [°]

참고 만약 자동차가 오른쪽으로 선회 시 오른쪽 바퀴(내측 바퀴)의 조향각도가 왼쪽 바퀴(외측 바퀴)의 조향각도보다 큼

③ 답안지 작성 예 : 축거 및 바퀴의 접지면 중심과 킹핀과의 거리(r)는 무시함.

자동차 번호 :					비번호		감독위원 확 인	
측정항목	① 측정(또는 점검)				② 산출근거 및 판정			득 점
	최대조향각		기준값 (최소회전반경)	측정값 (최소회전반경)	판 정 (□에 ✓표)	정비 및 조치 할 사항		
	좌측바퀴	우측바퀴						
회전방향 (□에 ✓표) □ 좌 ☑ 우	30°	37°	12[m]이내 (이하)	$R = \frac{2.8}{\sin 30°} = 5.6$	☑ 양 호 □ 불 량	정비 및 조치사항 없음		

※ 회전방향은 감독위원이 지정하는 위치에 □에 "✓" 표시합니다.
※ 축거 및 바퀴의 접지면 중심과 킹핀과의 거리(r)는 감독위원이 제시합니다.
※ 자동차검사기준 및 방법에 의하여 기록 판정합니다.

자동차정비 기능사

Craftsman
Motor Vehicles
Maintenance

PART

03

전기 답안지 작성법

01-1 크랭킹 시 소모전류 측정

자동차 번호 :			비번호		감독위원 확 인	
측정항목	① 측정(또는 점검)		② 판정 및 정비(또는 조치) 사항			득 점
	측정값	규정(정비한계)값	판 정 (□에 ✓표)	정비 및 조치할 사항		
전류소모			□ 양 호 □ 불 량			

① 측정 및 점검

- 수검자는 HI-DS 또는 멀티 테스터기를 이용하여 아래방법으로 크랭킹시 배터리 최대 방전 전류 및 전압을 측정하여 답안지에 기재한다. 규정(정비한계)값은 수검자가 시험장에서 제공하는 차량의 정비지침서 또는 시험감독관이 제시하는 규정값을 보고 기재한다.

측정 방법

- 본 측정은 HI-DS 나 전류계/전압계를 이용하는 방식은 거의 동일 하므로 HI-DS를 통해 실시하는 방법을 서술 하였다.
- 측정은 오실로 스코프 혹은 메타측정 등 수검자가 편한 화면으로 하면 된다. 본 측정은 메타 기능을 이용하도록 하겠다.
- 먼저 메타 측정으로 들어가서 대전류 측정을 선택한다. hi-ds 장비의 경우 소전류계와 대전류계가 있다. 대전류의 1000[A] 선택
- 화면 상단에 영점 조정을 선택하면 영점 조정 화면이 출력된다. 대전류계의 영점 조정을 실시 한다.

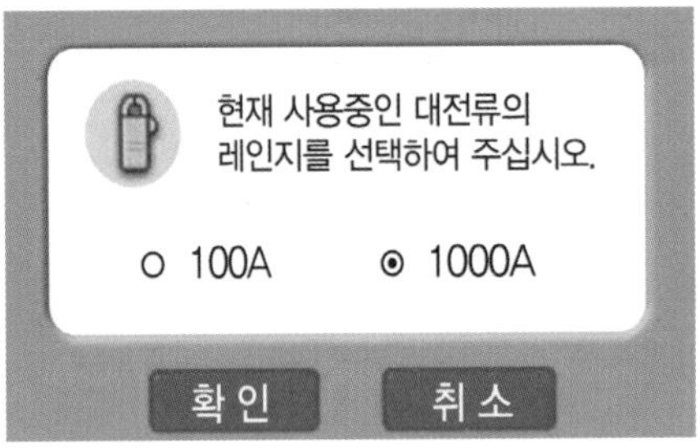

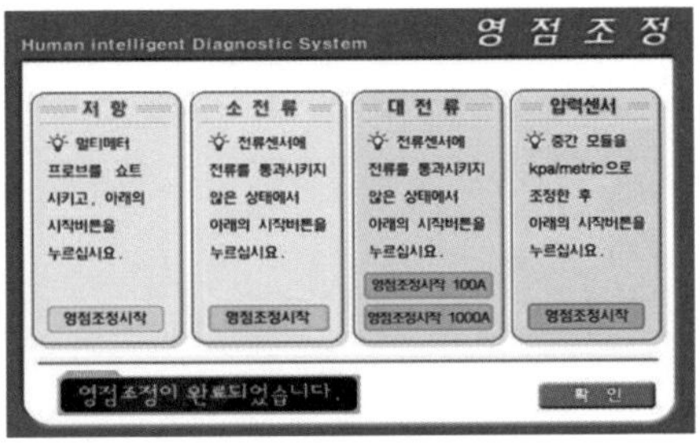

- IG키 OFF 상태에서 시동이 가능하지 못하도록 CAS 또는 ECM으로 가는 전원을 퓨즈를 이용해 제거한다.
- 대전류계를 배터리 (+)측에 연결한다. 대전류 프로브의 화살표시가 배터리 반대방향을 향하도록 설치한다.
(아래 사진은 이해를 쉽게 하기 위해 B 단자에서 측정한 사진이다.) 그리고 전압 프로브를 배터리 (+),(−)측에 연결한다.
- 모든 준비가 완료 되면 크랭킹을 실시한다. 크랭킹은 10초 이상 실시하지 않는다.

▲ 대전류계 B 단자 연결

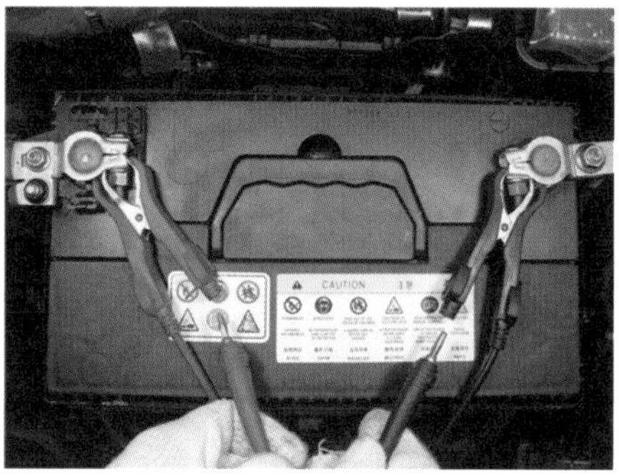

▲ 전압 프로브 배터리 (+), (−) 연결

② 판정 및 정비(또는 조치) 사항

- 수검자가 전압강하 및 소모 전류값을 확인하고 판단하여 판정란의 양호 또는 불량에 ✓표시를 하고 정비 및 조치 사항란에 조치사항을 서술한다.

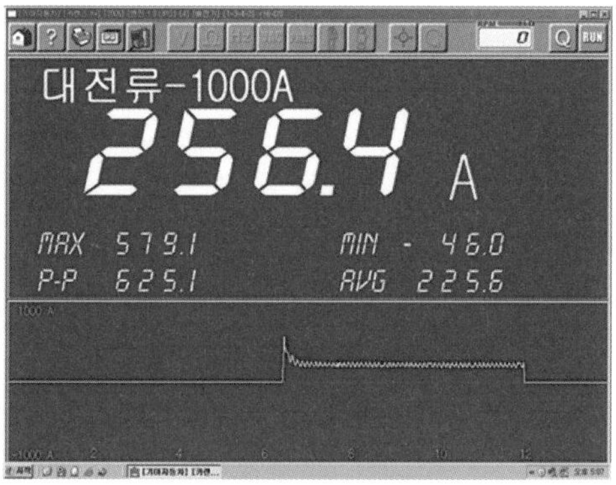

▲ 시동모터 소모전류

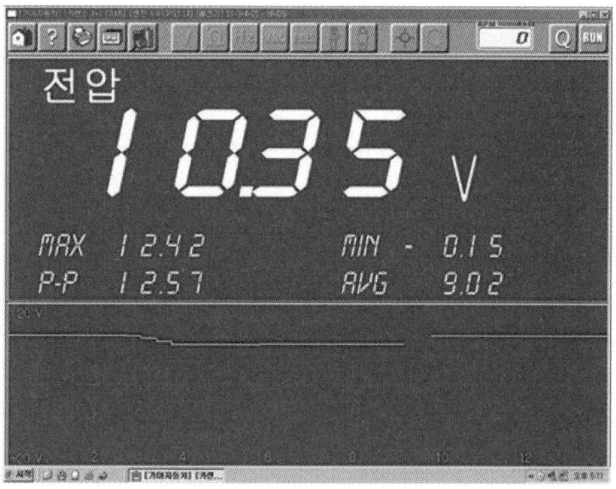

▲ 시동모터 전압강하

③ 답안지 작성 예 : 배터리 사양은 12V 60A이다.

측정항목	① 측정(또는 점검)		② 판정 및 정비(또는 조치) 사항		득 점
	측정값	규정(정비한계)값	판 정 (□에 ✓표)	정비 및 조치할 사항	
소모전류	140[A]	180[A]이하	☑ 양 호 □ 불 량	정비 및 조치사항 없음	

측정항목	① 측정(또는 점검)		② 판정 및 정비(또는 조치) 사항		득 점
	측정값	규정(정비한계)값	판 정 (□에 ✓표)	정비 및 조치할 사항	
소모전류	256.4[A]	180[A]이하	□ 양 호 ☑ 불 량	배터리 불량이므로 교환 후 재점검	

※ 주의사항 : 반드시 측정값 및 규정(정비한계)값의 단위(mm, 이상, 이하, 미만 등 포함)를 적는다.
※ 측정된 측정값 중 소모 전류는 최대 전류값을 기록하고 전압강하값은 최저 전압값을 기록한다.

■ 일반적인 규정값(시험감독 위원이 제시하여 줌)

	전압 강하	소모 전류
규정값	축전지 전압의 80% 이상 = 축전지 전압의 20% (이하)까지 허용	축전지 용량의 3배 이하
예 12V 60A	9.6[V]이상	180[A] 이하

01-2 크랭킹 시 소모전류 측정

자동차 번호 :			비번호		감독위원 확 인	
측정항목	① 측정(또는 점검)		② 판정 및 정비(또는 조치) 사항		득 점
	측정값	규정(정비한계)값	판 정 (□에 ✓표)	정비 및 조치할 사항	
소모전류			□ 양 호 □ 불 량		

① 측정 및 점검

- 수검자는 HI-DS 또는 멀티 테스터기를 이용하여 아래방법으로 크랭킹시 배터리 최대 방전 전류 및 전압을 측정하여 답안지에 기재한다. 규정(정비한계)값은 수검자가 시험장에서 제공하는 차량의 정비지침서 또는 시험감독관이 제시하는 규정값을 보고 기재한다.

측정 방법

- 본 측정은 클램프 미터(전류계) 및 멀티 테스터(전압계)를 이용하는 방법을 서술 하였다.
- 엔진이 시동되지 않도록 점화1차 회로를 차단한다. 그리고 연료가 분사되지 않도록 인젝터 커넥터를 분리하거나 ECU퓨즈를 탈거한다.
- 크랭킹 소모전류 측정 : 대전류 및 소전류를 측정할 수 있는 클램프 미터를 영점 조정 후 시동 전동기로 들어가는 굵은 붉은선에 프로브의 화살표시가 배터리 반대방향을 향하도록 걸은 다음 크랭킹 하면서 소모전류를 측정을 선택한다. 만약 전류계로 측정하는 경우는 전류계(+) 단자를 배터리 (+)단자에전류계(−) 단자를 시동전동기 (B)단자에 연결한다.
- 크랭킹 전압강하 측정 : 멀티 테스터의 선택 레버를 DC50[V]이상에 두고 적색 리드선은 시동 전동기 B단자 또는 배터리(+)에, 흑색 리드선은 엔진 본체 또는 배터리(−)단자에 접지시킨 후 크랭킹 하면서 전압강하를 측정한다. 만약 전압계로 측정하는 경우는 전압계(+) 단자를 배터리 (+)단자에 전압계(−) 단자를 배터리 (−)단자에 연결한다.

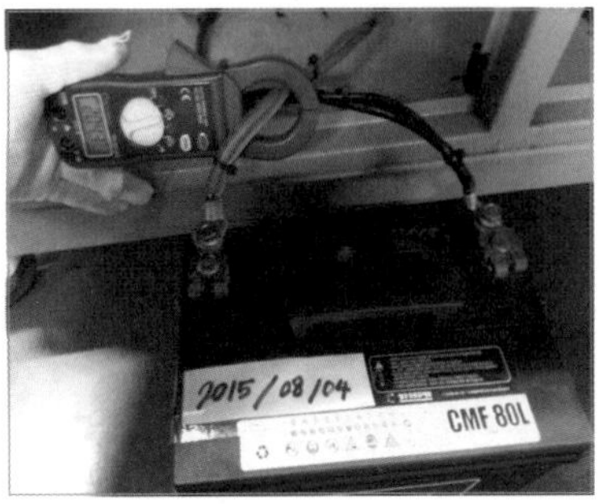

▲ 크랭킹 소모전류 측정

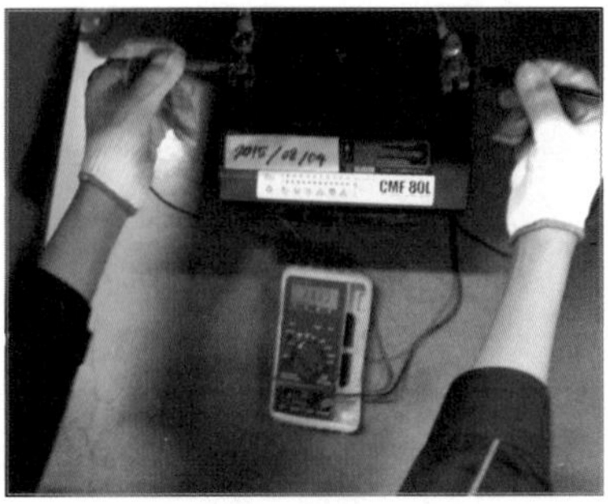

▲ 크랭킹 전압강하 측정

② 판정 및 정비(또는 조치) 사항

- 수검자가 전압강하 및 소모 전류값을 확인하고 판단하여 판정란의 양호 또는 불량에 ✓표시를 하고 정비 및 조치 사항란에 조치사항을 서술한다.

③ 답안지 작성 예 : 배터리 사양은 12V 80A이다.

측정항목	① 측정(또는 점검)		② 판정 및 정비(또는 조치) 사항		득 점
	측정값	규정(정비한계)값	판 정 (□에 ✓표)	정비 및 조치할 사항	
소모전류	140[A]	180[A]이하	☑ 양 호 □ 불 량	정비 및 조치사항 없음	

※ 주의사항 : 반드시 측정값 및 규정(정비한계)값의 단위(mm, 이상, 이하, 미만 등 포함)를 적는다.
※ 측정된 측정값 중 소모 전류는 최대 전류값을 기록하고 전압강하값은 최저 전압값을 기록한다.

■ 일반적인 규정값(시험감독 위원이 제시하여 줌)

	전압 강하	소모 전류
규정값	축전지 전압의 80% 이상 = 축전지 전압의 20% (이하)까지 허용	축전지 용량의 3배 이하
예 12V 60A	9.6[V]이상	240[A] 이하

02 점화코일 저항 측정

자동차 번호 :			비번호		감독위원 확 인	
측정항목	① 측정(또는 점검)		② 판정 및 정비(또는 조치) 사항		득 점
	측정값	규정(정비한계)값	판 정 (□에 ✓표)	정비 및 조치할 사항	
1차 저항			□ 양 호 □ 불 량		
2차 저항					

① 측정 및 점검

- 수검자는 멀티 테스터기를 이용하여 레인지를 저항에 두고 측정하여 답안지에 기재한다. 규정(정비한계)값은 수검자가 시험장에서 제공하는 차량의 정비지침서 또는 시험감독관이 제시하는 규정값을 보고 기재한다.

측정 방법

- 본 측정은 멀티 테스터기를 이용하여 실시하는 방법을 서술 하였다.
- 1차 저항은 보통 약 200[Ω] 레인지에 두고 측정을 하고 2차 저항은 보통 약 20[kΩ] 레인지에 두고 측정한다.

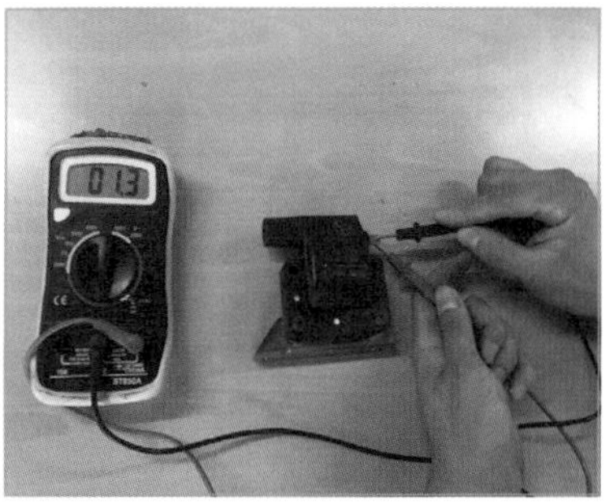

▲ 1차 저항 측정

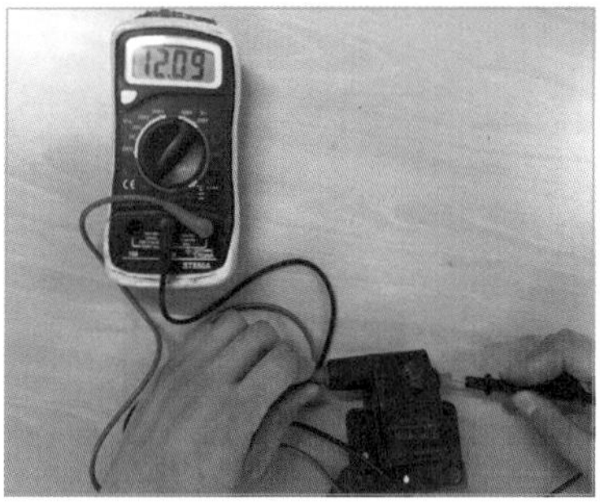

▲ 2차 저항 측정

② 판정 및 정비(또는 조치) 사항

- 수검자가 발전전압 및 발전전류 값을 확인하고 판단하여 판정란의 양호 또는 불량에 ✓표 시를 하고 정비 및 조치 사항란에 조치사항을 서술한다.

③ 답안지 작성 예 :

측정항목	① 측정(또는 점검)		② 판정 및 정비(또는 조치) 사항		득 점
	측정값	규정(정비한계)값	판 정 (□에 ✓표)	정비 및 조치할 사항	
1차 저항	1.3 [Ω]	0.9 ~ 1.3 [Ω]	☑ 양 호 □ 불 량	정비 및 조치사항 없음	
2차 저항	12.09 [kΩ]	12 ~ 13 [kΩ]			

측정항목	① 측정(또는 점검)		② 판정 및 정비(또는 조치) 사항		득 점
	측정값	규정(정비한계)값	판 정 (□에 ✓표)	정비 및 조치할 사항	
1차 저항	0.8 [Ω]	0.9 ~ 1.3 [Ω]	□ 양 호 ☑ 불 량	점화코일 불량, 교환 후 재점검	
2차 저항	10.09 [kΩ]	12 ~ 13 [kΩ]			

점화코일 종류별 측정 방법

■ 전기2 점화코일 저항점검

점화코일 1차, 2차 저항 점검

1차 – 0.5 ± 0.05Ω

2차 – 12.1 ± 1.8kΩ

① 구멍 1개

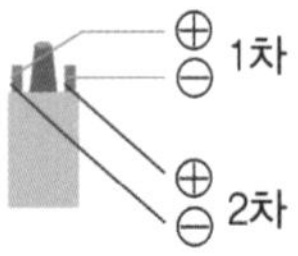

② 구멍 1개

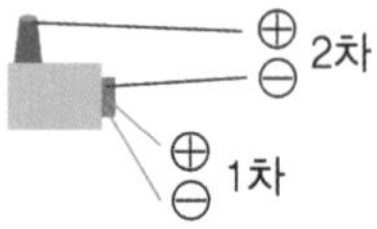

③ 구멍 2개

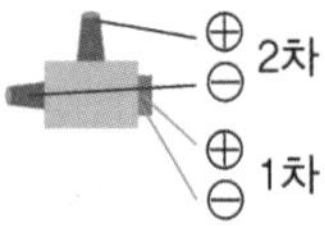

④ 구멍 4개

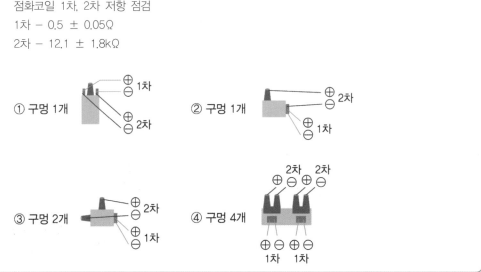

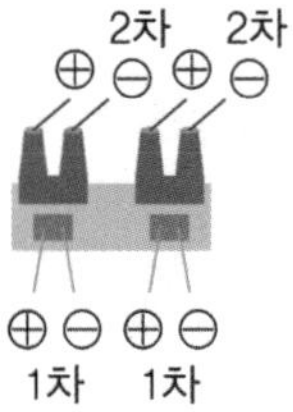

03 발전기 점검(충전전압, 충전전류 측정)

자동차 번호 :			비번호		감독위원 확 인	
측정항목	① 측정(또는 점검)		② 판정 및 정비(또는 조치) 사항		득 점	
	측정값	규정(정비한계)값	판 정 (□에 ✓표)	정비 및 조치할 사항		
충전전류			□ 양 호 □ 불 량			
충전전압						

① 측정 및 점검

- 수검자는 HI-DS 또는 멀티 테스터기를 이용하여 아래방법으로 발전기의 발전전류 및 발전전압을 측정하여 답안지에 기재한다. 규정(정비한계)값은 수검자가 시험장에서 제공하는 차량의 정비지침서 또는 시험감독관이 제시하는 규정값을 보고 기재한다.

측정 방법

- 본 측정은 HI-DS나 전류계/전압계를 이용하는 방식은 거의 동일 하므로 HI-DS를 통해 실시하는 방법을 서술 하였다.
- 측정은 오실로 스코프 혹은 메타측정 등 수검자가 편한 화면으로 하면 된다. 본 측정은 메타 기능을 이용하도록 하겠다.
- 먼저 메타 측정으로 들어가서 대전류 측정을 선택한다. hi-ds 장비의 경우 소전류계와 대전류계가 있다. 대전류의 1000[A] 선택
- 화면 상단에 영점 조정을 선택하면 영점 조정 화면이 출력된다. 대전류계의 영점 조정을 실시 한다.

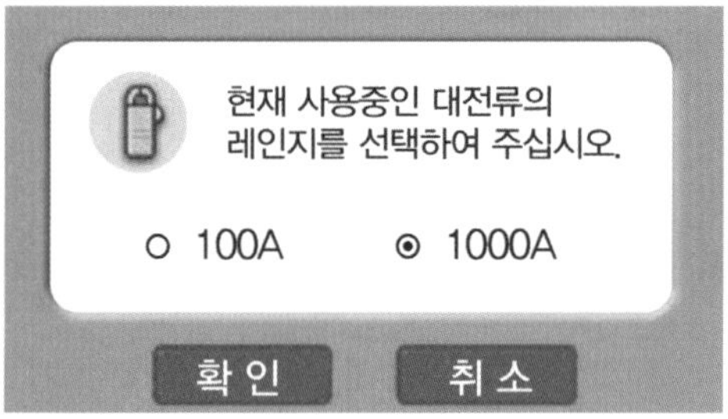

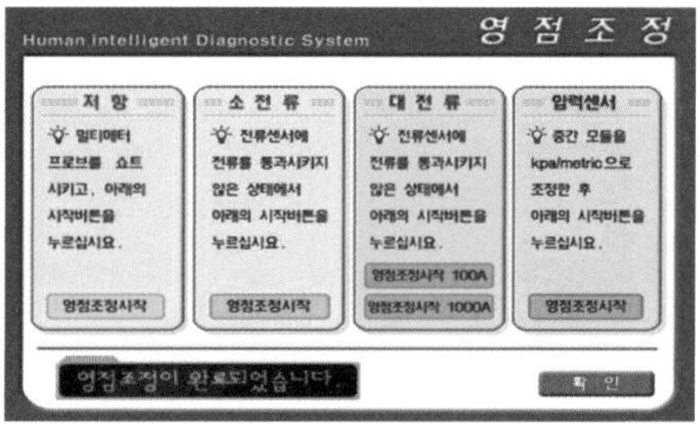

- 대전류계를 발전기 B단자 출력 배선에 연결한다. 대전류 프로브의 화살표시가 배터리 방향을 향하도록 설치한다. 그리고 전압 프로브를 발전기 B단자와 배터리(–)측에 연결한다.
- 헤드라이트, 블로워 등 배터리에 부하를 주어 3분정도 방전을 시킨다. 그 이유는 충전전류는 배터리가 완전히 방전된 상태에서 정격 충전 전류가 나오고 완전 충전된 상태에서는 현재 쓰고 있는 전기량 만큼 전류가 흐르므로 아주 적은값이 출력되게 되어 있으므로 측정 전 방전을 시켜야 한다.
- 엔진의 시동을 건다. 이때 블로워, 에어컨, 헤드라이트 등을 작동시켜 부하를 준다. 그리고 엔진 회전수를 2000~2500RPM으로 증가시킨다.

▲ 대전류계 B 단자 연결

▲ 전압 프로브 발전기 B단자 연결

② 판정 및 정비(또는 조치) 사항

- 수검자가 발전전압 및 발전전류 값을 확인하고 판단하여 판정란의 양호 또는 불량에 ✓표시를 하고 정비 및 조치 사항란에 조치사항을 서술한다. 그리고 발전 전압, 발전 전류 한 가지만 불량이어도 판정은 불량이다.

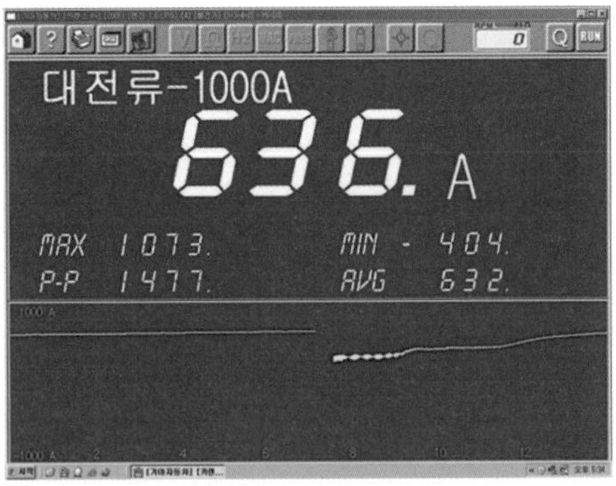

▲ 발전기 발전전류

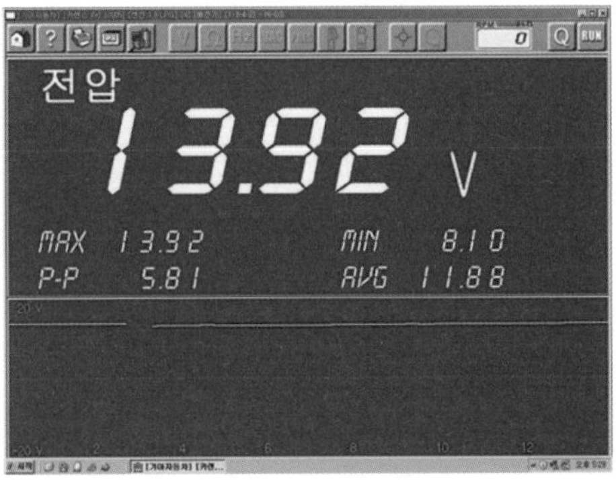

▲ 발전기 발전전압

③ 답안지 작성 예 : 발전기 용량 : 13.5[V], 90[A]/2500rpm에서 위의 측정값 참조

측정항목	① 측정(또는 점검)		② 판정 및 정비(또는 조치) 사항		득 점
	측정값	규정(정비한계)값	판 정 (□에 ✓표)	정비 및 조치할 사항	
충전전류	63.6[A]/ 2500[rpm]		☑ 양 호 □ 불 량	정비 및 조치사항 없음	
충전전압	13.92[V]/ 2500[rpm]	13.4~14.6[V]/ 2500[rpm]			

측정항목	① 측정(또는 점검)		② 판정 및 정비(또는 조치) 사항		득 점
	측정값	규정(정비한계)값	판 정 (□에 ✓표)	정비 및 조치할 사항	
충전전류	58[A]		□ 양 호 ☑ 불 량	발전기 교환 후 재점검	
충전전압	12.42[V]	13.4[V] 이상			

※ 주의사항 : 반드시 측정값 및 규정(정비한계)값의 단위(V, A, 이상, 이하, 미만 등 포함)를 적는다.

■ 기본 규정값 : 시험장소 차량마다 상이 함.

	발전(충전)전압	발전(충전)전류
규정값	13.4~14.6[V]/2500[rpm]	정격전류의 70%이상 (예: 90×0.7=63[A] 이상)

※ 규정값은 차량에 따라 상이함 충전전류는 배터리가 완전히 방전된 상태에서 정격 충전 전류가 나오고 완전 충전된 상태에서는 현재 쓰고 있는 전기량 만큼 전류가 흐르므로 아주 적은 값이 출력되게 되어 있으므로 측정 전 방전을 시켜야 한다.

※ 현재 규정값은 시험 감독관이 충전전압에 대한 규정 값을 제시하여 주므로 별도로 숙지하지 않아도 된다.

04 메인 컨트롤 릴레이 점검

자동차 번호 :		비번호		감독위원 확 인	
측정항목	① 측정(또는 점검)	② 판정 및 정비(또는 조치) 사항		득 점
	측정(또는 점검)	판 정 (□에 ✓표)	정비 및 조치할 사항	
코일이 여자 되었을때	□ 양 호, □ 불 량	□ 양 호 □ 불 량		
코일이 여자 안 되었을때	□ 양 호, □ 불 량			

① 측정 및 점검

- 수검자는 멀티 테스터기를 이용하여 아래방법으로 측정하여 답안지에 기재한다. 규정(정비한계)값은 수검자가 시험장에서 제공하는 차량의 정비지침서 또는 시험감독관이 제시하는 규정값을 보고 기재한다.

■ 코일이 여자된 경우

1. 8번 핀에 (+), 4번 핀에 (−) 전원을 공급한 경우
   − 3번과 7번이 통전(저항이 측정)되면 정상
2. 5번 핀에 (+), 2번 핀에 (−) 전원을 공급한 경우
   − 1번과 7번이 통전(저항이 측정)되면 정상
3. 6번 핀에 (+), 4번 핀에 (−) 전원을 공급한 경우
   − 1번과 7번이 통전(저항이 측정)되면 정상

■ 코일이 여자 안된 경우

1. 3번과 7번이 비통전(저항이 측정 되지 않음)시 정상
2. 1번과 7번이 비통전(저항이 측정 되지 않음)시 정상

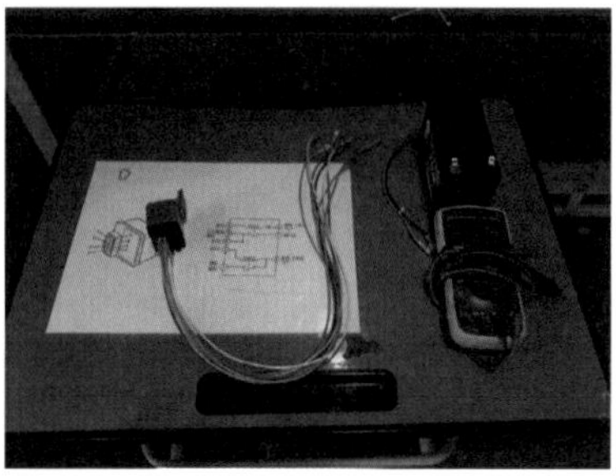

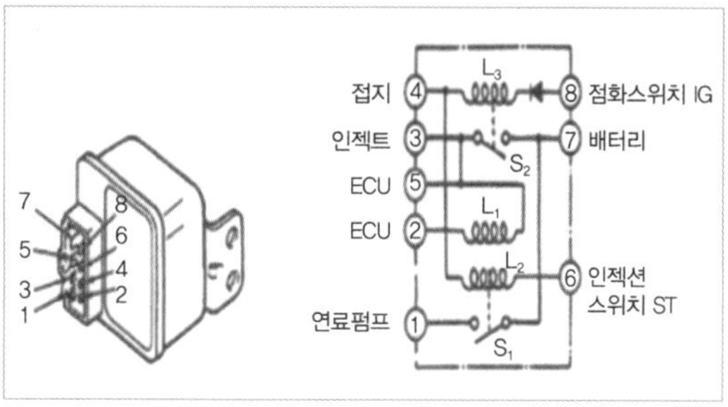

▲ D형 및 A형 메인 컨트롤 릴레이

③ 답안지 작성 예 :

- 코일 여자시 S1 및 S2 모두 통전이 되면 양호에 표시
- 코일 비여자시 S1 및 S2 모두 비통전이 되면 양호에 표시

※ 측정 항목 중 한 가지라도 불량이면 판정은 불량

측정항목	① 측정(또는 점검)	② 판정 및 정비(또는 조치) 사항		득 점
	측정(또는 점검)	판 정 (□에 ✓표)	정비 및 조치할 사항	
코일이 여자 되었을때	☑ 양 호, □ 불 량	☑ 양 호 □ 불 량	정비 및 조치사항 없음	
코일이 여자 안 되었을때	☑ 양 호, □ 불 량			

알고가기 A형 메인컨트롤 릴레이

메일컨트롤 릴레이 정상일 때

점검조건	점검단자	점검결과		비고
			저항값	
여자가 안되었을 때	1–7	통전 안됨	∞ Ω(무한대)	
	3–7	통전 안됨	∞ Ω(무한대)	
	2–5	통전 됨	약95Ω	
	2–3	통전 됨	약95Ω	
	6–4	통전 됨	약35Ω	
	4–8	통전 됨	약140Ω	다이오드가 있기 때문에 역방향은 통전이 되면 안됨
여자가 되었을 때 (4–6, 4–8 단자에 배터리 전원공급)	1–7	통전 됨	0Ω	
	3–7	통전 됨	0Ω	

05 ISA 듀티(열림 코일) 측정

자동차 번호 :			비번호		감독위원 확 인	
측정항목	① 측정(또는 점검)		② 판정 및 정비(또는 조치) 사항		득 점	
	측정값	규정(정비한계)값	판 정 (□에 ✓표)	정비 및 조치할 사항		
밸브듀티 (열림코일)			□ 양 호 □ 불 량			

① 측정 및 점검

- 수검자는 자기진단기 또는 멀티 테스터기를 이용하여 아래방법으로 측정하여 답안지에 기재한다. 규정(정비한계)값은 수검자가 시험장에서 제공하는 차량의 정비지침서 또는 시험감독관이 제시하는 규정값을 보고 기재한다.

■ 자기진단기(하이스캔)을 이용하는 경우

1. 차량의 자기진단기 설치 커넥터에 진단기를 설치하고 시동을 건다.
2. 차량통신을 선택하고 제작사를 선택한 다음 차종을 선택한다.(자동차 등록증 활용)
3. 차종선택 후 엔진제어를 선택하고 엔진 형식을 선택한다.(자동차 등록증 활용)
4. 센서출력을 선택한 다음 측정하고자 하는 ISA 듀티 항목을 찾아 듀티 값을 읽는다.

■ 멀티테스터기를 활용하는 경우

1. 선택레버를 DUTY에 놓고 FUNCTION 버턴을 이용하여 화면에 DUTY가 표시 되도록 한다.
2. 엔진 시동 후 탐침봉을 회로도를 보고 측정하고자하는 커넥터 핀에 연결하여 듀티값을 측정한다.

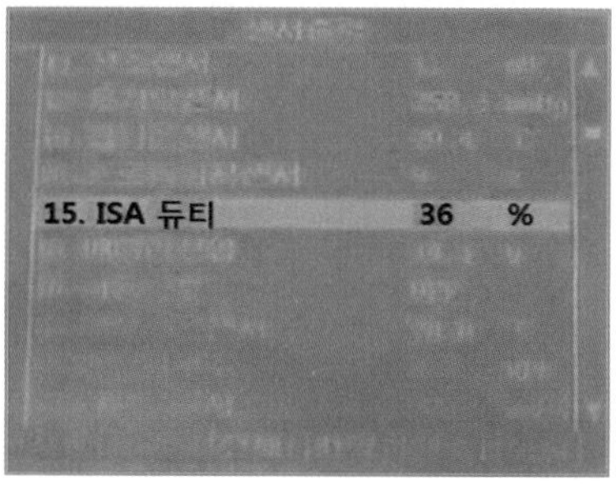

▲ 멀티테스터기 활용 및 자기진단기 활용법

③ 답안지 작성 예 :

측정항목	① 측정(또는 점검)		② 판정 및 정비(또는 조치) 사항		득 점
	측정값	규정(정비한계)값	판 정 (□에 ✓표)	정비 및 조치할 사항	
밸브듀티 (열림코일)	36.8% (공회전시)	25~40% (공회전시)	☑ 양 호 □ 불 량	정비 및 조치사항 없음	

알고가기

ISA는 메인릴레이에서 전원을 공급받고 ECU는 열림 코일과 닫힘 코일을 (-)제어하는 방식으로 이루어져있다. 그리고 듀티 신호는 열림 코일과 닫힘 코일에서 서로반대의 위상으로 나타난다. 일반적으로 엔진 공회전시 열림 코일의 듀티는 약 15~40%정도 이고 닫힘 코일의 듀티는 약 60~85%정도이다. 결론적으로 펄스가 두 단자에서 완전히 상반되어 나타난다.

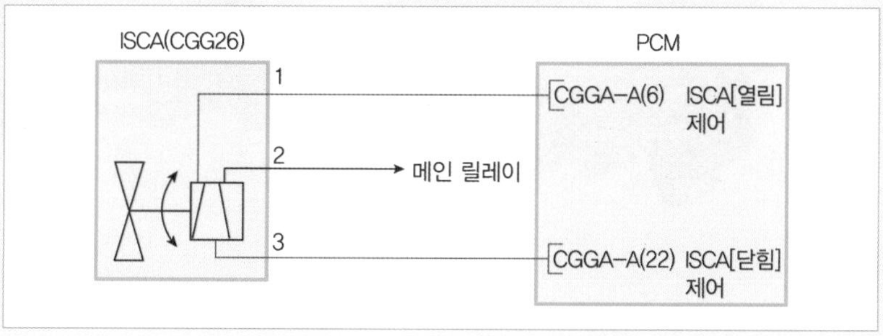

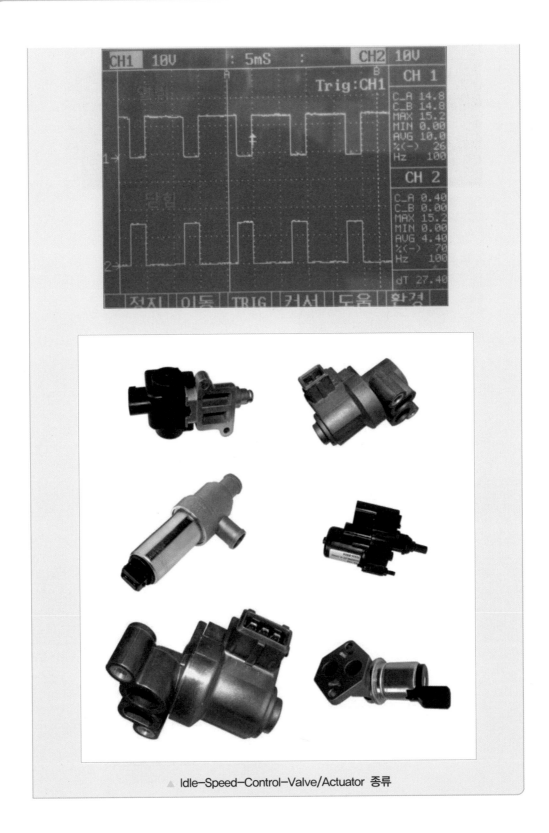

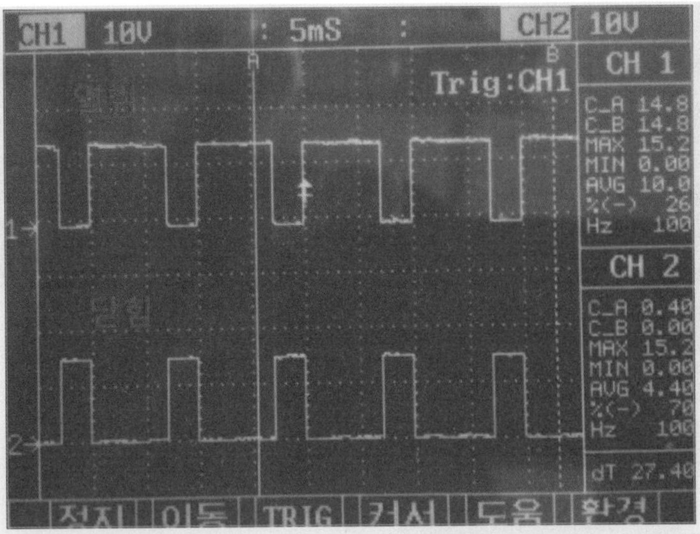

▲ Idle-Speed-Control-Valve/Actuator 종류

06 축전지 비중 및 전압 측정

자동차 번호 :			비번호		감독위원 확 인	
측정항목	① 측정(또는 점검)		② 판정 및 정비(또는 조치) 사항			득 점
	측정값	규정(정비한계)값	판 정 (□에 ✓표)		정비 및 조치할 사항	
축전지 전해액 비중			□ 양 호 □ 불 량			
축전지 전압						

① 측정 및 점검

- 수검자는 자기진단기 또는 멀티 테스터기를 이용하여 아래방법으로 측정하여 답안지에 기재한다. 규정(정비한계)값은 수검자가 시험장에서 제공하는 차량의 정비지침서 또는 시험감독관이 제시하는 규정값을 보고 기재한다.

■ 축전지 비중 측정

1. 비중계를 이용하여 비중계에 축전지 전해액을 묻힌다.
2. 비중계를 밝은 곳을 향하여 렌즈를 보며 게이지면의 밝고 어두운 부분의 경계선 왼쪽눈금을 읽는다.

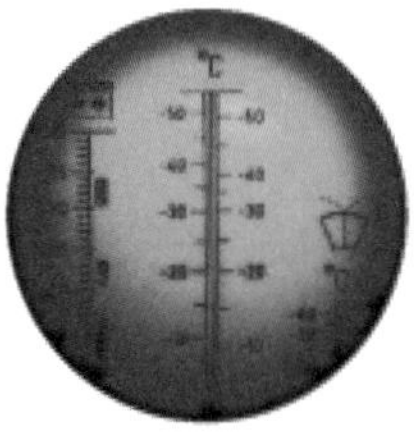
▲ 상세사진 \ Detail Picture

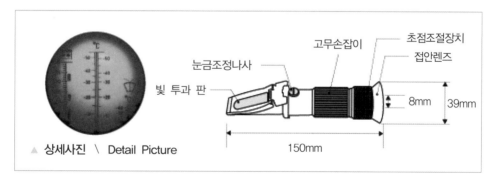

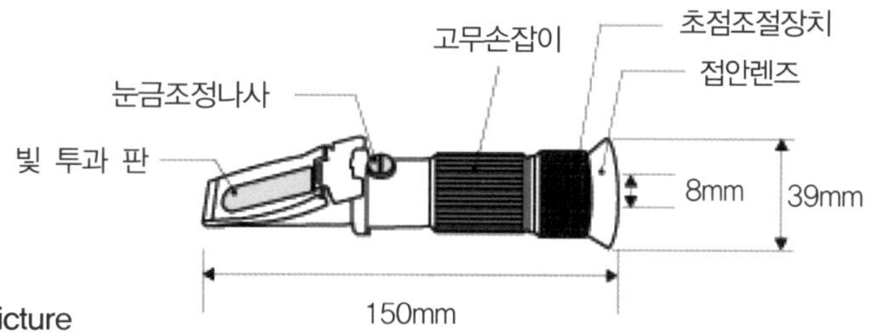

■ 축전지 부하 시 전압 측정

1. 축전지 용량시험기를 축전지에 설치한다.
2. 부하스위치 작동 전 전압을 확인한다.
3. 부하스위치 ON 상태에서 측정값을 읽는다.(10초 이내 측정)

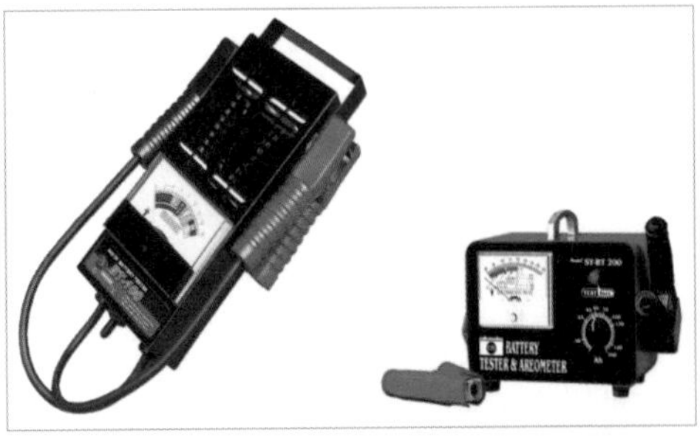

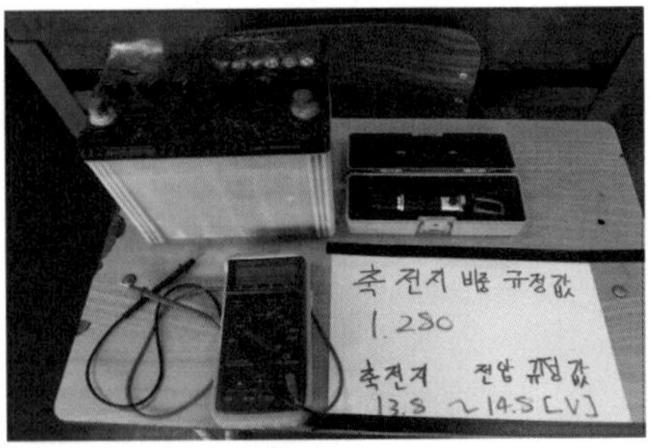

▲ 축전지 비중 및 부하 전압 측정

③ 답안지 작성 예 :

측정항목	① 측정(또는 점검)		② 판정 및 정비(또는 조치) 사항		득 점
	측정값	규정(정비한계)값	판 정 (□에 ✓표)	정비 및 조치할 사항	
축전지 전해액 비중	1.270	1.260~1.280	☑ 양 호 □ 불 량	정비 및 조치사항 없음	
축전지 전압	11.5[V]	9.6 ~ 14.5[V]			

비중 또는 전압 중 하나라도 불량이면 판정은 불량

알고가기 일반적인 배터리 표준값

전체 단자전압	20도일 때 비중	충전상태	판정(조치사항)
12.1V~12.6V 이상	1.260~1.280	100%	정상(사용가)
11.6V~12.0V	1.210~1.230	75%	양호(사용가)
11.2V~11.7V	1.160~1.180	50%	불량(50% 충전요망)
10.4V~11.1V	1.110~1.130	25%	불량(75% 충전요망)
10.5V 이하	1.060~1.080	0%	불량(교환요망)

07 에어컨 라인 압력 측정

자동차 번호 :			비번호		감독위원 확인	
측정항목	① 측정(또는 점검)		② 판정 및 정비(또는 조치) 사항		득 점	
	측정값	규정(정비한계)값	판 정 (□에 ✓표)	정비 및 조치할 사항		
저 압			□ 양 호 □ 불 량			
고 압						

① 측정 및 점검

- 수검자는 매니폴드 게이지를 이용하여 아래방법으로 측정하여 답안지에 기재한다. 규정(정비한계)값은 수검자가 시험장에서 제공하는 차량의 정비지침서 또는 시험감독관이 제시하는 규정값을 보고 기재한다.

측정 방법

- 매니폴드 게이지 피팅의 양쪽 핸들 밸브를 잠근다.
- 매니폴드 게이지 세트의 충전호스를 에어컨 라인의 피팅에 설치한다. 이때 저압호스(일반적으로 장비의 청색 게이지)는 저압정비구에 고압호스(일반적으로 장비의 적색 게이지)는 고압 정비구에 연결하고 호스 너트를 손으로 조인 다음 시동을 걸고 에어컨을 작동(설정온도 18℃, 송풍팬 4단)시킨 후 2,500[rpm] 정도에서 에어컨 라인 압력을 점검한다.

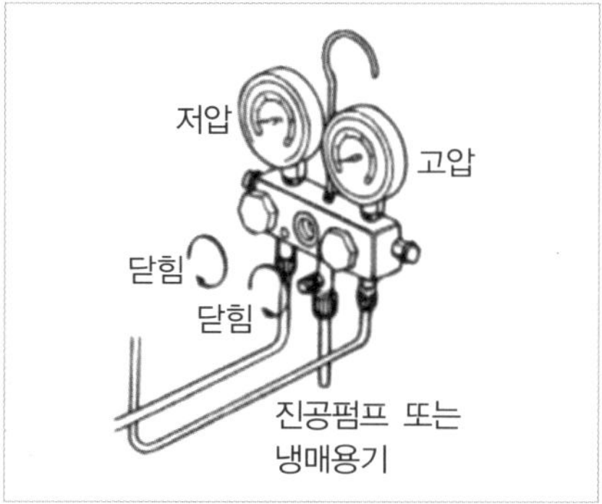

▲ 매니폴드 게이지

▲ 매니폴드 게이지 연결 위치

알고가기

- 엔진 룸을 보면 두 개의 에어컨 파이프가 있는데, 두께가 얇은 것이 고압 파이프이고, 두께가 굵은 것은 저압 파이프다.
- 고압라인 : 펌프(컴프레셔) → 펌프 토출 호스 → 컨덴서 → 리시버 드라이버 → 팽창밸브 전까지
- 저압라인: 팽창밸브 이후 → 증발기 → 저압호스 → 펌프전 까지(컴프레셔)
- 저압라인의 압력은 가동 상태에서 저압 라인의 압력을 말하는데 일반적으로 1.5~2kg/㎠을 나타냅니다.
- 고압라인의 압력은 가동 상태에서 고압 라인의 압력을 말하는데 일반적으로 14.5~15kg/㎠을 나타냅니다.

▲ 에어컨 라인 압력 실차 측정 사진

② 판정 및 정비(또는 조치) 사항

- 수검자가 고압 및 저압을 확인하고 판단하여 판정란의 양호 또는 불량에 ✓표시를 하고 정비 및 조치 사항란에 조치사항을 서술한다.

분석 방법

- 저압, 고압 모두 압력이 낮은 경우 : 냉매 부족, 즉 점검창에서 기포 확인
- 저압, 고압 모두 압력이 높은 경우 : 냉매 과충전으로 냉각 불량, 콘덴서 냉각 불량, 에어컨 벨트 헐거움
- 저압은 높고, 고압은 낮은 압력으로 리시버 또는 익스팬션 밸브 전후 배관에 서리나 이슬이 생긴 경우 : 냉매 순환 안됨.

③ 답안지 작성 예

<table>
<tr><th rowspan="2">측정항목</th><th colspan="2">① 측정(또는 점검)</th><th colspan="2">② 판정 및 정비(또는 조치) 사항</th><th rowspan="2">득 점</th></tr>
<tr><th>측정값</th><th>규정(정비한계)값</th><th>판 정
(□에 ✓표)</th><th>정비 및
조치할 사항</th></tr>
<tr><td>저 압</td><td>2.0[kg/㎠]</td><td>1.5~2.5[kg/㎠]</td><td rowspan="2">☑ 양 호
□ 불 량</td><td rowspan="2">정비 및
조치사항 없음</td><td rowspan="2"></td></tr>
<tr><td>고 압</td><td>15[kg/㎠]</td><td>14.5~15.5[kg/㎠]</td></tr>
</table>

<table>
<tr><th rowspan="2">측정항목</th><th colspan="2">① 측정(또는 점검)</th><th colspan="2">② 판정 및 정비(또는 조치) 사항</th><th rowspan="2">득 점</th></tr>
<tr><th>측정값</th><th>규정(정비한계)값</th><th>판 정
(□에 ✓표)</th><th>정비 및
조치할 사항</th></tr>
<tr><td>저 압</td><td>0.7[kg/㎠]</td><td>2~4[kg/㎠]</td><td rowspan="2">□ 양 호
☑ 불 량</td><td rowspan="2">냉매가 부족하므로 냉매 보충 후 재점검</td><td rowspan="2"></td></tr>
<tr><td>고 압</td><td>9.5[kg/㎠]</td><td>15~18[kg/㎠]</td></tr>
</table>

※ 주의사항 : 반드시 측정값 및 규정(정비한계)값의 단위(mm, 이상, 이하, 미만 등 포함)를 적는다.

08 급속 충전 후 축전지 비중 및 전압 측정

자동차 번호 :			비번호		감독위원 확 인	
측정항목	① 측정(또는 점검)		② 판정 및 정비(또는 조치) 사항		득 점
	측정값	규정(정비한계)값	판 정 (□에 ✓표)	정비 및 조치할 사항	
축전지 전해액 비중			□ 양 호 □ 불 량		
축전지 전압					

① 측정 및 점검

- 수검자는 자기진단기 또는 멀티 테스터기를 이용하여 아래방법으로 측정하여 답안지에 기재한다. 규정(정비한계)값은 수검자가 시험장에서 제공하는 차량의 정비지침서 또는 시험감독관이 제시하는 규정값을 보고 기재한다.

■ 축전지 비중 측정

1. 비중계를 이용하여 비중계에 축전지 전해액을 묻힌다.
2. 비중계를 밝은 곳을 향하여 렌즈를 보며 게이지면의 밝고 어두운 부분의 경계선 왼쪽눈금을 읽는다.

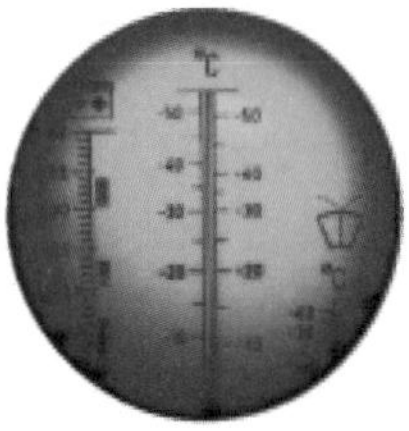

▲ 상세사진 \ Detail Picture

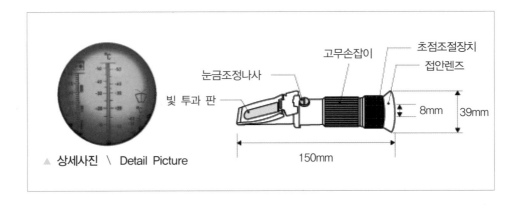

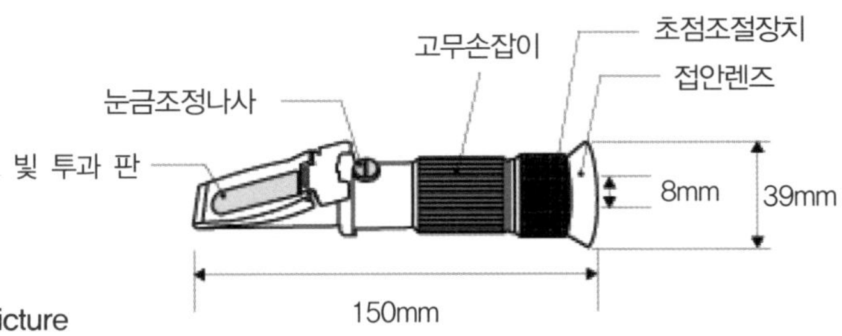

■ 축전지 급속 충전 후 전압 측정 (SY-200 활용법)

1. 배터리 충전기 SY-200 의 전원 및 선택레버 스위치를 OFF로 한 후 축전지에 케이블을 연결한다.(배터리 용량 확인)

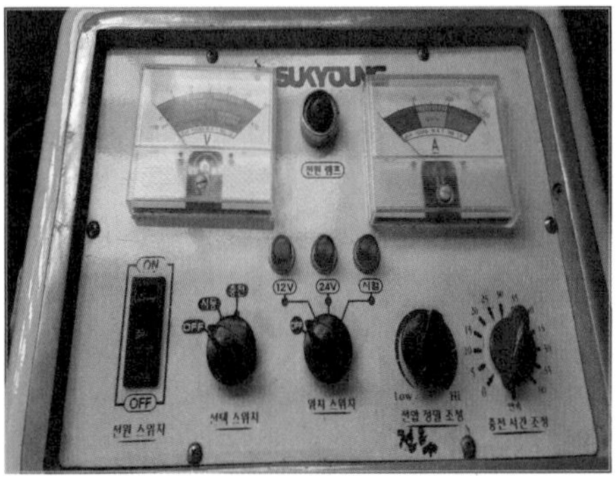

2. 충전기 전압계의 표시창에서 노란색의 숫자인 충전 시간(2.5)을 확인 후 충전시간 조정 레버를 돌려 충전시간을 25분(2.5×10=25분)에 맞춘다. (1은 10분이며 6까지 있다. 참고로 표시창의 적색 부분의 "수동"은 정전류 충전을 의미)

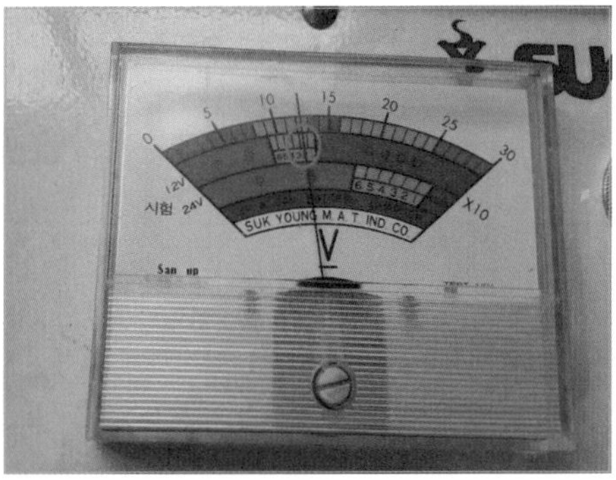

3. 선택 스위치는 "충전", 위치 스위치는 배터리 전압 12[V]에 맞추고 충전기의 전원 스위치를 ON하면 램프에 불이 들어온다.

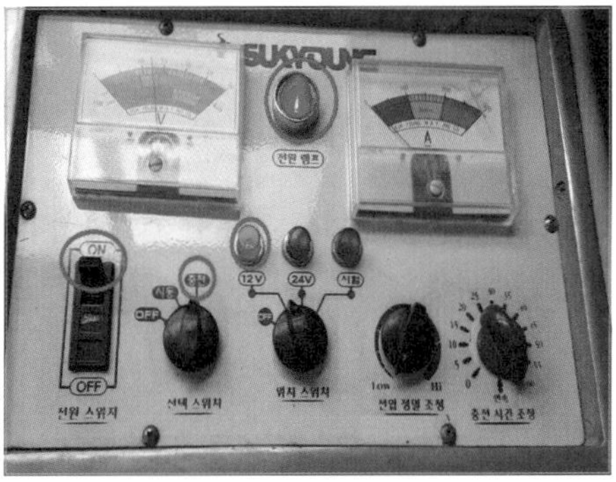

4. 충전기의 전압 조정 레버를 서서히 돌리면서 전류계 표시창을 보면서 축전지 용량(60[A])의 50%(급속충전은 축전지 용량의 50%)인 30[A]에 맞춘다.(참고 정전류 충전은 축전지 용량의 10% ⇒ 6[A])

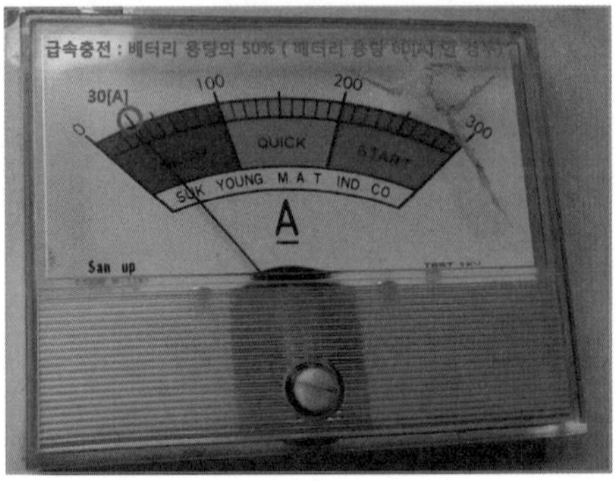

5. 충전완료 확인은 지시계 바늘이 녹색(GOOD)이면서 단자전압이 16.0[V] 이상에 도달된다.

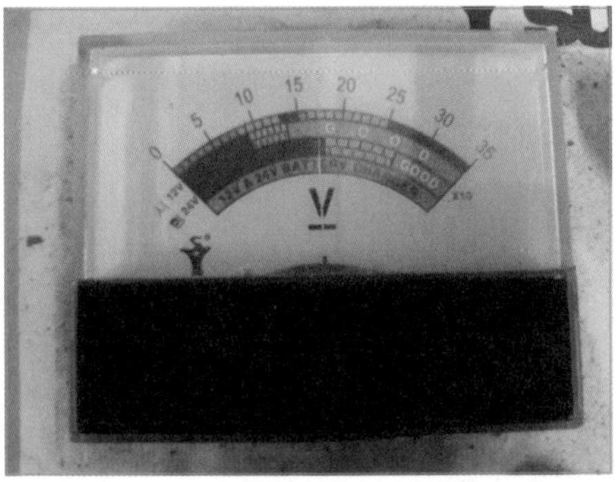

6. 급속 충전 후 배터리 전압을 측정 또는 부하시 배터리 전압 측정인 경우에는 배터리 용량시험기를 설치 후 부하 스위치를 작동시키고 10초 이내 측정값을 읽는다.

주의 만약 답안지 작성시

① 충전 후 축전지 전압을 기록라고하면 멀티테스터기를 이용하여 전압을 측정하여 기록하고

② 충전 후 배터리 부하시 전압을 측정하는 경우라면 배터리용량시험기를 설치 후 부하 스위치를 작동시키고 10초 이내 측정값을 읽는다. 일반적으로 ②번 방법으로 답안지 작성. 따라서 반드시 시험 감독관에게 확인 할 것.

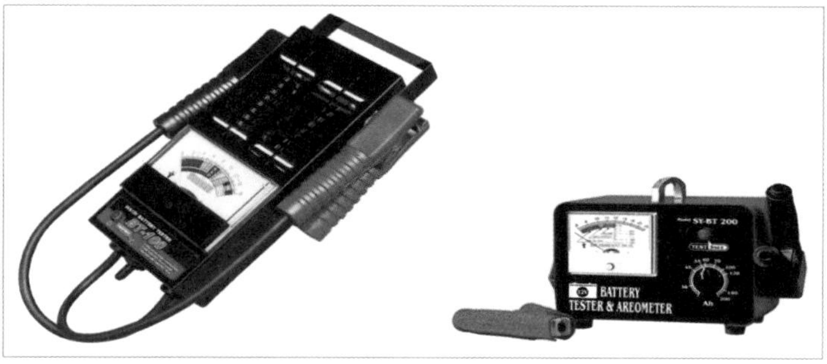

③ 답안지 작성 예 :

측정항목	① 측정(또는 점검)		② 판정 및 정비(또는 조치) 사항		득 점
	측정값	규정(정비한계)값	판 정 (□에 ✓표)	정비 및 조치할 사항	
축전지 전해액 비중	1.270	1.260~1.280	☑ 양 호 □ 불 량	정비 및 조치사항 없음	
축전지 전압	13.0[V]	13.5 ~ 14.5[V]			

측정항목	① 측정(또는 점검)		② 판정 및 정비(또는 조치) 사항		득 점
	측정값	규정(정비한계)값	판 정 (□에 ✓표)	정비 및 조치할 사항	
축전지 전해액 비중	1.170	1.260~1.280	□ 양 호 ☑ 불 량	축전지(배터리) 불량, (재)충전 후 재점검	
축전지 전압	11.0[V]	13.5 ~ 14.5[V]		축전지(배터리)불량, 교환 후 재점검	

※ 주의사항 : 비중 또는 전압 중 하나라도 불량이면 판정은 불량
※ 주의사항 : 규정값은 반드시 시험장에서 제시한 값을 기준으로 측정값과 비교하여 판정을 한다.

알고가기 일반적인 배터리 표준값

전체 단자전압	20도일 때 비중	충전상태	판정(조치사항)
12.1V~12.6V 이상	1.260~1.280	100%	정상(사용가)
11.6V~12.0V	1.210~1.230	75%	양호(사용가)
11.2V~11.7V	1.160~1.180	50%	불량(50% 충전요망)
10.4V~11.1V	1.110~1.130	25%	불량(75% 충전요망)
10.5V 이하	1.060~1.080	0%	불량(교환요망)

09 인젝터 코일 저항 측정

자동차 번호 :			비번호		감독위원 확 인	
측정항목	① 측정(또는 점검)		② 판정 및 정비(또는 조치) 사항		득 점
	측정값	규정(정비한계)값	판 정 (□에 ✓표)	정비 및 조치할 사항	
코일저항			□ 양 호 □ 불 량		

① 측정 및 점검

- 수검자는 매니폴드 게이지를 이용하여 아래방법으로 측정하여 답안지에 기재한다. 규정(정비한계)값은 수검자가 시험장에서 제공하는 차량의 정비지침서 또는 시험감독관이 제시하는 규정값을 보고 기재한다.

측정 방법

- 점화스위치를 OFF 한다.
- 시험 감독관이 지정한 인젝터의 커넥터를 분리한다.
- 디지털 멀티 테스터기의 레인지을 저항(200[Ω])에 두고 커넥터의 단자에 접속하여 저항값을 측정한다.

▲ 인젝터 장착 위치

▲ 인젝터 저항값 측정

② 판정 및 정비(또는 조치) 사항

- 수검자가 저항값을 확인하고 판단하여 판정란의 양호 또는 불량에 ✓표시를 하고 정비 및 조치 사항란에 조치사항을 서술한다.

분석 방법

- 규정값 이상인 경우 : 인젝터 코일 노화, 교환
- 규정값 이하인 경우 : 인젝터 코일 단락, 교환
- 무한대인 경우 : 인젝터 코일 단선, 교환

③ 답안지 작성 예

측정항목	① 측정(또는 점검)		② 판정 및 정비(또는 조치) 사항		득 점
	측정값	규정(정비한계)값	판 정 (□에 ✓표)	정비 및 조치할 사항	
코일저항	14.5[Ω]	13 ~ 16[Ω] (상온)	☑ 양 호 ☐ 불 량	정비 및 조치사항 없음	

※ 주의사항 : 반드시 측정값 및 규정(정비한계)값의 단위(Ω, mm, 이상, 이하, 미만 등 포함)를 적는다.

10 크랭킹시 전압강하 측정

자동차 번호 :			비번호		감독위원 확 인	
측정항목	① 측정(또는 점검)		② 판정 및 정비(또는 조치) 사항		득 점
	측정값	규정(정비한계)값	판 정 (□에 ✓표)	정비 및 조치할 사항	
전압강하		9.6[V] 이상	□ 양 호 □ 불 량		

① 측정 및 점검

- 수검자는 멀티테스터기를 이용하여 아래방법으로 측정하여 답안지에 기재한다. 규정(정비한계)값은 수검자가 시험장에서 제공하는 차량의 정비지침서 또는 시험감독관이 제시하는 규정값을 보고 기재한다.

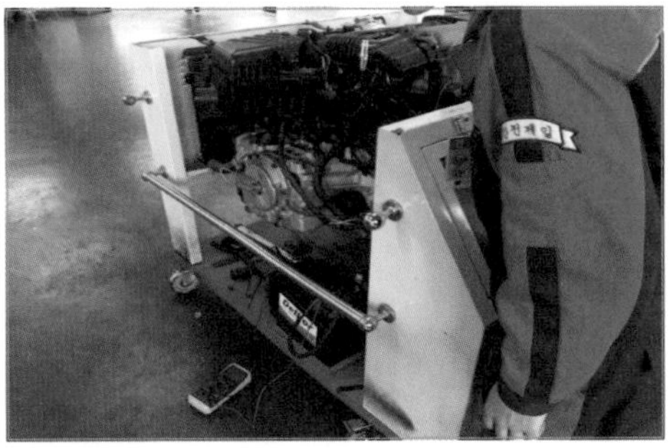

▲ 배터리에서 크랭킹시 전압강하 측정

▲ 기동전동기에서 크랭킹시 전압강하 측정

배터리에서 측정 방법

- 시험차량의 배터리 용량을 확인하고 엔진이 시동되지 않도록 점화1차 회로를 차단한다. 그리고 연료가 분사되지 않도록 인젝터 커넥터를 분리하거나 ECU퓨즈를 탈거한다.
- 멀티 테스터의 선택 레버를 DC50[V]이상에 두고 적색 리드선은 배터리(+)에, 흑색 리드선은 배터리(–)단자에 접지시킨 후 크랭킹하면서 전압강하를 측정한다.

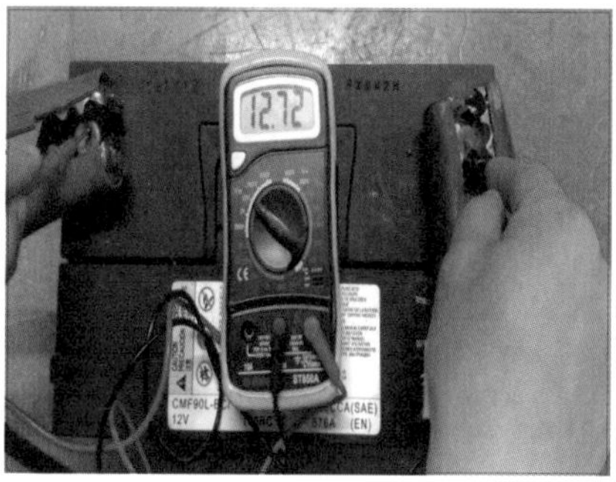

▲ 크랭킹 전 전압

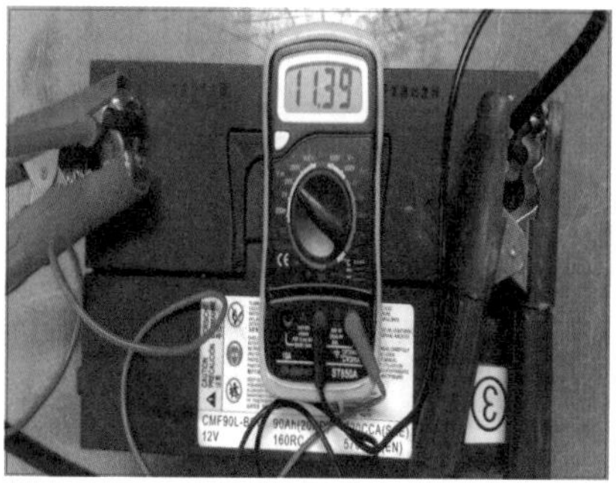

▲ 크랭킹 시 전압

시동모터에서 측정 방법

- 시험차량의 배터리 용량을 확인하고 엔진이 시동되지 않도록 점화1차 회로를 차단한다. 그리고 연료가 분사되지 않도록 인젝터 커넥터를 분리하거나 ECU퓨즈를 탈거한다.
- 멀티 테스터의 선택 레버를 DC50[V]이상에 두고 적색 리드선은 시동 전동기 B단자, 흑색 리드선은 엔진 본체 또는 배터리(−)단자에 접지시킨 후 크랭킹하면서 전압강하를 측정한다.

▲ 크랭킹 전 전압

▲ 크랭킹 시 전압

② 판정 및 정비(또는 조치) 사항

- 수검자가 전압값을 확인하고 판단하여 판정란의 양호 또는 불량에 ✓표시를 하고 정비 및 조치 사항란에 조치사항을 서술한다.

■ 일반적인 규정값(시험감독 위원이 제시하여 줌)

	전압 강하	소모 전류
규정값	축전지 전압의 80% 이상 = 축전지 전압의 20% (이하)까지 허용	축전지 용량의 3배 이하
예 12V 80A	9.6[V]이상	240[A] 이하

③ 답안지 작성 예

측정항목	① 측정(또는 점검)		② 판정 및 정비(또는 조치) 사항		득 점
	측정값	규정(정비한계)값	판 정 (□에 ✓표)	정비 및 조치할 사항	
전압강하	11.39[V]	9.6[V] 이상	☑ 양 호 □ 불 량	정비 및 조치사항 없음	

※ 주의사항 : 반드시 측정값 및 규정(정비한계)값의 단위(Ω, mm, 이상, 이하, 미만 등 포함)를 적는다.

11 스텝모터(공회전 속도 조절 서보) 저항 측정

자동차 번호 :			비번호		감독위원 확 인	
측정항목	① 측정(또는 점검)		② 판정 및 정비(또는 조치) 사항			득 점
	측정값	규정(정비한계)값	판 정 (□에 ✓표)	정비 및 조치할 사항		
스텝모터 (ISC)저항			□ 양 호 □ 불 량			

① 측정 및 점검

- 수검자는 멀티테스터기를 이용하여 아래방법으로 측정하여 답안지에 기재한다. 규정(정비한계)값은 수검자가 시험장에서 제공하는 차량의 정비지침서 또는 시험감독관이 제시하는 규정값을 보고 기재한다.

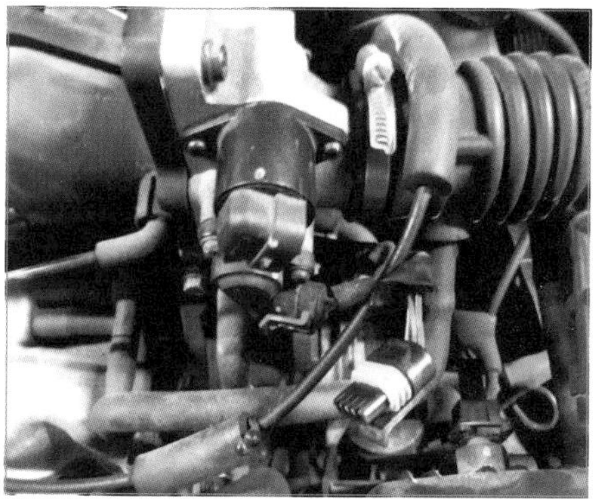

▲ 마티즈 II 스템모터 장착도

공회전속도조절 스텝모터, 센서 회로

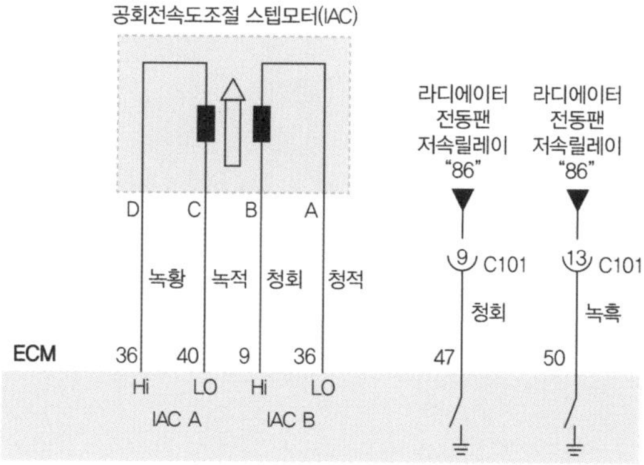

▲ 마티즈 II 스텝모터 회로도

스템모터 저항 측정 방법

- 시험차량의 스텝모터 장착위치를 확인하고 커넥터를 탈거하거나 스텝모터를 탈거 한 후 저항값을 측정한다.
- 멀티 테스터의 선택 레버를 저항에 두고 A단자와 B단자 사이의 저항을 측정한다.
- 멀티 테스터의 선택 레버를 저항에 두고 C단자와 D단자 사이의 저항을 측정한다.

ISC밸브 저항 측정 방법

- 시험차량의 ISC밸브 장착위치를 확인하고 커넥터를 탈거하거나 밸브를 탈거 한 후 저항값을 측정한다.
- 멀티 테스터의 선택 레버를 저항에 두고 1번 단자와 2번 단자 사이(닫힘 코일)의 저항을 측정한다.
- 멀티 테스터의 선택 레버를 저항에 두고 2번 단자와 3번 단자 사이(열림 코일)의 저항을 측정한다.

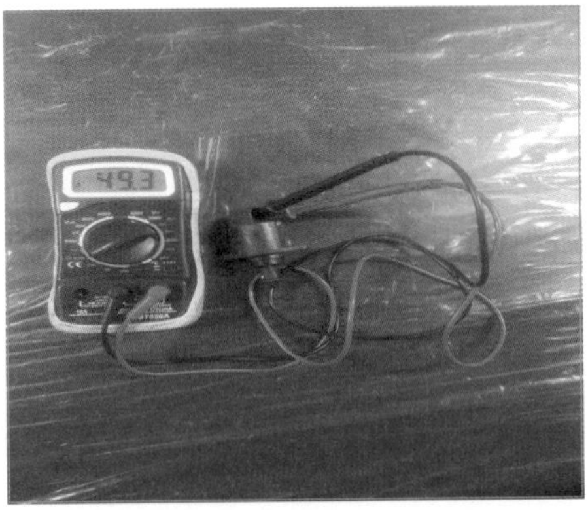

▲ 마티즈 스텝모터 A와 B단자 저항 값

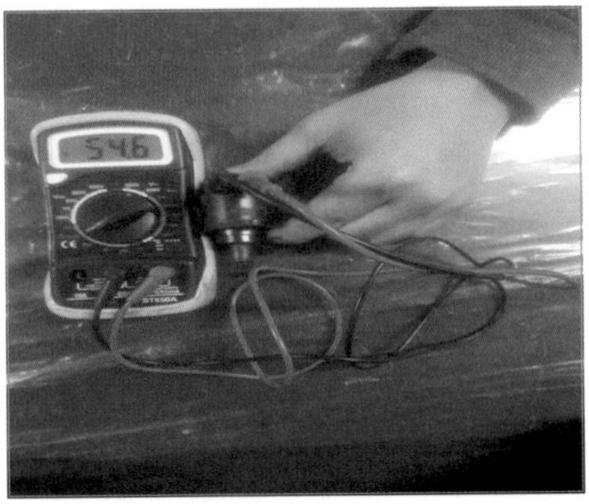

▲ 마티즈 스텝모터 C와 D단자 저항 값

② 판정 및 정비(또는 조치) 사항

- 수검자가 시험감독관이 지정하는 핀의 저항값을 측정하여 답안지에 기록 후 판단하여 판정란의 양호 또는 불량에 ✓표시를 하고 정비 및 조치 사항란에 조치사항을 서술한다.

분석 방법

- 규정값 이상인 경우 : 스텝모터(ISC) 코일 노화, 교환
- 규정값 이하인 경우 : 스텝모터(ISC) 코일 단락, 교환
- 무한대인 경우 : 스텝모터(ISC) 코일 단선, 교환

③ 답안지 작성 예

측정항목	① 측정(또는 점검)		② 판정 및 정비(또는 조치) 사항		득 점
	측정값	규정(정비한계)값	판 정 (□에 ✓표)	정비 및 조치할 사항	
스텝모터 (ISC)저항	54.6[Ω]	40 ~ 80[Ω]	☑ 양 호 □ 불 량	정비 및 조치사항 없음	

※ 주의사항 : 반드시 측정값 및 규정(정비한계)값의 단위(Ω, mm, 이상, 이하, 미만 등 포함)를 적는다.

■ 일반적인 규정값(시험감독 위원이 제시하여 줌)

	단자번호	규정값
현대자동차 6핀	단자 2와3, 2와1	28 ~ 33[Ω] (상온 20℃)
	단자 5와4, 5와6	28 ~ 33[Ω] (상온 20℃)
한국GM(대우)자동차 4핀	단자 A와B	40 ~ 80[Ω] (상온 20℃)
	단자 C와D	40 ~ 80[Ω] (상온 20℃)

12 전조등 광도 측정

자동차 번호 :	비번호		감독위원 확 인	

① 측정(또는 점검)					② 판정	득 점
항 목		측정값		기준값	판 정 (□에 ✓표)	
(□에 ✓표) 위치: □ 좌 □ 우 등식: □ 4등식 □ 2등식	광도			이상	□ 양 호 □ 불 량	

※ 측정 위치는 시험위원이 지정하는 위치를 측정합니다.
※ 자동차검사기준 및 방법에 의하여 기록 판정합니다.

① 측정 및 점검

- 수검자는 시험감독관이 지시하는 램프의 광도를 측정하여 답안지에 기재한다. 기준값은 시험 감독관이 제시하는 경우도 있지만 수검자가 자동차 전조등의 검사 기준값을 숙지하여 기입해야 하는 경우도 있으므로 반드시 숙지한다.

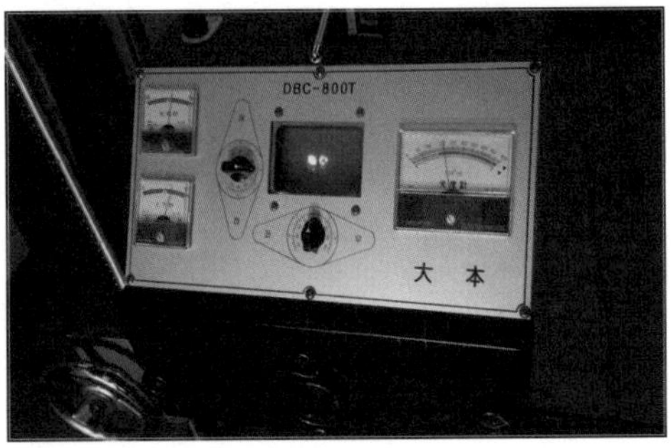

▲ 전조등 시험

■ 전조등 기준값

<table>
<tr><th colspan="2">항 목</th><th>규정값</th></tr>
<tr><td rowspan="2">광 도</td><td>2등식</td><td>15000[cd]이상</td></tr>
<tr><td>4등식</td><td>12000[cd]이상</td></tr>
<tr><td rowspan="2">좌우진폭</td><td>좌측등</td><td>우측 진폭은 30 cm 이내(이하), 좌측 진폭은 15cm 이내(이하)</td></tr>
<tr><td>우측등</td><td>좌우측 진폭은 좌우 모두 30cm 이내(이하)</td></tr>
<tr><td rowspan="2">상하진폭</td><td>좌측등</td><td rowspan="2">상향진폭은 10cm 이내
하향진폭은 30cm 이내</td></tr>
<tr><td>우측등</td></tr>
</table>

② 판정 및 정비(또는 조치) 사항

- 수검자가 광도를 확인하고 판단하여 판정란의 양호 또는 불량에 ✓표시를 하고 판정은 한다.

③ 답안지 작성 예 :

<table>
<tr><td colspan="4">자동차 번호 :</td><td>비번호</td><td></td><td>감독위원
확 인</td><td></td></tr>
<tr><td colspan="4">① 측정(또는 점검)</td><td colspan="3">② 판정</td><td rowspan="2">득 점</td></tr>
<tr><td colspan="2">항 목</td><td>측정값</td><td>기준값</td><td colspan="3">판 정
(□에 ✓표)</td></tr>
<tr><td>(□에 ✓표)

위치:
□ 좌
☑ 우

등식:
□ 4등식
☑ 2등식</td><td>광도</td><td>17500[cd]</td><td>15000[cd]이상</td><td colspan="3">☑ 양 호
□ 불 량</td><td></td></tr>
</table>

※ 측정 위치는 시험위원이 지정하는 위치를 측정합니다.

※ 자동차검사기준 및 방법에 의하여 기록 판정합니다.

자동차 번호 :				비번호		감독위원 확 인	

① 측정(또는 점검)				② 판정	득 점
항 목		측정값	기준값	판 정 (□에 ✓표)	
(□에 ✓표) 위치: ☑ 좌 □ 우 등식: ☑ 4등식 □ 2등식	광도	18500[cd]	12000[cd] 이상	☑ 양 호 □ 불 량	

※ 측정 위치는 시험위원이 지정하는 위치를 측정합니다.

※ 자동차검사기준 및 방법에 의하여 기록 판정합니다.

13 경음기 음량 측정

자동차 번호 :			비번호		감독위원 확 인	
측정항목	① 측정(또는 점검)		② 판정 및 정비(또는 조치) 사항			득 점
	측정값	규정(정비한계)값	판 정 (□에 ✓표)	정비 및 조치할 사항		
경음기 음량			□ 양 호 □ 불 량			

① 측정 및 점검

- 차량 전방 2[m]위치에 높이 1.2±0.05[m] 위치에 음량계을 설치한다.
- 측정범위 선택은 차량의 연식에 맞추어 측정 범위 선택에 주의한다.
- 음량계의 기능 선택 스위치 선택은 배기음 측정시에는 A특성, 경음기음 측정시에는 C특성을 선택한다.
- 측정범위 선택은 차량의 연식에 맞추어 측정 범위 선택에 주의한다. 통상 90~130[dB]을 선택한다.
- Fast, Max Hold를 선택하고 Rest 버튼을 누른 후 경음기 수위치를 누른 후 음압을 축정한다.
- 만약 암소음을 측정하여 점검하는 경우에는 자동차 경음기 측정값과 암소음의 측정차이가 3[dB] 이상 10[dB] 미만인 경우에는 자동차경음기음의 측정값으로부터 아래 표의 보정값을 뺀 값을 최종 측정값으로 하고 차이가 3[dB] 미만일 경우에는 측정값을 무효로 한다.

자동차 경음기음과 암소음의 측정값 차이 (음의차이 = 경음기 측정값–암소음 측정값)	3	4 ~ 5	6 ~ 9
보정 값	3	2	1

예 경음기 측정값 : 125[dB], 암소음 62[dB]인 경우

㉠ 보정값 : 보정값 = 경음기 측정값 – 암소음 이므로 125–62=63이므로 보정치는 0
㉡ 따라서 경음기 최종 측정값은 125–0=125[dB]이다.

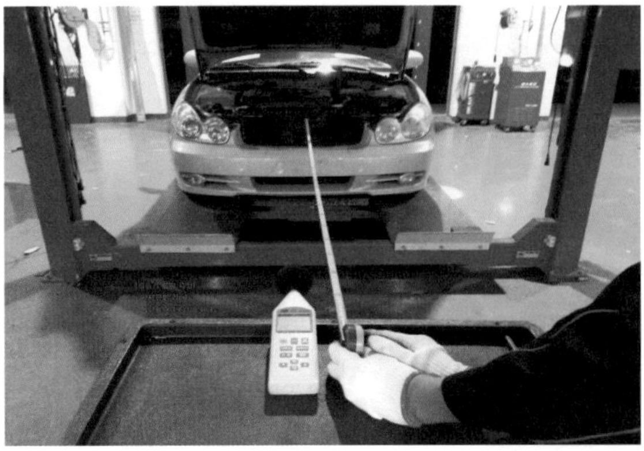

② 판정 및 정비(또는 조치) 사항

- 수검자가 측정한 값과 규정(정비한계)값을 비교하여 판정란의 양호 또는 불량에 ✓표시를 하고 차량에서 확인한 고장 내용을 바탕으로 정비 및 조치 사항을 기록한다.

■ 경음기 음량 기준값

년 도	경적소음[dB(C)]
1999년 까지	90이상 ~ 115이하[dB]
2000년 이후	90이상 ~ 110이하[dB]

③ 답안지 작성 예 :

측정항목	① 측정(또는 점검)		② 판정 및 정비(또는 조치) 사항		득 점
	측정값	규정(정비한계)값	판 정 (□에 ✓표)	정비 및 조치할 사항	
경음기 음량	105[dB]	90 ~ 115[dB] 이하	☑ 양 호 □ 불 량	정비 및 조치사항 없음	

측정항목	① 측정(또는 점검)		② 판정 및 정비(또는 조치) 사항		득 점
	측정값	규정(정비한계)값	판 정 (□에 ✓표)	정비 및 조치할 사항	
경음기 음량	125[dB]	90 ~ 115[dB] 이하	□ 양 호 ☑ 불 량	경음기 음량이 크므로 음량 조정 나사를 돌려 낮게 조정한다.	

※ 주의사항 : 반드시 내용 기록 시 단위(dB 등)를 적는다.

※ 차량마다 측정값 및 규정값은 다를 수 있음.

14 자동차 회로 점검

자동차 전기 회로 점검시 반드시 시험장에서 제시한 차종별 전기 배선도를 활용하여 점검할 수 있도록 한다. 아래 그림은 마티즈 전기 배선도에서 제공하는 퓨즈박스 와 회로도 일부분이다.

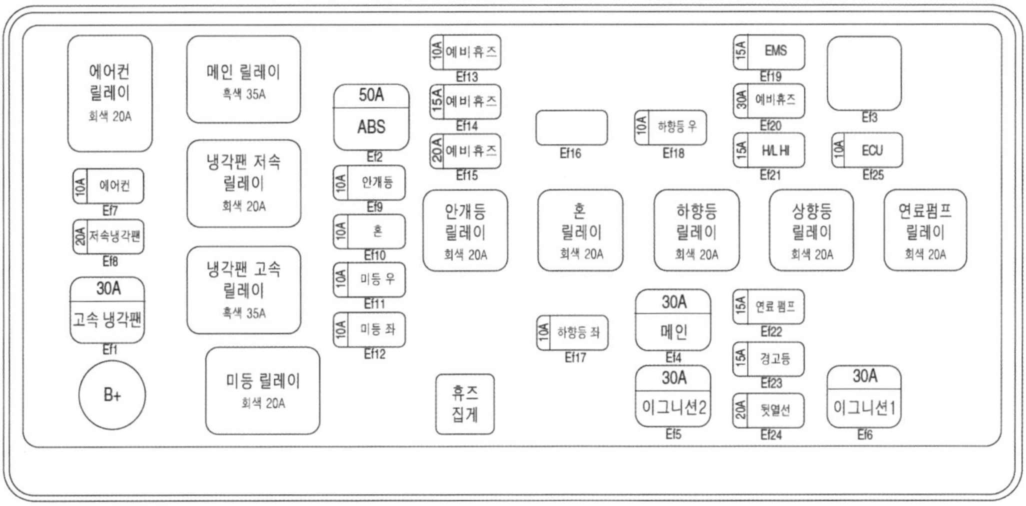

▲ 마티즈 엔진룸 퓨즈 박스

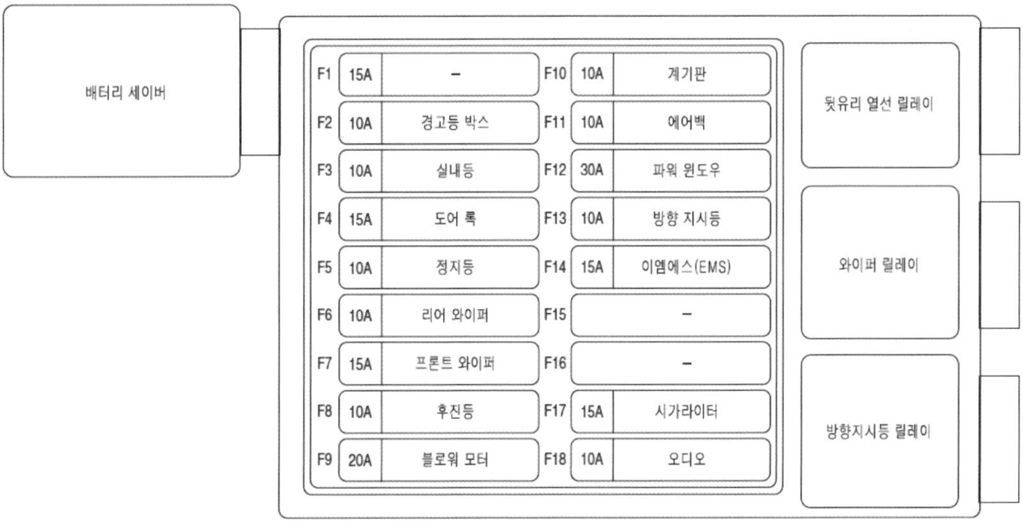

▲ 마티즈 실내 퓨즈 박스

전원공급	휴즈번호	휴즈용량	용도	비고
30 (BAT+)	Ef1	30A	전동팬 고속	SB 휴즈
	Ef2	50A	ABS	
	Ef3	–	–	
	Ef4	30A	차량실내 휴즈박스 (F2~F5)	
	Ef5	30A	점화 스위치 BAT+ 전원	
	Ef6	30A	점화 스위치 BAT+ 전원	
	Ef7	10A	A/C 컴프레셔	미니 휴즈
	Ef8	20A	전동팬 저속	
	Ef9	10A	안개등	
	Ef10	10A	혼	
	Ef11	10A	우측 차폭등, 실내 조명등	
	Ef12	10A	좌측 차폭등	
	Ef13	10A	예비 휴즈	
	Ef14	15A	예비 휴즈	
	Ef15	20A	예비 휴즈	
	Ef16	–	–	
	Ef17	10A	좌측 헤드램프 하향등	
	Ef18	10A	우측 헤드램프 하향등	
	Ef19	15A	ECM, DIS, 인젝터, 산소센서, 캠센서, 캐니스터 퍼지 솔레노이드	
	Ef20	30A	예비 휴즈	
	Ef21	15A	헤드램프 상향등	
	Ef22	15A	연료펌프	
	Ef23	15A	비상등	
	Ef24	20A	뒷 유리 열선	
	Ef25	10A	ECM, TCM	

▲ 마티즈 엔진룸 퓨즈 박스별 용도

전원공급	휴즈번호	휴즈용량	용도
30 (BAT+)	F1	15A	–
	F2	10A	계기판, 경고등 박스, FATC 컨트롤러, 고장진단 컨넥터
	F3	10A	오디오, 배터리 세이버, 실내등, 트렁크등, 핸즈프리 유니트
	F4	15A	도어 중앙잠금장치
	F5	10A	정지등
15 (IGN2)	F6	10A	리어 와이퍼, 전동 백미러, 열선 릴레이, FATC 컨트롤러
	F7	15A	프론트 와이퍼
	F8	10A	후진등
	F9	20A	블러워 모터
15 (IGN1)	F10	10A	계기판, 경고등 박스, 시프트록 장치(BTSi), 배터리 세이버, 핸즈프리 유니트, 오버 드라이브 오프스위치
	F11	10A	에어백
	F12	30A	파워 윈도우
	F13	10A	방향지시등
	F14	15A	알터네이터, 차량속도센서, ECM, TCM, ABS, 헤드램프 상향등 릴레이, 헤드램프 하향등 릴레이, 연료펌프 릴레이
	F15	–	예비 휴즈
	F16	–	예비 휴즈
15C (ACC)	F17	15A	시가라이터
	F18	10A	오디오, 네비게이션, RES

▲ **마티즈 실내 퓨즈 박스별 용도**

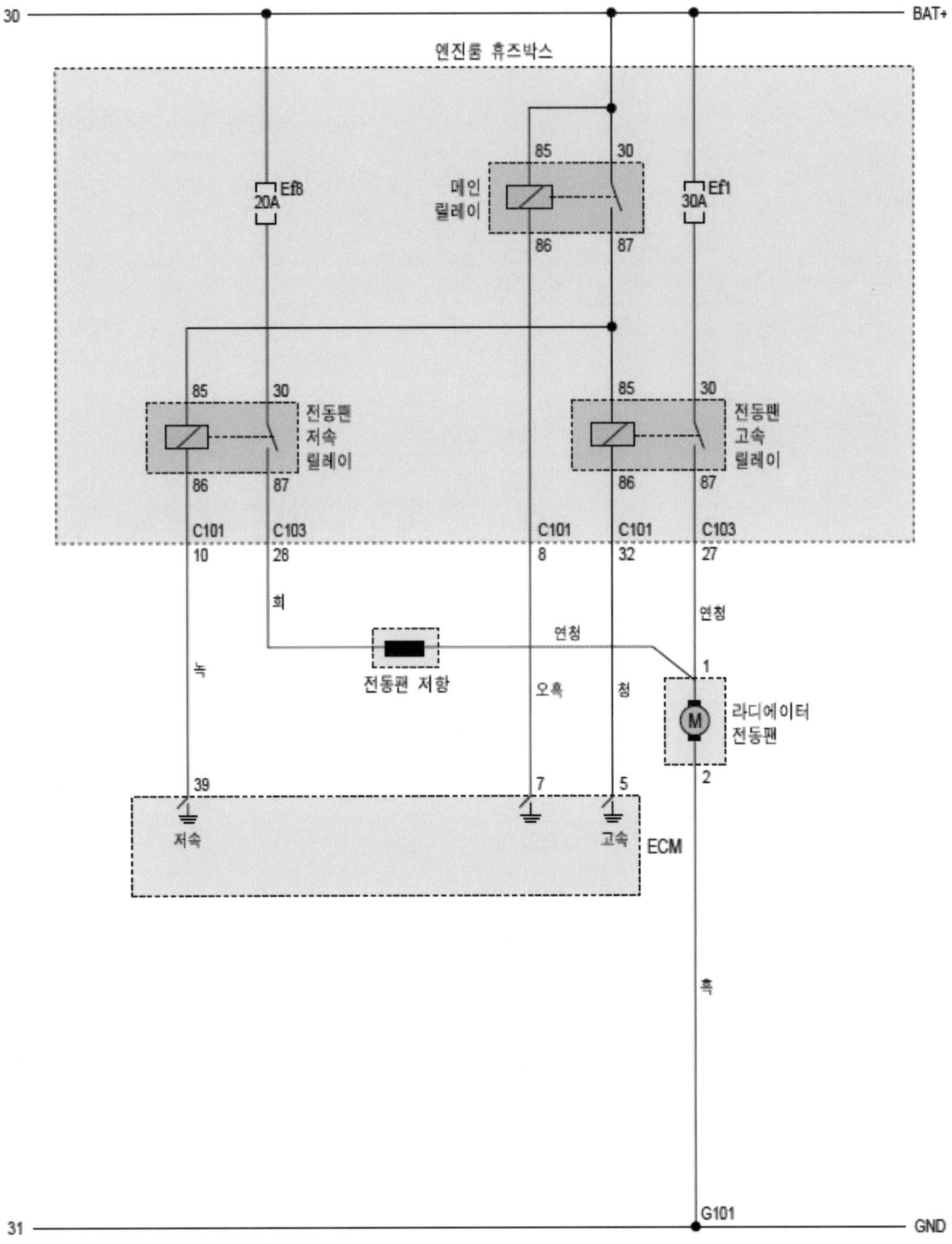

▲ 마티즈 라디에이터 전동팬 회로

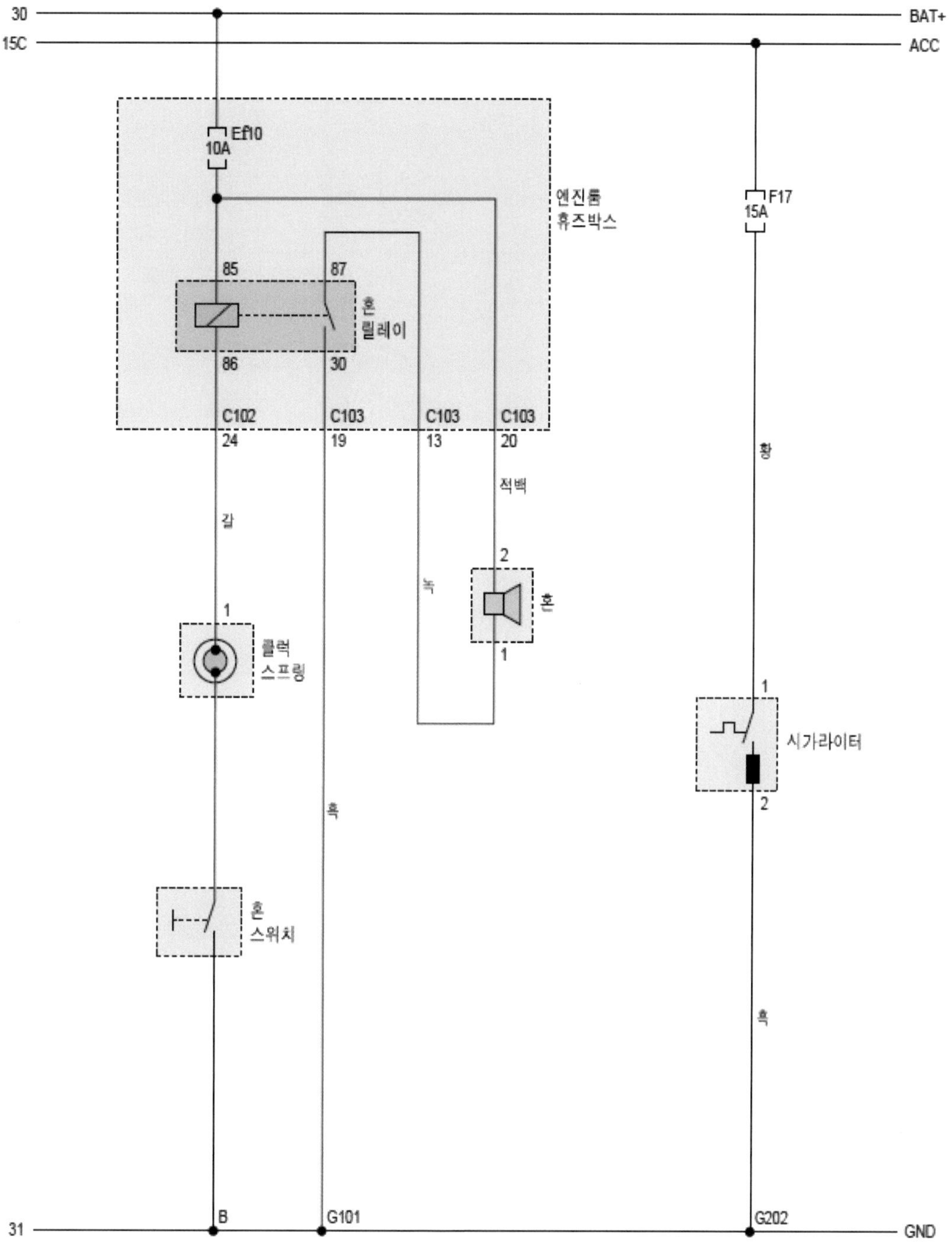
30
15C
BAT+
ACC
Ef10
10A
엔진룸
휴즈박스
F17
15A
85
87
혼
릴레이
86
30
C102
24
C103
19
C103
13
C103
20
황
적백
갈
녹
2
혼
1
1
클럭
스프링
1
시가라이터
2
흑
혼
스위치
흑
31
B
G101
G202
GND

▲ 마티즈 혼 회로

14-1 미등 및 번호등 회로 점검

자동차 번호 :			비번호		감독위원 확 인	
측정항목	① 측정(또는 점검)		② 판정 및 정비(또는 조치) 사항		득 점
	이상부위	내용 및 상태	판 정 (□에 ✓표)	정비 및 조치할 사항	
미등 및 번호등 회로			□ 양 호 □ 불 량		

① 측정 및 점검

- 수검자는 멀티테스터기를 이용하여 시험장에서 제공하는 차량의 정비지침서 또는 전기회로를 이용하여 시험감독관이 제시하는 부분의 고장 부위를 찾는다.

■ 미등 및 번호등 회로점검 방법(전기회로도를 반드시 참조 할 것)

1) 앞/뒤, 좌/우 미등커넥터를 확인 할 것.
2) 앞/뒤, 좌/우 미등램프(전구)를 확인 할 것.
3) 번호등 커넥터를 확인 할 것.
4) 번호등 전구를 확인 할 것.
5) 미등 스위치커넥터를 확인 할 것. (다기능스위치커넥터를 확인한다.)
6) 미등퓨즈를 확인 할 것.(엔진룸 또는 실내 퓨즈박스에 있는 퓨즈 통전 점검)
   가. 퓨즈의 용량을 확인 할 것.
   나. 퓨즈가 끊어져 있으면 단선이다.
   다. 퓨즈가 통전이 안되면 단락이다.
   라. 퓨즈의 파손상태를 확인 할 것.
   마. 퓨즈의 유무를 확인 할 것.
7) 미등릴레이를 확인한다.
   가. 통전이 안되면 단선이다.
   나. 릴레이의 파손상태를 확인 할 것.
   다. 릴레이의 유무를 확인 할 것.
8) 접지를 확인 할 것.
9) 배터리를 확인 할 것.

② 판정 및 정비(또는 조치) 사항

- 고장 부분 및 부품의 정확한 명칭을 답안지에 기록한다.

③ 답안지 작성 예

- 이상부위에 퓨즈가 있으면 내용 및 상태에 "단선"만 기재 가능.
- "이상부위" 또는 "내용 및 상태" 중 어느 한 부분에는 정확한 고장 부위가 표시 되도록 기재할 것.

측정항목	① 측정(또는 점검)		② 판정 및 정비(또는 조치) 사항		득 점
	이상부위	내용 및 상태	판 정 (□에 ✓표)	정비 및 조치할 사항	
미등 및 번호등 회로	우측 미등 10[A] 퓨즈	*(내용): 퓨즈 *(상태): 단선 (퓨즈 단선)	□ 양 호 ☑ 불 량	정격퓨즈(10[A])로 교환 후 재점검	

※ 주의사항 : 반드시 측정값 및 규정(정비한계)값의 단위(Ω, mm, 이상, 이하, 미만 등 포함)를 적는다.

14-2 전조등 회로 점검

자동차 번호 :			비번호		감독위원 확 인	
측정항목	① 측정(또는 점검)		② 판정 및 정비(또는 조치) 사항			득 점
	이상부위	내용 및 상태	판 정 (□에 ✓표)		정비 및 조치할 사항	
전조등 회로			□ 양 호 □ 불 량			

① 측정 및 점검

- 수검자는 멀티테스터기를 이용하여 시험장에서 제공하는 차량의 정비지침서 또는 전기회로를 이용하여 시험감독관이 제시하는 부분의 고장 부위를 찾는다.

■ 전조등 회로점검 방법(전기회로도를 반드시 참조 할 것)

1) 앞 좌/우 전조등(HIGH/LOW)커넥터를 확인 할 것.
2) 전조등램프(전구)를 확인 할 것.
3) 전조등 스위치커넥터를 확인 할 것.
4) 딤머, 패싱 스위치커넥터를 확인 할 것.
5) 전조등 관련 퓨즈를 확인 할 것.(엔진룸 또는 실내 퓨즈박스에 있는 퓨즈 통전 점검)
   가. 퓨즈의 용량을 확인 할 것.
   나. 퓨즈가 끊어져 있으면 단선이다.
   다. 퓨즈가 통전이 안되면 단락이다.
   라. 퓨즈의 파손상태를 확인 할 것.
   마. 퓨즈의 유무를 확인 할 것.
7) 전조등 HIGH/LOW릴레이를 확인 할 것.
   가. 통전이 안되면 단선이다.
   나. 릴레이의 파손상태를 확인 할 것.
   다. 릴레이의 유무를 확인 할 것.
8) 접지를 확인 할 것.
9) 배터리를 확인 할 것.

② 판정 및 정비(또는 조치) 사항

- 고장 부분 및 부품의 정확한 명칭을 답안지에 기록한다.

③ 답안지 작성 예

- 이상부위에 퓨즈가 있으면 내용 및 상태에 "단선"만 기재 가능.
- "이상부위" 또는 "내용 및 상태" 중 어느 한 부분에는 정확한 고장 부위가 표시 되도록 기재할 것.

측정항목	① 측정(또는 점검)		② 판정 및 정비(또는 조치) 사항		득 점
	이상부위	내용 및 상태	판 정 (□에 ✓표)	정비 및 조치할 사항	
전조등 회로	우측 하향등 10[A] 퓨즈	*(내용): 퓨즈 *(상태): 단선 (퓨즈 단선)	□ 양 호 ☑ 불 량	정격퓨즈(10[A]) 로 교환 후 재점검	

※ 주의사항 : 반드시 측정값 및 규정(정비한계)값의 단위(Ω, mm, 이상, 이하, 미만 등 포함)를 적는다.

14-3 와이퍼 회로 점검

자동차 번호 :		비번호		감독위원 확 인		
측정항목	① 측정(또는 점검)		② 판정 및 정비(또는 조치) 사항		득 점
	이상부위	내용 및 상태	판 정 (□에 ✓표)	정비 및 조치할 사항	
와이퍼 회로			□ 양 호 □ 불 량		

① 측정 및 점검

- 수검자는 멀티테스터기를 이용하여 시험장에서 제공하는 차량의 정비지침서 또는 전기회로를 이용하여 시험감독관이 제시하는 부분의 고장 부위를 찾는다.

■ 와이퍼 회로점검 방법(전기회로도를 반드시 참조 할 것)

1) 와이퍼 모터 및 워셔모터 커넥터를 확인 할 것.
2) 와이퍼 스위치 커넥터를 확인 할 것
3) 와이퍼 및 와셔 관련 퓨즈를 확인 할 것.(엔진룸 또는 실내 퓨즈박스에 있는 퓨즈 통전 점검)
   가. 퓨즈의 용량을 확인 할 것.
   나. 퓨즈가 끊어져 있으면 단선이다.
   다. 퓨즈가 통전이 안되면 단락이다.
   라. 퓨즈의 파손상태를 확인 할 것.
   마. 퓨즈의 유무를 확인 할 것.
4) 이그니션 퓨즈를 확인 할 것.
5) 와이퍼 릴레이를 확인한다.
   가. 통전이 안되면 단선이다.
   나. 릴레이의 파손상태를 확인 할 것.
   다. 릴레이의 장착 유무를 확인 할 것.
7) 접지상태를 확인 할 것.
8) 배터리를 확인 할 것.

② 판정 및 정비(또는 조치) 사항

- 고장 부분 및 부품의 정확한 명칭을 답안지에 기록한다.

③ 답안지 작성 예

- 이상부위에 퓨즈가 있으면 내용 및 상태에 "단선"만 기재 가능.
- "이상부위" 또는 "내용 및 상태" 중 어느 한 부분에는 정확한 고장 부위가 표시 되도록 기재할 것.

측정항목	① 측정(또는 점검)		② 판정 및 정비(또는 조치) 사항		득 점
	이상부위	내용 및 상태	판 정 (□에 ✓표)	정비 및 조치할 사항	
와이퍼 회로	와이퍼 20[A] 퓨즈	*(내용): 퓨즈 *(상태): 단선 (퓨즈 단선)	□ 양 호 ☑ 불 량	정격퓨즈(20[A]) 로 교환 후 재점검	

※ 주의사항 : 반드시 측정값 및 규정(정비한계)값의 단위(Ω, mm, 이상, 이하, 미만 등 포함)를 적는다.

14-4 방향지시등 회로 점검

자동차 번호 :			비번호		감독위원 확 인	
측정항목	① 측정(또는 점검)		② 판정 및 정비(또는 조치) 사항		득 점
	이상부위	내용 및 상태	판 정 (□에 ✓표)	정비 및 조치할 사항	
방향지시등 회로			□ 양 호 □ 불 량		

① 측정 및 점검

- 수검자는 멀티테스터기를 이용하여 시험장에서 제공하는 차량의 정비지침서 또는 전기회로을 이용하여 시험감독관이 제시하는 부분의 고장 부위를 찾는다.

■ 방향지시등 회로점검 방법(전기회로도를 반드시 참조 할 것)

1) 앞/뒤. 좌/우 방향지시등 커넥터를 확인 할 것.
2) 앞/뒤. 좌/우 방향지시등 램프를 확인 할 것
3) 방향지시등(비상등) 관련 퓨즈를 확인 할 것.(엔진룸 또는 실내 퓨즈박스에 있는 퓨즈 통전 점검)
   가. 퓨즈의 용량을 확인 할 것.
   나. 퓨즈가 끊어져 있으면 단선이다.
   다. 퓨즈가 통전이 안되면 단락이다.
   라. 퓨즈의 파손상태를 확인 할 것.
   마. 퓨즈의 유무를 확인 할 것.
4) 방향지시등 및 비상등 스위치 커넥터를 확인 할 것.
5) 방향지시등 릴레이(플래시 유닛)를 확인 할 것.
   가. 통전이 안되면 단선이다.
   나. 릴레이의 파손상태를 확인 할 것.
   다. 릴레이의 장착 유무를 확인 할 것.
7) 접지상태를 확인 할 것.
8) 배터리를 확인 할 것.

② 판정 및 정비(또는 조치) 사항

- 고장 부분 및 부품의 정확한 명칭을 답안지에 기록한다.

③ 답안지 작성 예

- 이상부위에 "커넥터"가 있으면 내용 및 상태에 "탈거"만 기재 가능.
- "이상부위" 또는 "내용 및 상태" 중 어느 한 부분에는 정확한 고장 부위가 표시 되도록 기재할 것.

측정항목	① 측정(또는 점검)		② 판정 및 정비(또는 조치) 사항		득 점
	이상부위	내용 및 상태	판 정 (□에 ✓표)	정비 및 조치할 사항	
방향지시등 회로	앞/좌측방향지시등 커넥터	*(내용): 커넥터 *(상태): 탈거/단선 (커넥터 탈거/단선)	□ 양 호 ☑ 불 량	커넥터 체결 후 재점검	

※ 주의사항 : 반드시 측정값 및 규정(정비한계)값의 단위(Ω, mm, 이상, 이하, 미만 등 포함)를 적는다.

14-5 경음기 회로 점검

자동차 번호 :			비번호		감독위원 확 인	
측정항목	① 측정(또는 점검)		② 판정 및 정비(또는 조치) 사항		득 점
	이상부위	내용 및 상태	판 정 (□에 ✓표)	정비 및 조치할 사항	
경음기 회로			□ 양 호 □ 불 량		

① 측정 및 점검

- 수검자는 멀티테스터기를 이용하여 시험장에서 제공하는 차량의 정비지침서 또는 전기회로를 이용하여 시험감독관이 제시하는 부분의 고장 부위를 찾는다.

■ 경음기 회로점검 방법(전기회로도를 반드시 참조 할 것)

1) 경음기 커넥터를 확인 할 것.
2) 방향지시등(비상등) 관련 퓨즈를 확인 할 것.(엔진룸 또는 실내 퓨즈박스에 있는 퓨즈 통전 점검)
   가. 퓨즈의 용량을 확인 할 것.
   나. 퓨즈가 끊어져 있으면 단선이다.
   다. 퓨즈가 통전이 안되면 단락이다.
   라. 퓨즈의 파손상태를 확인 할 것.
   마. 퓨즈의 유무를 확인 할 것.
3) 경음기 스위치 커넥터를 확인 할 것.
4) 경음기 릴레이를 확인한다.
   가. 통전이 안되면 단선이다.
   나. 릴레이의 파손상태를 확인 할 것.
   다. 릴레이의 장착 유무를 확인ㅍ
5) 접지상태를 확인 할 것.
6) 배터리를 확인 할 것.

② 판정 및 정비(또는 조치) 사항

- 고장 부분 및 부품의 정확한 명칭을 답안지에 기록한다.

③ 답안지 작성 예

- 이상부위에 "커넥터"가 있으면 내용 및 상태에 "탈거"만 기재 가능.
- "이상부위" 또는 "내용 및 상태" 중 어느 한 부분에는 정확한 고장 부위가 표시 되도록 기재 할 것.

측정항목	① 측정(또는 점검)		② 판정 및 정비(또는 조치) 사항		득 점
	이상부위	내용 및 상태	판 정 (□에 ✓표)	정비 및 조치할 사항	
경음기 회로	경음기 커넥터	*(내용): 커넥터 *(상태): 탈거/단선 (커넥터 탈거/단선)	□ 양 호 ☑ 불 량	커넥터 체결 후 재점검	

※ 주의사항 : 반드시 측정값 및 규정(정비한계)값의 단위(Ω, mm, 이상, 이하, 미만 등 포함)를 적는다.

14-6 기동 및 점화 회로 점검

<table>
<tr><td colspan="3">자동차 번호 :</td><td>비번호</td><td></td><td>감독위원
확 인</td><td></td></tr>
<tr><td rowspan="2">측정항목</td><td colspan="2">① 측정(또는 점검)</td><td colspan="3">② 판정 및 정비(또는 조치) 사항</td><td rowspan="2">득 점</td></tr>
<tr><td>이상부위</td><td>내용 및 상태</td><td>판 정
(□에 ✓표)</td><td colspan="2">정비 및
조치할 사항</td></tr>
<tr><td>기동 및
점화 회로</td><td></td><td></td><td>□ 양 호
□ 불 량</td><td colspan="2"></td><td></td></tr>
</table>

① 측정 및 점검

- 수검자는 멀티테스터기를 이용하여 시험장에서 제공하는 차량의 정비지침서 또는 전기회로을 이용하여 시험감독관이 제시하는 부분의 고장 부위를 찾는다.

■ 기동 및 점화 회로점검 방법(전기회로도를 반드시 참조 할 것)

1) 이그니션 및 시동, 점화, ECU 관련 퓨즈를 확인 할 것.(엔진룸 또는 실내 퓨즈박스에 있는 퓨즈 통전 점검)
   가. 퓨즈의 용량을 확인 할 것.
   나. 퓨즈가 끊어져 있으면 단선이다.
   다. 퓨즈가 통전이 안되면 단락이다.
   라. 퓨즈의 파손상태를 확인 할 것.
   마. 퓨즈의 유무를 확인 할 것.
2) ECU, 크랭크 각 센서 및 1번 TDC센서, 점화코일등 관련 커넥터를 확인 할 것.
3) 점화케이블 및 고압 케이블 연결 순서를 확인 할 것.
4) 기동 전동기 ST단자 커넥터를 확인 할 것.
5) 기동전동기 및 메인 릴레이를 확인 할 것.
   가. 통전이 안되면 단선이다.
   나. 릴레이의 파손상태를 확인 할 것.
   다. 릴레이의 장착 유무를 확인 할 것.
7) 엔진키 스위치 커넥터를 확인 할 것.
8) 이모빌라이저 관련 모듈 커넥터를 확인 할 것.

9) 접지상태를 확인 할 것.

10) 배터리를 확인 할 것.

② 판정 및 정비(또는 조치) 사항

- 고장 부분 및 부품의 정확한 명칭을 답안지에 기록한다.

③ 답안지 작성 예

- 이상부위에 "커넥터"가 있으면 내용 및 상태에 "탈거"만 기재 가능.
- "이상부위" 또는 "내용 및 상태" 중 어느 한 부분에는 정확한 고장 부위가 표시 되도록 기재 할 것.

측정항목	① 측정(또는 점검)		② 판정 및 정비(또는 조치) 사항		득 점
	이상부위	내용 및 상태	판 정 (□에 ✓표)	정비 및 조치할 사항	
기동 및 점화 회로	크랭크 각 센서 커넥터	*(내용): 커넥터 *(상태): 탈거/단선 (커넥터 탈거/단선)	□ 양 호 ☑ 불 량	커넥터 체결 후 재점검	

※ 주의사항 : 반드시 측정값 및 규정(정비한계)값의 단위(Ω, mm, 이상, 이하, 미만 등 포함)를 적는다.

14-7 전동팬 회로 점검

자동차 번호 :			비번호		감독위원 확 인	
측정항목	① 측정(또는 점검)		② 판정 및 정비(또는 조치) 사항		득 점
	이상부위	내용 및 상태	판 정 (□에 ✓표)	정비 및 조치할 사항	
전동팬 회로			□ 양 호 □ 불 량		

① 측정 및 점검

- 수검자는 멀티테스터기를 이용하여 시험장에서 제공하는 차량의 정비지침서 또는 전기회로을 이용하여 시험감독관이 제시하는 부분의 고장 부위를 찾는다.

■ 전동팬 회로점검 방법(전기회로도를 반드시 참조 할 것)

1) 전동팬 커넥터를 확인 할 것.
2) 전동팬 관련 퓨즈를 확인 할 것.(엔진룸 또는 실내 퓨즈박스에 있는 퓨즈 통전 점검)
   가. 퓨즈의 용량을 확인한다.
   나. 퓨즈가 끊어져 있으면 단선이다.
   다. 퓨즈가 통전이 안되면 단락이다.
   라. 퓨즈의 파손상태를 확인한다.
   마. 퓨즈의 유무를 확인한다.
3) 에어컨 스위치 관련 커넥터를 확인 할 것.
4) 바람조절 및 서모스위치 관련 커넥터를 확인 할 것.
5) 수온센서 커넥터를 확인 할 것.
6) 전동팬 저속 및 고속 릴레이를 확인 할 것.
   가. 통전이 안되면 단선이다.
   나. 릴레이의 파손상태를 확인한다.
   다. 릴레이의 장착 유무를 확인한다.
7) 이그니션 휴즈를 확인 할 것.
8) 엔진 키 박스 스위치 커넥터를 확인 할 것.
9) 접지상태 및 배터리를 확인 할 것.

② 판정 및 정비(또는 조치) 사항

- 고장 부분 및 부품의 정확한 명칭을 답안지에 기록한다.

③ 답안지 작성 예

- 이상부위에 "릴레이"가 있으면 내용 및 상태에 "탈거"만 기재 가능.
- "이상부위" 또는 "내용 및 상태" 중 어느 한 부분에는 정확한 고장 부위가 표시 되도록 기재할 것.

측정항목	① 측정(또는 점검)		② 판정 및 정비(또는 조치) 사항		득 점
	이상부위	내용 및 상태	판 정 (□에 ✓표)	정비 및 조치할 사항	
전동팬 회로	전동팬 저속 릴레이	*(내용): 릴레이 *(상태): 단선 (릴레이 단선)	□ 양 호 ☑ 불 량	릴레이 교환 후 재점검	

※ 주의사항 : 반드시 측정값 및 규정(정비한계)값의 단위(Ω, mm, 이상, 이하, 미만 등 포함)를 적는다.

14-8 충전 회로 점검

자동차 번호 :			비번호		감독위원 확 인	
측정항목	① 측정(또는 점검)		② 판정 및 정비(또는 조치) 사항			득 점
	이상부위	내용 및 상태	판 (□에 ✓표)		정비 및 조치할 사항	
충전 회로			□ 양 호 □ 불 량			

① 측정 및 점검

- 수검자는 멀티테스터기를 이용하여 시험장에서 제공하는 차량의 정비지침서 또는 전기회로을 이용하여 시험감독관이 제시하는 부분의 고장 부위를 찾는다.

■ 충전 회로점검 방법(전기회로도를 반드시 참조 할 것)

1) 발전기 “L”단자 및 “B”단자 커넥터를 확인 할 것.
2) 메인 릴레이 및 충전 관련 퓨즈를 확인 할 것.(엔진룸 또는 실내 퓨즈박스에 있는 퓨즈 통전 점검)
   가. 퓨즈의 용량을 확인한다.
   나. 퓨즈가 끊어져 있으면 단선이다.
   다. 퓨즈가 통전이 안되면 단락이다.
   라. 퓨즈의 파손상태를 확인한다.
   마. 퓨즈의 유무를 확인한다.
3) 엔진 키 박스 스위치 커넥터를 확인 할 것.
4) 접지상태를 확인 할 것.
5) 배터리를 확인 할 것.

② 판정 및 정비(또는 조치) 사항

- 고장 부분 및 부품의 정확한 명칭을 답안지에 기록한다.

③ 답안지 작성 예

- 이상부위에 “커넥터”가 있으면 내용 및 상태에 “탈거”만 기재 가능.
- “이상부위” 또는 “내용 및 상태” 중 어느 한 부분에는 정확한 고장 부위가 표시 되도록 기재할 것.

측정항목	① 측정(또는 점검)		② 판정 및 정비(또는 조치) 사항		득 점
	이상부위	내용 및 상태	판 정 (□에 ✓표)	정비 및 조치할 사항	
충전 회로	발전기 L 단자 커넥터	*(내용): 커넥터 *(상태): 탈거/단선 (커넥터 탈거/단선)	□ 양 호 ☑ 불 량	커넥터 체결 후 재점검	

※ 주의사항 : 반드시 측정값 및 규정(정비한계)값의 단위(Ω, mm, 이상, 이하, 미만 등 포함)를 적는다.

14-9 에어컨 회로 점검

자동차 번호 :			비번호		감독위원 확 인	
측정항목	① 측정(또는 점검)		② 판정 및 정비(또는 조치) 사항		득 점	
	이상부위	내용 및 상태	판 정 (□에 ✓표)	정비 및 조치할 사항		
에어컨 회로			□ 양 호 □ 불 량			

① 측정 및 점검

- 수검자는 멀티테스터기를 이용하여 시험장에서 제공하는 차량의 정비지침서 또는 전기회로을 이용하여 시험감독관이 제시하는 부분의 고장 부위를 찾는다.

■ 에어컨 회로점검 방법(전기회로도를 반드시 참조 할 것)

1) 컴프레서 마그네틱 및 에어컨 압력(듀어 압력) 스위치 커넥터를 확인 할 것.
2) 에어컨 관련(에어컨, 송풍기 고속, 냉각팬, 이그니션 등) 퓨즈를 확인 할 것.(엔진룸 또는 실내 퓨즈박스에 있는 퓨즈 통전 점검)
   가. 퓨즈의 용량을 확인한다.
   나. 퓨즈가 끊어져 있으면 단선이다.
   다. 퓨즈가 통전이 안되면 단락이다.
   라. 퓨즈의 파손상태를 확인한다.
   마. 퓨즈의 유무를 확인한다.
3) 블로워 모터 커넥터를 확인 할 것.
4) 에어컨 스위치 커넥터를 확인 할 것.
5) 냉각팬 저속/고속 릴레이, 에어컨 릴레이, 블로워 모터 4단 릴레이를 확인 할 것.
   가. 통전이 안되면 단선이다.
   나. 릴레이의 파손상태를 확인한다.
   다. 릴레이의 장착 유무를 확인한다.
7) 엔진 키 박스 스위치 커넥터를 확인 할 것.
8) 접지상태를 확인 할 것.
9) 배터리를 확인 할 것.

② 판정 및 정비(또는 조치) 사항

- 고장 부분 및 부품의 정확한 명칭을 답안지에 기록한다.

③ 답안지 작성 예

- 이상부위에 "릴레이"가 있으면 내용 및 상태에 "탈거"만 기재 가능.
- "이상부위" 또는 "내용 및 상태" 중 어느 한 부분에는 정확한 고장 부위가 표시 되도록 기재할 것.

측정항목	① 측정(또는 점검)		② 판정 및 정비(또는 조치) 사항		득 점
	이상부위	내용 및 상태	판 정 (□에 ✓표)	정비 및 조치할 사항	
에어컨 회로	에어컨 릴레이	*(내용): 릴레이 *(상태): 탈거 (릴레이 탈거)	□ 양 호 ☑ 불 량	릴레이 장착 후 재점검	

※ 주의사항 : 반드시 측정값 및 규정(정비한계)값의 단위(Ω, mm, 이상, 이하, 미만 등 포함)를 적는다.

14-10 에어컨 회로 점검

자동차 번호 :			비번호		감독위원 확 인	
측정항목	① 측정(또는 점검)		② 판정 및 정비(또는 조치) 사항		득 점
	이상부위	내용 및 상태	판 정 (☐에 ✓표)	정비 및 조치할 사항	
점화 회로			☐ 양 호 ☐ 불 량		

① 측정 및 점검

- 수검자는 멀티테스터기를 이용하여 시험장에서 제공하는 차량의 정비지침서 또는 전기회로을 이용하여 시험감독관이 제시하는 부분의 고장 부위를 찾는다.

■ 점화 회로점검 방법(전기회로도를 반드시 참조 할 것)

1) 점화회로(ECU 포함) 관련 퓨즈를 확인 할 것.(엔진룸 또는 실내 퓨즈박스에 있는 퓨즈 통전 점검)
   가. 퓨즈의 용량을 확인한다.
   나. 퓨즈가 끊어져 있으면 단선이다.
   다. 퓨즈가 통전이 안되면 단락이다.
   라. 퓨즈의 파손상태를 확인한다.
   마. 퓨즈의 유무를 확인한다.
2) 크랭크각 센서 및 1번 TDC 센서 커넥터를 확인 할 것.
3) 점화코일 커넥터 및 점화케이블 연결순서(점화순서)를 확인 할 것.
4) 시동키 스위치 커넥터를 확인 할 것.
5) 이모빌라이저 모듈 커넥터를 확인 할 것.
6) ECU 커넥터를 확인 할 것.
8) 접지상태를 확인 할 것.
9) 배터리를 확인 할 것.

② 판정 및 정비(또는 조치) 사항

- 고장 부분 및 부품의 정확한 명칭을 답안지에 기록한다.

③ 답안지 작성 예

- 이상부위에 "퓨즈"가 있으면 내용 및 상태에 "단선"만 기재 가능.
- "이상부위" 또는 "내용 및 상태" 중 어느 한 부분에는 정확한 고장 부위가 표시 되도록 기재 할 것.

측정항목	① 측정(또는 점검)		② 판정 및 정비(또는 조치) 사항		득 점
	이상부위	내용 및 상태	판 정 (□에 ✓표)	정비 및 조치할 사항	
점화 회로	ECU 퓨즈 10[A]	*(내용): 퓨즈 *(상태): 단선 (퓨즈 단선)	□ 양 호 ☑ 불 량	정격퓨즈(10[A]) 로 장착 후 재점검	

※ 주의사항 : 반드시 측정값 및 규정(정비한계)값의 단위(Ω, mm, 이상, 이하, 미만 등 포함)를 적는다.

14-11 제동등 및 미등 회로 점검

자동차 번호 :			비번호		감독위원 확 인	
측정항목	① 측정(또는 점검)		② 판정 및 정비(또는 조치) 사항		득 점	
	이상부위	내용 및 상태	판 정 (□에 ✓표)	정비 및 조치할 사항		
제동등 및 미등 회로			□ 양 호 □ 불 량			

① 측정 및 점검

- 수검자는 멀티테스터기를 이용하여 시험장에서 제공하는 차량의 정비지침서 또는 전기회로을 이용하여 시험감독관이 제시하는 부분의 고장 부위를 찾는다.

■ 제동등 및 미등 회로점검 방법(전기회로도를 반드시 참조 할 것)

1) 앞/뒤. 좌/우 미등 커넥터를 확인 할 것.
2) 앞/뒤. 좌/우 미등 램프를 확인 할 것
3) 제동등 커넥터를 확인 할 것.
4) 제동등 램프를 확인 할 것.
5) 미등 및 제동등 관련 퓨즈를 확인 할 것.(엔진룸 또는 실내 퓨즈박스에 있는 퓨즈 통전 점검)
   가. 퓨즈의 용량을 확인 할 것.
   나. 퓨즈가 끊어져 있으면 단선이다.
   다. 퓨즈가 통전이 안되면 단락이다.
   라. 퓨즈의 파손상태를 확인 할 것.
   마. 퓨즈의 유무를 확인 할 것.
6) 미등 릴레이를 확인 할 것.
   가. 통전이 안되면 단선이다.
   나. 릴레이의 파손상태를 확인 할 것.
   다. 릴레이의 장착 유무를 확인 할 것.
7) 제동등 스위치 및 미등 스위치 커넥터를 확인 할 것.
8) 접지상태 및 배터리를 확인 할 것.

② 판정 및 정비(또는 조치) 사항

- 고장 부분 및 부품의 정확한 명칭을 답안지에 기록한다.

③ 답안지 작성 예

- 이상부위에 "커넥터"가 있으면 내용 및 상태에 "탈거"만 기재 가능.
- "이상부위" 또는 "내용 및 상태" 중 어느 한 부분에는 정확한 고장 부위가 표시 되도록 기재할 것.

측정항목	① 측정(또는 점검)		② 판정 및 정비(또는 조치) 사항		득 점
	이상부위	내용 및 상태	판 정 (□에 ✓표)	정비 및 조치할 사항	
제동등 및 미등 회로	제동등 스위치 커넥터	*(내용): 스위치 커넥터 *(상태): 탈거/단선 (커넥터 탈거/단선)	□ 양 호 ☑ 불 량	커넥터 체결 후 재점검	

※ 주의사항 : 반드시 측정값 및 규정(정비한계)값의 단위(Ω, mm, 이상, 이하, 미만 등 포함)를 적는다.

14-12 실내등 및 열선 회로 점검

자동차 번호 :			비번호		감독위원 확 인	
측정항목	① 측정(또는 점검)		② 판정 및 정비(또는 조치) 사항		득 점	
	이상부위	내용 및 상태	판 정 (□에 ✓표)	정비 및 조치할 사항		
실내등 및 열선 회로			□ 양 호 □ 불 량			

① 측정 및 점검

- 수검자는 멀티테스터기를 이용하여 시험장에서 제공하는 차량의 정비지침서 또는 전기회로을 이용하여 시험감독관이 제시하는 부분의 고장 부위를 찾는다.

■ 실내등 및 열선 회로점검 방법(전기회로도를 반드시 참조 할 것)

1) 실내등 램프 및 커넥터를 확인 할 것.
2) 천정(루프) 실내등 스위치 커넥터를 확인 할 것.
3) 도어 실내등 스위치 커넥터를 확인 할 것.
4) 실내등 및 열선 관련 퓨즈를 확인 할 것.(엔진룸 또는 실내 퓨즈박스에 있는 퓨즈 통전 점검)
   가. 퓨즈의 용량을 확인 할 것.
   나. 퓨즈가 끊어져 있으면 단선이다.
   다. 퓨즈가 통전이 안되면 단락이다.
   라. 퓨즈의 파손상태를 확인 할 것.
   마. 퓨즈의 유무를 확인 할 것.
5) 열선 커넥터 및 열선 스위치 커넥터를 확인 할 것.(엔진룸 또는 실내 퓨즈박스에 있는 퓨즈 통전 점검)
6) 열선 릴레이를 확인 할 것.
   가. 통전이 안되면 단선이다.
   나. 릴레이의 파손상태를 확인 할 것.
   다. 릴레이의 장착 유무를 확인 할 것.
7) 접지상태 및 배터리를 확인 할 것.

② 판정 및 정비(또는 조치) 사항

- 고장 부분 및 부품의 정확한 명칭을 답안지에 기록한다.

③ 답안지 작성 예

- 이상부위에 "커넥터"가 있으면 내용 및 상태에 "탈거"만 기재 가능.
- "이상부위" 또는 "내용 및 상태" 중 어느 한 부분에는 정확한 고장 부위가 표시 되도록 기재 할 것.

측정항목	① 측정(또는 점검)		② 판정 및 정비(또는 조치) 사항		득 점
	이상부위	내용 및 상태	판 정 (□에 ✓표)	정비 및 조치할 사항	
실내등 및 열선 회로	열선 스위치 커넥터	*(내용): 스위치 커넥터 *(상태): 탈거/단선 (커넥터 탈거/단선)	□ 양 호 ☑ 불 량	커넥터 체결 후 재점검	

※ 주의사항 : 반드시 측정값 및 규정(정비한계)값의 단위(Ω, mm, 이상, 이하, 미만 등 포함)를 적는다.

14-13 파워윈도우 회로 점검

자동차 번호 :			비번호		감독위원 확 인	
측정항목	① 측정(또는 점검)		② 판정 및 정비(또는 조치) 사항			득 점
	이상부위	내용 및 상태	판 정 (□에 ✓표)		정비 및 조치할 사항	
파워윈도우 회로			□ 양 호 □ 불 량			

① 측정 및 점검

- 수검자는 멀티테스터기를 이용하여 시험장에서 제공하는 차량의 정비지침서 또는 전기회로을 이용하여 시험감독관이 제시하는 부분의 고장 부위를 찾는다.

■ 파워윈도우 회로점검 방법(전기회로도를 반드시 참조 할 것)

1) 파워윈도우 관련 퓨즈를 확인 할 것.(엔진룸 또는 실내 퓨즈박스에 있는 퓨즈 통전 점검)
   가. 퓨즈의 용량을 확인 할 것.
   나. 퓨즈가 끊어져 있으면 단선이다.
   다. 퓨즈가 통전이 안되면 단락이다.
   라. 퓨즈의 파손상태를 확인 할 것.
   마. 퓨즈의 유무를 확인 할 것.
2) 파워윈도우 릴레이를 확인 할 것.
   가. 통전이 안되면 단선이다.
   나. 릴레이의 파손상태를 확인 할 것.
   다. 릴레이의 장착 유무를 확인 할 것.
3) 앞/뒤, 좌/우 파원윈도우 스위치 커넥터를 확인 할 것.
4) 앞/뒤, 좌/우 파워윈도우 모터 커넥터를 확인 할 것.
5) 접지상태 및 배터리를 확인 할 것.

② 판정 및 정비(또는 조치) 사항

- 고장 부분 및 부품의 정확한 명칭을 답안지에 기록한다.

③ 답안지 작성 예

- 이상부위에 "커넥터"가 있으면 내용 및 상태에 "탈거"만 기재 가능.
- "이상부위" 또는 "내용 및 상태" 중 어느 한 부분에는 정확한 고장 부위가 표시 되도록 기재할 것.

측정항목	① 측정(또는 점검)		② 판정 및 정비(또는 조치) 사항		득 점
	이상부위	내용 및 상태	판 정 (□에 ✓표)	정비 및 조치할 사항	
파워윈도우 회로	파워윈도우 퓨즈 30[A]	*(내용): 퓨즈 *(상태): 단선 (퓨즈 단선)	□ 양 호 ☑ 불 량	정격퓨즈(30[A])로 교체 후 재점검	

※ 주의사항 : 반드시 측정값 및 규정(정비한계)값의 단위(Ω, mm, 이상, 이하, 미만 등 포함)를 적는다.

자동차정비 기능사

Craftsman
Motor Vehicles
Maintenance

PART

04

부록

자동차정비기능사 실기시험 문제

부록 자동차정비기능사 실기시험 공개문제

엔진(Engine)

항수 \ 구분		1안	2 안	3 안	4 안	5 안
(1)	분해조립	디젤 실린더헤드, 노즐	가솔린 실린더헤드, 밸브 스프링	디젤 워터펌프, 라디에이터 캡	가솔린 DOHC 캡축, 타이밍 벨트	디젤 크랭크축
	측정	분사압력, 노즐, 후적	밸브스프링 장력	압력식 캡 개방 압력	캠 높이	크랭크축 휨
(2)	점검 시동	점화회로	연료 장치	크랭킹 회로	점화회로	연료 장치
(3)	탈부착 후 진단	공회전 조절밸브	가솔린 인젝터 1개 탈거	흡입공기 유량센서	CRDI 연료압력 조절밸브	CRDI 예열플러그
(4)	측정	매연 측정	배기가스 측정 (CO, HC)	매연 측정	배기가스 측정 (CO, HC)	매연 측정

항수 \ 문안		6안	7 안	8 안	9 안	10 안
(1)	분해 조립	가솔린 크랭크축	가솔린 DOHC 실린더 헤드	에어크리너, 점화플러그	가솔린 크랭크축	가솔린 크랭크축 메인베어링
	측정	크랭크축 저널 외경	헤드 변형도	압축압력	크랭크축 축방향 유격	크랭크축 오일간극
(2)	점검 시동	크랭킹 회로	점화회로	연료 장치	크랭킹 회로	점화회로
(3)	탈부착 후 진단	스로틀 바디	LPG 점화플러그, 배선	LPG 점화코일	LPG맵센서	연료펌프
(4)	측정	배기가스 측정 (CO, HC)	매연 측정	배기가스 측정 (CO, HC)	매연 측정	배기가스 측정 (CO, HC)

항수 \ 문안		11 안	12 안	13 안	14 안	15 안
(1)	분해 조립	엔진 분해 조립/가솔린 DOHC 실린더헤드, 캡축	엔진 분해 조립/디젤 크랭크축	엔진 분해 조립/CRDI 인젝터, 예열플러그	엔진 분해 조립/DOHC 실린더헤드, 피스톤	엔진 분해 조립/가솔린 실린더헤드, 피스톤
	측정	캠축 휨	플라이휠 런아웃	예열플러그 저항	실린더 간극	압축링 이음간극
(2)	점검 시동	연료 장치	크랭킹 회로	점화회로	연료 장치	크랭킹 회로
(3)	탈부착 후 진단	연료펌프	연료펌프	APS, 에어필터	APS, 에어필터	APS, 에어필터
(4)	측정	매연 측정	배기가스 측정 (CO, HC)	매연 측정	배기가스 측정 (CO, HC)	매연 측정

섀시(Chassis)

항수 \ 구분		1안	2 안	3 안	4 안	5 안
(1)	분해 조립	앞 쇽업소버 및 스프링	앞 허브 및 너클	타이어 탈착	로워암	FF 등속축
(2)	측정	캐스터, 캠버	캐스터, 캠버	MT 입력축 엔드플레이	조향휠 유격	휠 탈거·휠 밸런스
(3)	탈거	ABS 패드	브레이크 라이닝(슈)	릴리스 실린더·공기 빼기	캘리퍼·공기 빼기	타이로드 엔드
(4)	점검	인히비터 S/W 선택레버	A/T 자기진단	BCS 자기진단	ABS 자기진단	A/T 자기 진단
(5)	측정	제동력 측정	최소 회전반경 측정	제동력 측정	최소 회전반경 측정	제동력 측정
항수 \ 문안		**6 안**	**7 안**	**8 안**	**9 안**	**10 안**
(1)	분해 조립	범퍼	MT 후진 아이들 기어	FR 엑슬축	뒷 쇽업소버 및 스프링	AT 오일필터, 유온센서
(2)	측정	주차레버 클릭수	디스크 두께 및 흔들림	A/T 오일량	종감속 기어 백래시	브레이크 페달 작동거리, 유격
(3)	탈거	P/S 오일펌프	타이로드 엔드	캘리퍼·공기 빼기	휠 실린더·공기 빼기	P/S 오일펌프
(4)	점검	A/T 자기 진단	A/T 유압	인히비터 S/W 선택레버	ABS 자기진단	BCS 자기진단
(5)	측정	최소 회전반경 측정	제동력 측정	최소 회전반경 측정	제동력 측정	최소 회전반경 측정
항수 \ 문안		**11 안**	**12 안**	**13 안**	**14 안**	**15 안**
(1)	분해 조립	FR 추진축	FR 차등기어	AT 오일펌프	MT 1단기어	AT 밸브 바디
(2)	측정	토(toe)	클러치 페달 유격	사이드슬립	ABS 톤휠 간극	AT 오일량
(3)	탈거	브레이크 마스터 실린더/공기 빼기	브레이크 라이닝(슈)	ABS 패드	휠 실린더/공기 빼기	릴리스 실린더/공기 빼기
(4)	점검	A/T 자기진단	ABS 자기진단	A/T 유압	A/T 자기진단	BCS 자기진단
(5)	측정	제동력 측정	최소 회전반경 측정	제동력 측정	최소 회전반경 측정	제동력 측정

전기(Electronic)

항수 \ 구분		1안	2 안	3 안	4 안	5 안
(1)	교환	와이어 모터	발전기	DOHC 점화플러그, 케이블 및 시동	기동모터	냉매회수 충전
(2)	측정	크랭킹 시 전류소모	점화코일 1·2차 저항	충전전류, 충전전압	컨트롤릴레이 여자, 비여자	ISC 듀티(열림코일)
(3)	회로수리	미등 및 번호등	전조등	와이퍼	방향지시등	경음기
(4)	측정	전조등 광도 측정	경음기 음량 측정	전조등 광도 측정	경음기 음량 측정	전조등 광도 측정
항수 \ 문안		6 안	7 안	8 안	9 안	10 안
(1)	교환	다기능 스위치	경음기와 릴레이	파워윈도 모터(레귤레이터)	전조등	에어컨 필터
(2)	측정	비중, 전압/용량시험기	에어컨 저압, 고압	급속충전 후 비중, 전압	충전전류, 충전전압	인젝터 저항
(3)	회로수리	기동 및 점화	전동팬	충전회로	에어컨	점화회로
(4)	측정	경음기 음량 측정	전조등 광도 측정	경음기 음량 측정	경음기 음량 측정	전조등 광도 측정
항수 \ 문안		11 안	12 안	13 안	14 안	15 안
(1)	교환	라디에이터 전동팬	발전기	히터 블로워 모터	에어컨 벨트	계기판
(2)	측정	크랭킹 시 전압강하	스텝모터 저항	스탭모터(ISC) 저항	컨트롤릴레이 여자, 비여자	점화코일 1·2차 저항
(3)	회로수리	제동등 및 미등	실내등 및 열선	방향지시등	와이퍼	파워윈도우
(4)	측정	전조등 광도 측정	경음기 음량 측정	전조등 광도 측정	경음기 음량 측정	전조등 광도 측정

부록 국가기술자격검정 실기시험문제 1안

자 격 종 목	자동차 정비 기능사	작 품 명	자동차 정비 작업

- 비 번호(등 번호)
- 시험시간 : 4시간(엔진 : 1시간 40분, 섀시 : 1시간 20분, 전기 : 1시간)
- 시험문안 및 요구사항 내용이 일부 변경될 수 있음

1. 엔진

(1) 주어진 디젤엔진에서 실린더헤드와 분사노즐(1개)을 탈거(시험위원 확인)하고, 시험위원의 지시에 따라 기록표의 내용대로 기록·판정한 후 다시 조립하시오.
(2) 주어진 전자제어 가솔린엔진에서 시험위원의 지시에 따라 시동에 필요한 점화회로의 고장부분 1개소를 점검 및 수리하여 시동하시오.
(3) 주어진 자동차에서 엔진의 공회전조절장치를 탈거(시험위원 확인)한 후 다시 조립하고, 시험위원의 지시에 따라 진단기(스캐너)를 사용하여 엔진의 센서(액추에이터)를 점검 후 고장부분을 기록하시오.
(4) 주어진 자동차에서 기록표에 제시된 내용을 측정하고 기록·판정하시오.

2. 섀시

(1) 주어진 자동차에서 시험위원의 지시에 따라 앞 쇽업소버(shock absorber)의 스프링을 탈거(시험위원 확인)한 후, 다시 조립하시오.
(2) 주어진 자동차에서 시험위원의 지시에 따라 휠 얼라인먼트 시험기를 사용하여 캐스터 각과 캠버 각을 점검하여 기록·판정하시오.
(3) 주어진 자동차(ABS 장착차량)에서 시험위원의 지시에 따라 브레이크 패드(좌 또는 우측)를 탈거(시험위원 확인)하고, 다시 조립하여 브레이크의 작동상태를 확인하시오.
(4) 주어진 자동차에서 시험위원의 지시에 따라 인히비터 스위치와 변속 선택 레버 위치를 점검하고, 기록·판정하시오.
(5) 주어진 자동차에서 시험위원의 지시에 따라 제동력을 측정하여 기록·판정하시오.

3. 전기

(1) 주어진 자동차에서 윈드 실드 와이퍼 모터를 탈거(시험위원 확인)한 후, 다시 부착하여 와이퍼 블레이드가 작동되는지 확인하시오.
(2) 주어진 자동차에서 시동 모터의 크랭킹 부하시험을 하여 고장부분을 점검한 후 기록·판정하시오.
(3) 주어진 자동차에서 미등 및 번호등 회로의 고장부분을 점검한 후 기록·판정하시오.
(4) 주어진 자동차에서 좌 또는 우측의 전조등 광도를 측정하고 기록·판정하시오.

◈ 국가기술자격검정 실기시험 결과기록표(1안) ◈

자 격 종 목	자동차 정비 기능사	작 품 명	자동차 정비 작업

엔진 1. 시험결과 기록표

자동차 번호 :			비번호		시험위원 확 인	
항목	① 측정(또는 점검)			② 판정 및 정비(또는 조치) 사항		득점
	측정값	규정 (한계)값	후적 유무 판정 (□에 ✓표)	판정 (□에 ✓표)	정비 및 조치할 사항	
분사노즐 압력			□ 유 □ 무	□ 양호 □ 불량		

※ 시험위원이 지정하는 부위를 측정합니다.
※ 단위가 누락되거나 틀린 경우 오답으로 채점됩니다.

엔진 3. 시험결과 기록표

자동차 번호 :			비번호		시험위원 확 인	
항목	① 측정(또는 점검)			② 고장 및 정비(또는 조치) 사항		득점
	고장부위	측정값	규정값	고장내용	정비 및 조치할 사항	
센서 (액추에이터) 점검						

※ 측정의 조건은 시험위원이 제시합니다.

엔진 4. 시험결과 기록표

자동차 번호 :					비번호	시험위원 확 인	
① 측정(또는 점검)					② 판정		득점
차종	연식	기준값	측정값	측정	산출근거 (계산) 기록	판정 (□에 ✓표)	
						□ 양호 □ 불량	

※ 시험위원이 제시한 자동차등록증(또는 차대번호)을 활용하여 차종 및 연식을 적용합니다.
※ 자동차 검사기준 및 방법에 의하여 기록 및 판정합니다.
※ 측정 및 판정은 무부하 조건을 합니다.
※ 측정 및 산출근거란에는 소수점 값을 기입합니다.
※ 매연 농도를 산술평균하여 소수점 이하는 버림 값으로 기입합니다.

섀시 2. 시험결과 기록표

자동차 번호 :			비번호		시험위원 확 인	
항목	① 측정(또는 점검)		② 판정 및 정비(또는 조치) 사항		득점	
	측정값	규정(한계)값	판정 (□에 ✓표)	정비 및 조치할 사항		
캐스터각			□ 양호 □ 불량			
캠버각						

섀시 4. 시험결과 기록표

자동차 번호 :			비번호		시험위원 확 인	
항목	① 측정(또는 점검)		② 판정 및 정비(또는 조치) 사항		득점	
	점검위치	내용 및 상태	판정 (□에 ✓표)	정비 및 조치할 사항		
변속 선택 레버			□ 양호 □ 불량			
인히비터 스위치						

섀시 5. 시험결과 기록표

자동차 번호 :					비번호		시험위원 확 인	
항목	① 측정(또는 점검)				② 판정			득점
	구분	측정값	기준값(%) (□에 ✓표)		산출근거		판정 (□에 ✓표)	
제동력위치 (□에 ✓표) □ 앞 □ 뒤	좌		□ 앞 □ 뒤		편차		□ 양호 □ 불량	
	우		제동력의 편차		합			
			제동력의 합					

※ 측정의 위치는 시험위원이 지정하는 위치의 □칸에 '☑'표시합니다.
※ 자동차 검사기준 및 방법에 의하여 기록 및 판정합니다.
※ 측정값의 단위는 시험장비의 기준으로 기록합니다.
※ 산출근거에는 단위를 기록하지 않아도 됩니다.

전기 2. 시험결과 기록표

자동차 번호 :

			비번호		시험위원 확 인
항목	① 측정(또는 점검)		② 판정 및 정비(또는 조치) 사항		득점
	측정값	규정(한계)값	판정 (□에 ✓표)	정비 및 조치할 사항	
전류 소모			□ 양호 □ 불량		

전기 3. 시험결과 기록표

자동차 번호 :

			비번호		시험위원 확 인
항목	① 측정(또는 점검)		② 판정 및 정비(또는 조치) 사항		득점
	이상부위	내용 및 상태	판정 (□에 ✓표)	정비 및 조치할 사항	
미등 및 번호등 회로			□ 양호 □ 불량		

전기 4. 시험결과 기록표

자동차 번호 :

				비번호	시험위원 확 인
① 측정(또는 점검)				② 판정 (□에 ✓표)	득점
구분	항목	측정값	기준값		
(□에 ✓표) • 위치 □ 좌 □ 우 • 등식 □ 2등식 □ 4등식	광도			□ 양호 □ 불량	

※ 측정의 위치는 시험위원이 지정하는 위치의 □칸에 '☑'표시합니다.

※ 자동차 검사기준 및 방법에 의하여 기록 및 판정합니다.

부록 국가기술자격검정 실기시험문제 2안

자 격 종 목	자동차 정비 기능사	작 품 명	자동차 정비 작업

- 비 번호(등 번호)
- 시험시간 : 4시간(엔진 : 1시간 40분, 섀시 : 1시간 20분, 전기 : 1시간)
- 시험문안 및 요구사항 내용이 일부 변경될 수 있음

1. 엔진

(1) 주어진 가솔린엔진에서 실린더 헤드와 밸브스프링(1개)을 탈거(시험위원 확인)하고, 시험위원의 지시에 따라 기록표의 내용대로 기록·판정한 후 다시 조립하시오.
(2) 주어진 전자제어 가솔린엔진에서 시험위원의 지시에 따라 시동에 필요한 연료장치 회로의 고장부분 1개소를 점검 및 수리하여 시동하시오.
(3) 주어진 자동차에서 엔진의 인젝터 1개를 탈거(시험위원 확인)한 후 다시 조립하고, 시험위원의 지시에 따라 진단기(스캐너)를 사용하여 엔진의 각종 센서(액추에이터)를 점검 후 고장부분을 기록하시오.
(4) 주어진 자동차에서 기록표에 제시된 내용을 측정하고 기록·판정하시오.

2. 섀시

(1) 주어진 자동차에서 시험위원의 지시에 따라 (좌 또는 우측) 앞 허브 및 너클을 탈거(시험위원에게 확인)한 후, 다시 조립하시오.
(2) 주어진 자동차에서 시험위원의 지시에 따라 휠 얼라인먼트 시험기를 사용하여 캐스터 각과 캠버 각을 점검하여 기록·판정하시오.
(3) 주어진 자동차에서 시험위원의 지시에 따라 (좌 또는 우측)브레이크 라이닝(슈)을 탈거(시험위원 확인)하고, 다시 조립하여 브레이크의 작동상태를 확인하시오.
(4) 주어진 자동차에서 시험위원의 지시에 따라 진단기(스캐너)로 자동변속기를 점검하고, 기록·판정하시오.
(5) 주어진 자동차에서 시험위원의 지시에 따라 좌 또는 우회전시 최소회전반경을 측정하여 기록·판정하시오.

3. 전기

(1) 주어진 자동차에서 발전기를 탈거(시험위원 확인)한 후, 다시 부착하여 발전기가 정상 작동하는지 충전전압으로 확인하시오.
(2) 자동차에서 점화코일 1 · 2차 저항을 측정하고 코일의 고장 유무를 확인하여 기록·판정하시오.
(3) 주어진 자동차에서 전조등 회로의 고장부분을 점검한 후 기록·판정하시오.
(4) 주어진 자동차에서 경음기 음량을 측정하여 기록·판정하시오.

◈ 국가기술자격검정 실기시험 결과기록표(2안) ◈

자 격 종 목	자동차 정비 기능사	작 품 명	자동차 정비 작업

엔진 1. 시험결과 기록표

자동차 번호 :

비번호		시험위원 확 인	

항목	① 측정(또는 점검)		② 판정 및 정비(또는 조치) 사항		득점
	측정값	규정(한계)값	판정 (□에 ✓표)	정비 및 조치할 사항	
밸브스프링 자유길이			□ 양호 □ 불량		

엔진 3. 시험결과 기록표

자동차 번호 :

비번호		시험위원 확 인	

항목	① 측정(또는 점검)			② 고장 및 정비(또는 조치) 사항		득점
	고장부위	측정값	규정값	고장내용	정비 및 조치할 사항	
센서 (액추에이터) 점검						

엔진 4. 시험결과 기록표

자동차 번호 :

비번호		시험위원 확 인	

항목	① 측정(또는 점검)		② 판정 (□에 ✓표)	득점
	측정값	기준값		
CO			□ 양호 □ 불량	
HC				

※ 자동차 검사기준 및 방법에 의하여 기록 및 판정합니다.
※ CO 측정값은 소수점 둘째자리 이하는 버림하여 기입합니다.
※ HC 측정값은 소수점 첫째자리 이하는 버림하여 기입합니다.

샤시 2. 시험결과 기록표

자동차 번호 :	비번호		시험위원 확인	

항목	① 측정(또는 점검)		② 판정 및 정비(또는 조치) 사항		득점
	측정값	규정(한계)값	판정 (□에 ✓표)	정비 및 조치할 사항	
캐스터각			□ 양호 □ 불량		
캠버각					

샤시 4. 시험결과 기록표

자동차 번호 :	비번호		시험위원 확인	

항목	① 측정(또는 점검)		② 판정 및 정비(또는 조치) 사항		득점
	이상부위	내용 및 상태	판정 (□에 ✓표)	정비 및 조치할 사항	
변속기 자기진단			□ 양호 □ 불량		

샤시 5. 시험결과 기록표

자동차 번호 :	비번호		시험위원 확인	

항목	① 측정(또는 점검)				② 판정 및 정비(또는 조치) 사항		득점
	최대 조향각 (□에 ✓표)		기준값 (최소 회전반경)	측정값 (최소 회전반경)	산출근거	판정 (□에 ✓표)	
	좌측 바퀴	우측 바퀴					
회전방향 (□에 ✓표) □ 좌 □ 우						□ 양호 □ 불량	

※ 회전의 방향은 시험위원이 지정하는 위치의 □칸에 '☑'표시합니다.
※ 최대조향각의 항목은 두 바퀴 모두 기록합니다.
※ 축거는 시험위원이 제시합니다.
※ 자동차 검사기준 및 방법에 의하여 기록 및 판정합니다.
※ 산출근거에는 단위를 기록하지 않아도 됩니다.

전기 2. 시험결과 기록표

자동차 번호 :			비번호		시험위원 확 인	
항목	① 측정(또는 점검)		② 판정 및 정비(또는 조치) 사항			득점
	측정값	규정(한계)값	판정 (□에 ✓표)	정비 및 조치할 사항		
1차 저항			□ 양호 □ 불량			
2차 저항			□ 양호 □ 불량			

전기 3. 시험결과 기록표

자동차 번호 :			비번호		시험위원 확 인	
항목	① 측정(또는 점검)		② 판정 및 정비(또는 조치) 사항			득점
	이상부위	내용 및 상태	판정 (□에 ✓표)	정비 및 조치할 사항		
전조등 회로			□ 양호 □ 불량			

전기 4. 시험결과 기록표

자동차 번호 :			비번호		시험위원 확 인	
항목	① 측정(또는 점검)		② 판정 및 정비(또는 조치) 사항			득점
	측정값	규정(한계)값	판정 (□에 ✓표)	정비 및 조치할 사항		
경음기 음량			□ 양호 □ 불량			

※ 시험위원이 제시한 자동차등록증(또는 차대번호)을 활용하여 차종 및 연식을 적용합니다.
※ 자동차 검사기준 및 방법에 의하여 기록 및 판정합니다.
※ 암소음은 무시합니다.

부록 국가기술자격검정 실기시험문제 3안

자 격 종 목	자동차 정비 기능사	작 품 명	자동차 정비 작업

- 비 번호(등 번호)
- 시험시간 : 4시간(엔진 : 1시간 40분, 섀시 : 1시간 20분, 전기 : 1시간)
- 시험문안 및 요구사항 내용이 일부 변경될 수 있음

1. 엔진

(1) 주어진 디젤엔진에서 워터펌프와 라디에이터 압력식 캡을 탈거(시험위원 확인)하고, 시험위원의 지시에 따라 기록표의 내용대로 기록·판정한 후 다시 조립하시오.
(2) 주어진 전자제어 가솔린엔진에서 시험위원의 지시에 따라 시동에 필요한 크랭킹회로의 고장부분 1개소를 점검 및 수리하여 시동하시오.
(3) 주어진 자동차에서 흡입공기유량센서를 탈거(시험위원 확인)한 후 다시 조립하고, 시험위원의 지시에 따라 진단기(스캐너)를 사용하여 엔진의 각종 센서(액추에이터)를 점검 후 고장부분을 기록하시오.
(4) 주어진 자동차에서 기록표에 제시된 내용을 측정하고 기록·판정하시오.

2. 섀시

(1) 주어진 자동차에서 시험위원의 지시에 따라 림(휠)에서 타이어 1개를 탈거(시험위원 확인)한 후, 다시 조립하시오.
(2) 주어진 수동변속기에서 시험위원의 지시에 따라 입력축 엔드 플레이를 점검하여 기록·판정하시오.
(3) 주어진 자동차에서 시험위원의 지시에 따라 클러치 릴리스 실린더를 탈거(시험위원 확인)하고, 다시 조립하여 공기빼기 작업 후 클러치의 작동 상태를 확인하시오.
(4) 주어진 자동차에서 시험위원의 지시에 따라 진단기(스캐너)로 전자제어 자세제어장치(VDC, ECS, TCS 등)를 점검하고, 기록·판정하시오.
(5) 주어진 자동차에서 시험위원의 지시에 따라 제동력을 측정하여 기록·판정하시오.

3. 전기

(1) DOHC 엔진의 자동차에서 점화플러그 및 고압케이블을 탈거(시험위원 확인)한 후, 다시 부착하여 시동이 되는지 확인하시오.
(2) 주어진 자동차의 발전기에서 시험위원의 지시에 따라 충전되는 전류와 전압을 점검하여 확인사항을 기록·판정하시오.
(3) 주어진 자동차에서 와이퍼 회로의 고장부분을 점검한 후 기록·판정하시오.
(4) 주어진 자동차에서 좌 또는 우측의 전조등 광도를 측정하고 기록·판정하시오.

◈ 국가기술자격검정 실기시험 결과기록표(3안) ◈

자 격 종 목	자동차 정비 기능사	작 품 명	자동차 정비 작업

엔진 1. 시험결과 기록표

자동차 번호 :

비번호		시험위원 확 인	

항목	① 측정(또는 점검)		② 판정 및 정비(또는 조치) 사항		득점
	측정값	규정(한계)값	판정 (□에 ✓표)	정비 및 조치할 사항	
압력식 캡			□ 양호 □ 불량		

엔진 3. 시험결과 기록표

자동차 번호 :

비번호		시험위원 확 인	

항목	① 측정(또는 점검)			② 고장 및 정비(또는 조치) 사항		득점
	고장부위	측정값	규정값	고장내용	정비 및 조치할 사항	
센서 (액추에이터) 점검						

엔진 4. 시험결과 기록표

자동차 번호 :

비번호		시험위원 확 인	

① 측정(또는 점검)					② 판정		득점
차종	연식	기준값	측정값	측정	산출근거 (계산) 기록	판정 (□에 ✓표)	
						□ 양호 □ 불량	

※ 시험위원이 제시한 자동차등록증(또는 차대번호)을 활용하여 차종 및 연식을 적용합니다.
※ 자동차 검사기준 및 방법에 의하여 기록 및 판정합니다.
※ 측정 및 판정은 무부하 조건을 합니다.
※ 측정 및 산출근거란에는 소수점 값을 기입합니다.
※ 매연 농도를 산술평균하여 소수점 이하는 버림 값으로 기입합니다.

섀시 2. 시험결과 기록표

자동차 번호 :			비번호		시험위원 확인	

<table>
<tr><th rowspan="2">항목</th><th colspan="2">① 측정(또는 점검)</th><th colspan="2">② 판정 및 정비(또는 조치) 사항</th><th rowspan="2">득점</th></tr>
<tr><th>측정값</th><th>규정(한계)값</th><th>판정
(□에 ✓표)</th><th>정비 및 조치할 사항</th></tr>
<tr><td>엔드플레이</td><td></td><td></td><td>□ 양호
□ 불량</td><td></td><td></td></tr>
</table>

섀시 4. 시험결과 기록표

자동차 번호 :			비번호		시험위원 확인	

<table>
<tr><th rowspan="2">항목</th><th colspan="2">① 측정(또는 점검)</th><th colspan="2">② 판정 및 정비(또는 조치) 사항</th><th rowspan="2">득점</th></tr>
<tr><th>이상부위</th><th>내용 및 상태</th><th>판정
(□에 ✓표)</th><th>정비 및 조치할 사항</th></tr>
<tr><td>자기진단</td><td></td><td></td><td>□ 양호
□ 불량</td><td></td><td></td></tr>
</table>

섀시 5. 시험결과 기록표

자동차 번호 :			비번호		시험위원 확인	

<table>
<tr><th rowspan="2">항목</th><th colspan="4">① 측정(또는 점검)</th><th colspan="3">② 판정</th><th rowspan="2">득점</th></tr>
<tr><th>구분</th><th>측정값</th><th colspan="2">기준값(%)
(□에 ✓표)</th><th colspan="2">산출근거</th><th>판정
(□에 ✓표)</th></tr>
<tr><td rowspan="3">제동력위치
(□에 ✓표)
□ 앞
□ 뒤</td><td>좌</td><td></td><td colspan="2">축중의 □ 앞
□ 뒤</td><td>편차</td><td></td><td rowspan="3">□ 양호
□ 불량</td><td rowspan="3"></td></tr>
<tr><td rowspan="2">우</td><td rowspan="2"></td><td>제동력의 편차</td><td></td><td rowspan="2">합</td><td></td></tr>
<tr><td>제동력의 합</td><td></td><td></td></tr>
</table>

※ 측정의 위치는 시험위원이 지정하는 위치의 □칸에 '☑'표시합니다.
※ 자동차 검사기준 및 방법에 의하여 기록 및 판정합니다.
※ 측정값의 단위는 시험장비의 기준으로 기록합니다.
※ 산출근거에는 단위를 기록하지 않아도 됩니다.

전기 2. 시험결과 기록표

자동차 번호 :			비번호		시험위원 확 인	
항목	① 측정(또는 점검)		② 판정 및 정비(또는 조치) 사항			득점
	측정값	규정(한계)값	판정 (□에 ✓표)	정비 및 조치할 사항		
충전 전류		–	□ 양호 □ 불량			
충전 전압						

전기 3. 시험결과 기록표

자동차 번호 :			비번호		시험위원 확 인	
항목	① 측정(또는 점검)		② 판정 및 정비(또는 조치) 사항			득점
	이상부위	내용 및 상태	판정 (□에 ✓표)	정비 및 조치할 사항		
와이퍼 회로			□ 양호 □ 불량			

전기 4. 시험결과 기록표

자동차 번호 :				비번호		시험위원 확 인	
① 측정(또는 점검)					② 판정 (□에 ✓표)		득점
구분	항목	측정값	기준값				
(□에 ✓표) • 위치 □ 좌 □ 우 • 등식 □ 2등식 □ 4등식	광도				□ 양호 □ 불량		

※ 측정의 위치는 시험위원이 지정하는 위치의 □칸에 '☑'표시합니다.
※ 자동차 검사기준 및 방법에 의하여 기록 및 판정합니다.

부록 국가기술자격검정 실기시험문제 4안

자 격 종 목	자동차 정비 기능사	작 품 명	자동차 정비 작업

- 비 번호(등 번호)
- 시험시간 : 4시간(엔진 : 1시간 40분, 섀시 : 1시간 20분, 전기 : 1시간)
- 시험문안 및 요구사항 내용이 일부 변경될 수 있음

1. 엔진

(1) 주어진 DOHC 가솔린엔진에서 캠축과 타이밍 벨트를 탈거(시험위원 확인)하고, 시험위원의 지시에 따라 기록표의 내용대로 기록·판정한 후 다시 조립하시오.
(2) 주어진 전자제어 가솔린엔진에서 시험위원의 지시에 따라 시동에 필요한 점화회로의 이상 개소를 점검 및 수리하여 시동하시오.
(3) 주어진 자동차에서 CRDI엔진의 연료압력조절밸브를 탈거(시험위원 확인)한 후 다시 조립하고, 시험위원의 지시에 따라 진단기(스캐너)를 사용하여 엔진의 각종 센서(액추에이터)를 점검 후 고장부분을 기록하시오.
(4) 주어진 자동차에서 기록표에 제시된 내용을 측정하고 기록·판정하시오.

2. 섀시

(1) 주어진 자동차에서 시험위원의 지시에 따라 (좌 또는 우측) 로워암(lower control arm)을 탈거(시험위원 확인)한 후, 다시 조립하시오.
(2) 주어진 자동차에서 시험위원의 지시에 따라 휠 얼라인먼트 시험기를 사용하여 캐스터 각과 캠버 각을 점검하여 기록·판정하시오.
(3) 주어진 자동차에서 시험시험위원의 지시에 따라 제동장치의 (좌 또는 우측)브레이크 캘리퍼를 탈거(시험시험위원 확인)하고, 다시 조립하여 공기빼기 작업 후 브레이크의 작동상태를 확인하시오.
(4) 주어진 자동차에서 시험위원의 지시에 따라 진단기(스캐너)로 전자제어 제동장치(ABS)를 점검하고, 기록·판정하시오.
(5) 주어진 자동차에서 시험위원의 지시에 따라 좌 또는 우회전시 최소회전반경을 측정하여 기록·판정하시오.

3. 전기

(1) 주어진 자동차에서 기동모터를 탈거(시험위원 확인)한 후, 다시 부착하고 크랭킹하여 기동모터가 작동되는지 확인하시오.
(2) 주어진 자동차에서 시험위원의 지시에 따라 메인 컨트롤 릴레이의 고장부분을 점검한 후 기록표에 기록·판정하시오.
(3) 주어진 자동차에서 방향지시등 회로의 고장부분을 점검한 후 기록표에 기록·판정하시오.
(4) 주어진 자동차에서 경음기 음량을 측정하여 기록표에 기록·판정하시오.

◈ 국가기술자격검정 실기시험 결과기록표(4안) ◈

자 격 종 목	자동차 정비 기능사	작 품 명	자동차 정비 작업

엔진 1. 시험결과 기록표

자동차 번호 :			비번호		시험위원 확 인	
항목	① 측정(또는 점검)		② 판정 및 정비(또는 조치) 사항		득점	
	측정값	규정(한계)값	판정 (□에 ✓표)	정비 및 조치할 사항		
캠 높이			□ 양호 □ 불량			

엔진 3. 시험결과 기록표

자동차 번호 :				비번호		시험위원 확 인	
항목	① 측정(또는 점검)			② 고장 및 정비(또는 조치) 사항		득점	
	고장부위	측정값	규정값	고장내용	정비 및 조치할 사항		
센서 (액추에이터) 점검							

엔진 4. 시험결과 기록표

자동차 번호 :			비번호		시험위원 확 인	
항목	① 측정(또는 점검)		② 판정 (□에 ✓표)	득점		
	측정값	기준값				
CO			□ 양호 □ 불량			
HC						

※ 시험위원이 제시한 자동차등록증(또는 차대번호)을 활용하여 차종 및 연식을 적용합니다.
※ 자동차 검사기준 및 방법에 의하여 기록 및 판정합니다.
※ CO 측정값은 소수점 둘째자리 이하는 버림하여 기입합니다.
※ HC 측정값은 소수점 첫째자리 이하는 버림하여 기입합니다.

샤시 2. 시험결과 기록표

자동차 번호 :	비번호		시험위원 확 인	

항목	① 측정(또는 점검)		② 판정 및 정비(또는 조치) 사항		득점
	측정값	규정(한계)값	판정 (□에 ✓표)	정비 및 조치할 사항	
캐스터각			□ 양호 □ 불량		
캠버각					

샤시 4. 시험결과 기록표

자동차 번호 :	비번호		시험위원 확 인	

항목	① 측정(또는 점검)		② 판정 및 정비(또는 조치) 사항		득점
	이상부위	내용 및 상태	판정 (□에 ✓표)	정비 및 조치할 사항	
ABS 자기진단			□ 양호 □ 불량		

샤시 5. 시험결과 기록표

자동차 번호 :	비번호		시험위원 확 인	

항목	① 측정(또는 점검)				② 판정 및 정비(또는 조치) 사항		득점
	최대 조향각 (□에 ✓표)		기준값 (최소 회전반경)	측정값 (최소 회전반경)	산출근거	판정 (□에 ✓표)	
	좌측 바퀴	우측 바퀴					
회전방향 (□에 ✓표) □ 좌 □ 우						□ 양호 □ 불량	

※ 회전방향은 시험위원이 지정하는 위치의 □칸에 '☑'표시합니다.
※ 최대조향각의 항목은 두 바퀴 모두 기록합니다.
※ 축거는 시험위원이 제시합니다.
※ 자동차 검사기준 및 방법에 의하여 기록 및 판정합니다.
※ 산출근거에는 단위를 기록하지 않아도 됩니다.

전기 2. 시험결과 기록표

자동차 번호 :		비번호		시험위원 확 인	
항목	① 측정(또는 점검) (□에 ✓표)	② 판정 및 정비(또는 조치) 사항			득점
		판정 (□에 ✓표)	정비 및 조치할 사항		
코일이 여자되었을 때	□ 양호 □ 불량	□ 양호 □ 불량			
코일이 여자되지 않았을 때	□ 양호 □ 불량				

전기 3. 시험결과 기록표

자동차 번호 :			비번호		시험위원 확 인	
항목	① 측정(또는 점검)		② 판정 및 정비(또는 조치) 사항			득점
	이상부위	내용 및 상태	판정 (□에 ✓표)	정비 및 조치할 사항		
방향지시등 회로			□ 양호 □ 불량			

전기 4. 시험결과 기록표

자동차 번호 :			비번호		시험위원 확 인	
항목	① 측정(또는 점검)		② 판정 및 정비(또는 조치) 사항			득점
	측정값	규정(한계)값	판정 (□에 ✓표)	정비 및 조치할 사항		
경음기 음량			□ 양호 □ 불량			

※ 시험위원이 제시한 자동차등록증(또는 차대번호)을 활용하여 차종 및 연식을 적용합니다.
※ 자동차 검사기준 및 방법에 의하여 기록 및 판정합니다.
※ 암소음은 무시합니다.

부록 국가기술자격검정 실기시험문제 5안

자 격 종 목	자동차 정비 기능사	작 품 명	자동차 정비 작업

- 비 번호(등 번호)
- 시험시간 : 4시간(엔진 : 1시간 40분, 섀시 : 1시간 20분, 전기 : 1시간)
- 시험문안 및 요구사항 내용이 일부 변경될 수 있음

1. 엔진

(1) 주어진 디젤엔진에서 크랭크축을 탈거(시험위원 확인)하고, 시험위원의 지시에 따라 기록표의 내용대로 기록·판정한 후 다시 조립하시오.
(2) 주어진 전자제어 가솔린엔진에서 시험위원의 지시에 따라 시동에 필요한 연료장치 회로의 고장부분 1개소를 점검 및 수리하여 시동하시오.
(3) 주어진 자동차에서 전자제어 디젤(CRDI)엔진의 예열 플러그(예열장치) 1개를 탈거(시험위원에게 확인)한 후 다시 조립하고, 시험위원의 지시에 따라 진단기(스캐너)를 사용하여 엔진의 각종 센서(액추에이터)를 점검 후 고장부분을 기록하시오.
(4) 주어진 자동차에서 기록표에 제시된 내용을 측정하고 기록·판정하시오.

2. 섀시

(1) 주어진 자동차에서 시험위원의 지시에 따라 (좌 또는 우측) 앞 등속축(drive shaft)을 탈거(시험위원 확인)한 후, 다시 조립하시오.
(2) 주어진 자동차에서 시험위원의 지시에 따라 1개의 휠을 탈거하여 휠 밸런스 상태를 점검하여 기록·판정하시오.
(3) 주어진 자동차에서 시험위원의 지시에 따라 타이 로드 엔드를 탈거(시험위원 확인)하고, 다시 조립하여 조향휠의 직진 상태를 확인하시오.
(4) 주어진 자동차에서 시험위원의 지시에 따라 진단기(스캐너)로 자동변속기를 점검하고, 기록·판정하시오.
(5) 주어진 자동차에서 시험위원의 지시에 따라 제동력을 측정하여 기록·판정하시오.

3. 전기

(1) 주어진 자동차에서 에어컨 시스템의 에어컨 냉매(R-134a)를 회수(시험위원 확인) 후 재충전하여 에어컨이 정상 작동되는지 확인하시오.
(2) 주어진 자동차에서 ISC 밸브 듀티값을 측정하여 ISC 밸브의 이상 유무를 확인하여 기록표에 기록·판정하시오.(측정조건 : 무부하 공회전시)
(3) 주어진 자동차에서 경음기 회로의 고장부분을 점검한 후 기록표에 기록·판정하시오.
(4) 주어진 자동차에서 좌 또는 우측의 전조등 광도를 측정하고 기록표에 기록·판정하시오.

◈ 국가기술자격검정 실기시험 결과기록표(5안) ◈

자 격 종 목	자동차 정비 기능사	작 품 명	자동차 정비 작업

엔진 1. 시험결과 기록표

자동차 번호 :			비번호		시험위원 확 인	
항목	① 측정(또는 점검)		② 판정 및 정비(또는 조치) 사항			득점
	측정값	규정(한계)값	판정 (□에 ✓표)	정비 및 조치할 사항		
크랭크축 휨			□ 양호 □ 불량			

엔진 3. 시험결과 기록표

자동차 번호 :			비번호		시험위원 확 인	
항목	① 측정(또는 점검)			② 고장 및 정비(또는 조치) 사항		득점
	고장부위	측정값	규정값	고장내용	정비 및 조치할 사항	
센서 (액추에이터) 점검						

엔진 4. 시험결과 기록표

자동차 번호 :					비번호		시험위원 확 인	
① 측정(또는 점검)					② 판정			득점
차종	연식	기준값	측정값	측정	산출근거 (계산) 기록		판정 (□에 ✓표)	
							□ 양호 □ 불량	

※ 시험위원이 제시한 자동차등록증(또는 차대번호)을 활용하여 차종 및 연식을 적용합니다.
※ 자동차 검사기준 및 방법에 의하여 기록 및 판정합니다.
※ 측정 및 판정은 무부하 조건을 합니다.
※ 측정 및 산출근거란에는 소수점 값을 기입합니다.
※ 매연 농도를 산술평균하여 소수점 이하는 버림 값으로 기입합니다.

섀시 2. 시험결과 기록표

자동차 번호 :			비번호		시험위원 확 인	
항목	① 측정(또는 점검)		② 판정 및 정비(또는 조치) 사항		득점	
	측정값	규정(한계)값	판정 (□에 ✓표)	정비 및 조치할 사항		
휠 밸런스	IN : OUT :	IN : OUT :	□ 양호 □ 불량			

섀시 4. 시험결과 기록표

자동차 번호 :			비번호		시험위원 확 인	
항목	① 측정(또는 점검)		② 판정 및 정비(또는 조치) 사항		득점	
	이상부위	내용 및 상태	판정 (□에 ✓표)	정비 및 조치할 사항		
변속기 자기진단			□ 양호 □ 불량			

섀시 5. 시험결과 기록표

자동차 번호 :					비번호		시험위원 확 인	
항목	① 측정(또는 점검)				② 판정			득점
	구분	측정값	기준값(%) (□에 ✓표)		산출근거		판정 (□에 ✓표)	
제동력위치 (□에 ✓표) □ 앞 □ 뒤	좌		□ 앞 □ 뒤		편차		□ 양호 □ 불량	
	우		제동력의 편차		합			
			제동력의 합					

※ 측정의 위치는 시험위원이 지정하는 위치의 □칸에 '☑'표시합니다.
※ 자동차 검사기준 및 방법에 의하여 기록 및 판정합니다.
※ 측정값의 단위는 시험장비의 기준으로 기록합니다.
※ 산출근거에는 단위를 기록하지 않아도 됩니다.

전기 2. 시험결과 기록표

자동차 번호 :			비번호		시험위원 확 인	
항목	① 측정(또는 점검)		② 판정 및 정비(또는 조치) 사항			득점
	측정값	규정(한계)값	판정 (□에 ✓표)	정비 및 조치할 사항		
밸브 듀티 (열림코일)			□ 양호 □ 불량			

전기 3. 시험결과 기록표

엔진 번호 :			비번호		시험위원 확 인	
항목	① 측정(또는 점검)		② 판정 및 정비(또는 조치) 사항			득점
	이상부위	내용 및 상태	판정 (□에 ✓표)	정비 및 조치할 사항		
경음기(혼) 회로			□ 양호 □ 불량			

전기 4. 시험결과 기록표

자동차 번호 :				비번호	시험위원 확 인	
① 측정(또는 점검)				② 판정 (□에 ✓표)		득점
구분	항목	측정값	기준값			
(□에 ✓표) • 위치 □ 좌 □ 우 • 등식 □ 2등식 □ 4등식	광도			□ 양호 □ 불량		

※ 측정의 위치는 시험위원이 지정하는 위치의 □칸에 '☑'표시합니다.
※ 자동차 검사기준 및 방법에 의하여 기록 및 판정합니다.

부록 국가기술자격검정 실기시험문제 6안

자 격 종 목	자동차 정비 기능사	작 품 명	자동차 정비 작업

- 비 번호(등 번호)
- 시험시간 : 4시간(엔진 : 1시간 40분, 섀시 : 1시간 20분, 전기 : 1시간)
- 시험문안 및 요구사항 내용이 일부 변경될 수 있음

1. 엔진

(1) 주어진 가솔린엔진에서 크랭크축을 탈거(시험위원 확인)하고, 시험위원의 지시에 따라 기록표의 내용대로 기록·판정한 후 다시 조립하시오.
(2) 주어진 전자제어 가솔린엔진에서 시험위원의 지시에 따라 시동에 필요한 크랭킹회로의 고장부분 1개소를 점검 및 수리하여 시동하시오.
(3) 주어진 자동차에서 엔진의 스로틀 보디를 탈거(시험위원 확인)한 후 다시 조립하고, 시험위원의 지시에 따라 진단기(스캐너)를 사용하여 엔진의 각종 센서(액추에이터)를 점검 후 고장부분을 기록·판정하시오.
(4) 주어진 자동차에서 기록표에 제시된 내용을 측정하고 기록·판정하시오.

2. 섀시

(1) 주어진 자동차에서 시험위원의 지시에 따라 앞 또는 뒤 범퍼를 탈거(시험위원 확인)후, 다시 조립하시오.
(2) 주어진 자동차에서 시험위원의 지시에 따라 주차브레이크 레버의 클릭수(노치)를 점검하여 기록·판정하시오.
(3) 주어진 자동차에서 시험위원의 지시에 따라 파워스티어링의 오일펌프을 탈거(시험위원에게 확인)하고, 다시 조립하여 오일량 점검 및 공기빼기 작업 후 스티어링의 작동 상태를 확인하시오.
(4) 주어진 자동차에서 시험위원의 지시에 따라 진단기(스캐너)로 자동변속기를 점검하고, 기록·판정하시오.
(5) 주어진 자동차에서 시험위원의 지시에 따라 좌 또는 우회전시 최소회전반경을 측정하시오.

3. 전기

(1) 자동차에서 다기능 스위치(콤비네이션 S/W)를 탈거(시험위원 확인)한 후, 다시 부착하여 다기능 스위치가 작동되는지 확인하시오.
(2) 주어진 자동차에서 시험위원의 지시에 따라 축전지의 비중과 축전지 용량시험기를 작동시킨 상태에서의 전압을 측정하여 기록표에 기록·판정하시오.
(3) 주어진 자동차에서 기동 및 점화회로의 고장부분을 점검한 후 기록표에 기록·판정하시오.
(4) 주어진 자동차에서 경음기 음량을 측정하여 기록표에 기록·판정하시오.

◈ 국가기술자격검정 실기시험 결과기록표(6안) ◈

자 격 종 목	자동차 정비 기능사	작 품 명	자동차 정비 작업

엔진 1. 시험결과 기록표

자동차 번호 :			비번호		시험위원 확 인	
항목	① 측정(또는 점검)		② 판정 및 정비(또는 조치) 사항		득점
	측정값	규정(한계)값	판정 (□에 ✓표)	정비 및 조치할 사항	
(1)번 저널 크랭크축 외경			□ 양호 □ 불량		

엔진 3. 시험결과 기록표

자동차 번호 :				비번호		시험위원 확 인	
항목	① 측정(또는 점검)			② 고장 및 정비(또는 조치) 사항		득점
	고장부위	측정값	규정값	고장내용	정비 및 조치할 사항	
센서 (액추에이터) 점검						

엔진 4. 시험결과 기록표

자동차 번호 :			비번호		시험위원 확 인	
항목	① 측정(또는 점검)		② 판정 (□에 ✓표)	득점
	측정값	기준값		
CO			□ 양호 □ 불량	
HC				

※ 시험위원이 제시한 자동차등록증(또는 차대번호)을 활용하여 차종 및 연식을 적용합니다.
※ 자동차 검사기준 및 방법에 의하여 기록 및 판정합니다.
※ CO 측정값은 소수점 둘째자리 이하는 버림하여 기입합니다.
※ HC 측정값은 소수점 첫째자리 이하는 버림하여 기입합니다.

섀시 2. 시험결과 기록표

자동차 번호 :

비번호		시험위원 확 인	

항목	① 측정(또는 점검)		② 판정 및 정비(또는 조치) 사항		득점
	[클릭] 측정값	[클릭] 규정(한계)값	판정 (□에 ✓표)	정비 및 조치할 사항	
주차레버 클릭수(노치)			□ 양호 □ 불량		

섀시 4. 시험결과 기록표

자동차 번호 :

비번호		시험위원 확 인	

항목	① 측정(또는 점검)		② 판정 및 정비(또는 조치) 사항		득점
	이상부위	내용 및 상태	판정 (□에 ✓표)	정비 및 조치할 사항	
변속기 자기진단			□ 양호 □ 불량		

섀시 5. 시험결과 기록표

자동차 번호 :

비번호		시험위원 확 인	

항목	① 측정(또는 점검)				② 판정 및 정비(또는 조치) 사항		득점
	최대 조향각 (□에 ✓표)		기준값 (최소 회전반경)	측정값 (최소 회전반경)	산출근거	판정 (□에 ✓표)	
	좌측 바퀴	우측 바퀴					
회전방향 (□에 ✓표) □ 좌 □ 우						□ 양호 □ 불량	

※ 회전의 방향은 시험위원이 지정하는 위치의 □칸에 '☑'표시합니다.
※ 최대조향각의 항목은 두 바퀴 모두 기록합니다.
※ 축거는 시험위원이 제시합니다.
※ 자동차 검사기준 및 방법에 의하여 기록 및 판정합니다.
※ 산출근거에는 단위를 기록하지 않아도 됩니다.

전기 2. 시험결과 기록표

자동차 번호 :			비번호		시험위원 확 인	
항목	① 측정(또는 점검)		② 판정 및 정비(또는 조치) 사항			득점
	측정값	규정(한계)값	판정 (□에 ✓표)	정비 및 조치할 사항		
축전지 전해액 비중			□ 양호 □ 불량			
축전지 전압						

전기 3. 시험결과 기록표

자동차 번호 :			비번호		시험위원 확 인	
항목	① 측정(또는 점검)		② 판정 및 정비(또는 조치) 사항			득점
	이상부위	내용 및 상태	판정 (□에 ✓표)	정비 및 조치할 사항		
기동 및 점화회로			□ 양호 □ 불량			

전기 4. 시험결과 기록표

자동차 번호 :			비번호		시험위원 확 인	
항목	① 측정(또는 점검)		② 판정 및 정비(또는 조치) 사항			득점
	측정값	규정(한계)값	판정 (□에 ✓표)	정비 및 조치할 사항		
경음기 음량			□ 양호 □ 불량			

※ 시험위원이 제시한 자동차등록증(또는 차대번호)을 활용하여 차종 및 연식을 적용합니다.
※ 자동차 검사기준 및 방법에 의하여 기록 및 판정합니다.
※ 암소음은 무시합니다.

부록 국가기술자격검정 실기시험문제 7안

자 격 종 목	자동차 정비 기능사	작 품 명	자동차 정비 작업

- 비 번호(등 번호)
- 시험시간 : 4시간(엔진 : 1시간 40분, 섀시 : 1시간 20분, 전기 : 1시간)
- 시험문안 및 요구사항 내용이 일부 변경될 수 있음

1. 엔진

(1) 주어진 DOHC 가솔린엔진에서 실린더 헤드를 탈거(시험위원 확인)하고, 시험위원의 지시에 따라 기록표의 내용대로 기록·판정한 후 다시 조립하시오.
(2) 주어진 전자제어 가솔린엔진에서 시험위원의 지시에 따라 시동에 필요한 점화회로의 고장부분 1개소를 점검 및 수리하여 시동하시오.
(3) 주어진 자동차의 엔진에서 점화플러그와 배선을 탈거(시험위원 확인)한 후 다시 조립하고, 시험위원의 지시에 따라 진단기(스캐너)를 사용하여 엔진의 각종 센서(액추에이터)를 점검 후 고장부분을 기록하시오.
(4) 주어진 자동차에서 기록표에 제시된 내용을 측정하고 기록·판정하시오.

2. 섀시

(1) 주어진 수동변속기에서 시험위원의 지시에 따라 후진 아이들 기어(또는 디퍼렌셜기어 어셈블리)를 탈거(시험위원 확인)한 후, 다시 조립하시오.
(2) 주어진 자동차에서 시험위원의 지시에 따라 한쪽 브레이크 디스크의 두께 및 흔들림(런아웃)을 점검하여 기록·판정하시오.
(3) 주어진 자동차에서 시험위원의 지시에 따라 (좌 또는 우측)타이로드 엔드를 탈거(시험위원에게 확인)하고, 다시 조립하여 조향휠의 직진 상태를 확인하시오.
(4) 주어진 자동차에서 시험위원의 지시에 따라 자동변속기의 오일압력을 점검하고, 기록·판정하시오.
(5) 주어진 자동차에서 시험위원의 지시에 따라 제동력을 측정하여 기록·판정하시오.

3. 전기

(1) 주어진 자동차에서 경음기와 릴레이를 탈거(시험위원 확인)한 후, 다시 부착하여 작동을 확인하시오.
(2) 주어진 자동차의 에어컨 시스템에서 시험위원의 지시에 따라 에어컨 라인의 압력을 점검하고 에어컨 작동상태의 이상 유무를 확인하여 기록표에 기록 · 판정하시오.
(3) 주어진 자동차에서 라디에이터 전동팬 회로의 고장부분을 점검한 후 기록표에 기록·판정하시오.
(4) 주어진 자동차에서 좌 또는 우측의 전조등 광도를 측정하고 기록표에 기록·판정하시오.

◈ 국가기술자격검정 실기시험 결과기록표(7안) ◈

자 격 종 목	자동차 정비 기능사	작 품 명	자동차 정비 작업

엔진 1. 시험결과 기록표

자동차 번호 :			비번호		시험위원 확 인	
항목	① 측정(또는 점검)		② 판정 및 정비(또는 조치) 사항			득점
	측정값	규정(한계)값	판정 (□에 ✓표)	정비 및 조치할 사항		
헤드 변형도			□ 양호 □ 불량			

엔진 3. 시험결과 기록표

자동차 번호 :				비번호	시험위원 확 인	
항목	① 측정(또는 점검)			② 고장 및 정비(또는 조치) 사항		득점
	고장부위	측정값	규정값	고장내용	정비 및 조치할 사항	
센서 (액추에이터) 점검						

엔진 4. 시험결과 기록표

자동차 번호 :					비번호	시험위원 확 인	
① 측정(또는 점검)					② 판정		득점
차종	연식	기준값	측정값	측정	산출근거 (계산) 기록	판정 (□에 ✓표)	
						□ 양호 □ 불량	

※ 시험위원이 제시한 자동차등록증(또는 차대번호)을 활용하여 차종 및 연식을 적용합니다.
※ 자동차 검사기준 및 방법에 의하여 기록 및 판정합니다.
※ 측정 및 판정은 무부하 조건을 합니다.
※ 측정 및 산출근거란에는 소수점 값을 기입합니다.
※ 매연 농도를 산술평균하여 소수점 이하는 버림 값으로 기입합니다.

섀시 2. 시험결과 기록표

자동차 번호 :

비번호		시험위원 확 인	

<table>
<tr><th rowspan="2">항목</th><th colspan="2">① 측정(또는 점검)</th><th colspan="2">② 판정 및 정비(또는 조치) 사항</th><th rowspan="2">득점</th></tr>
<tr><th>측정값</th><th>규정(한계)값</th><th>판정
(□에 ✓표)</th><th>정비 및 조치할 사항</th></tr>
<tr><td>디스크 두께</td><td></td><td></td><td rowspan="2">□ 양호
□ 불량</td><td rowspan="2"></td><td rowspan="2"></td></tr>
<tr><td>흔들림
(런 아웃)</td><td></td><td></td></tr>
</table>

섀시 4. 시험결과 기록표

자동차 번호 :

비번호		시험위원 확 인	

<table>
<tr><th rowspan="2">항목</th><th colspan="2">① 측정(또는 점검)</th><th colspan="2">② 판정 및 정비(또는 조치) 사항</th><th rowspan="2">득점</th></tr>
<tr><th>측정값</th><th>규정(한계)값</th><th>판정
(□에 ✓표)</th><th>정비 및 조치할 사항</th></tr>
<tr><td>(　　　)의
오일 압력</td><td></td><td></td><td>□ 양호
□ 불량</td><td></td><td></td></tr>
</table>

섀시 5. 시험결과 기록표

자동차 번호 :

비번호		시험위원 확 인	

<table>
<tr><th rowspan="2">항목</th><th colspan="4">① 측정(또는 점검)</th><th colspan="2">② 판정</th><th rowspan="2">득점</th></tr>
<tr><th>구분</th><th>측정값</th><th colspan="2">기준값(%)
(□에 ✓표)</th><th colspan="2">산출근거</th><th>판정
(□에 ✓표)</th></tr>
<tr><td rowspan="3">제동력위치
(□에 ✓표)
□ 앞
□ 뒤</td><td>좌</td><td></td><td colspan="2">축중의 □ 앞
□ 뒤</td><td>편차</td><td></td><td rowspan="3">□ 양호
□ 불량</td><td rowspan="3"></td></tr>
<tr><td rowspan="2">우</td><td rowspan="2"></td><td>제동력의
편차</td><td></td><td rowspan="2">합</td><td rowspan="2"></td></tr>
<tr><td>제동력의
합</td><td></td></tr>
</table>

※ 측정의 위치는 시험위원이 지정하는 위치의 □칸에 '☑'표시합니다.
※ 자동차 검사기준 및 방법에 의하여 기록 및 판정합니다.
※ 측정값의 단위는 시험장비의 기준으로 기록합니다.
※ 산출근거에는 단위를 기록하지 않아도 됩니다.

전기 2. 시험결과 기록표

자동차 번호 :			비번호		시험위원 확 인	
항목	① 측정(또는 점검)		② 판정 및 정비(또는 조치) 사항			득점
	측정값	규정(한계)값	판정 (□에 ✓표)	정비 및 조치할 사항		
저압			□ 양호 □ 불량			
고압						

전기 3. 시험결과 기록표

자동차 번호 :			비번호		시험위원 확 인	
항목	① 측정(또는 점검)		② 판정 및 정비(또는 조치) 사항			득점
	이상부위	내용 및 상태	판정 (□에 ✓표)	정비 및 조치할 사항		
전동팬 회로			□ 양호 □ 불량			

전기 4. 시험결과 기록표

자동차 번호 :				비번호	시험위원 확 인	
① 측정(또는 점검)				② 판정 (□에 ✓표)		득점
구분	항목	측정값	기준값			
(□에 ✓표) • 위치 □ 좌 □ 우 • 등식 □ 2등식 □ 4등식	광도			□ 양호 □ 불량		

※ 측정의 위치는 시험위원이 지정하는 위치의 □칸에 '☑'표시합니다.

※ 자동차 검사기준 및 방법에 의하여 기록 및 판정합니다.

부록 국가기술자격검정 실기시험문제 8안

자 격 종 목	자동차 정비 기능사	작 품 명	자동차 정비 작업

- 비 번호(등 번호)
- 시험시간 : 4시간(엔진 : 1시간 40분, 섀시 : 1시간 20분, 전기 : 1시간)
- 시험문안 및 요구사항 내용이 일부 변경될 수 있음

1. 엔진

(1) 주어진 가솔린엔진에서 에어크리너(어셈블리)와 점화플러그를 모두 탈거(시험위원 확인)하고, 시험위원의 지시에 따라 기록표의 내용대로 기록·판정한 후 다시 조립하시오.
(2) 주어진 전자제어 가솔린엔진에서 시험위원의 지시에 따라 시동에 필요한 연료장치 회로의 이상개소를 점검 및 수리하여 시동하시오.
(3) 주어진 자동차의 엔진에서 점화코일을 탈거(시험위원 확인)한 후 다시 조립하고, 시험위원의 지시에 따라 진단기(스캐너)를 사용하여 엔진의 각종 센서(액추에이터)를 점검 후 고장부분을 기록하시오.
(4) 주어진 자동차에서 기록표에 제시된 내용을 측정하고 기록·판정하시오.

2. 섀시

(1) 주어진 후륜 구동(FR형식)자동차에서 시험위원의 지시에 따라 액슬 축을 탈거(시험위원에게 확인)한 후, 다시 조립하시오.
(2) 주어진 자동차에서 시험위원의 지시에 따라 자동변속기의 오일량을 점검하여 기록·판정하시오.
(3) 주어진 자동차에서 시험위원의 지시에 따라 브레이크 캘리퍼를 탈거(시험위원 확인)하고, 다시 조립하여 공기빼기 작업 후 브레이크의 작동상태를 확인하시오.
(4) 주어진 자동차에서 시험위원의 지시에 따라 인히비터 스위치와 변속선택 레버 위치를 점검하고, 기록·판정하시오.
(5) 주어진 자동차에서 시험위원의 지시에 따라 좌 또는 우회전시 최소회전반경을 측정하여 기록·판정하시오.

3. 전기

(1) 주어진 자동차에서 시험위원의 지시에 따라 윈도우 레귤레이터(또는 파워윈도우 모터)를 탈거(시험위원 확인)한 후, 다시 부착하여 윈도우 모터가 원활하게 작동되는지 확인하시오.
(2) 주어진 자동차에서 축전지를 시험위원의 지시에 따라 급속 충전한 후 충전된 축전지의 비중과 전압을 측정하여 기록표에 기록·판정하시오.
(3) 주어진 자동차에서 충전회로의 고장부분을 점검한 후 기록표에 기록·판정하시오.
(4) 주어진 자동차에서 경음기 음량을 측정하여 기록표에 기록·판정하시오.

◈ 국가기술자격검정 실기시험 결과기록표(8안) ◈

자 격 종 목	자동차 정비 기능사	작 품 명	자동차 정비 작업

엔진 1. 시험결과 기록표

자동차 번호 :

비번호		시험위원 확 인	

항목	① 측정(또는 점검)		② 판정 및 정비(또는 조치) 사항		득점
	측정값	규정(한계)값	판정 (□에 ✓표)	정비 및 조치할 사항	
( )번 실린더 압축압력			□ 양호 □ 불량		

※ 단위가 누락되거나 틀린 경우 오답으로 채점됩니다.

엔진 3. 시험결과 기록표

자동차 번호 :

비번호		시험위원 확 인	

항목	① 측정(또는 점검)			② 고장 및 정비(또는 조치) 사항		득점
	고장부위	측정값	규정값	고장내용	정비 및 조치할 사항	
센서 (액추에이터) 점검						

엔진 4. 시험결과 기록표

자동차 번호 :

비번호		시험위원 확 인	

항목	① 측정(또는 점검)		② 판정 (□에 ✓표)	득점
	측정값	기준값		
CO			□ 양호 □ 불량	
HC				

※ 시험위원이 제시한 자동차등록증(또는 차대번호)을 활용하여 차종 및 연식을 적용합니다.
※ 자동차 검사기준 및 방법에 의하여 기록 및 판정합니다.
※ CO 측정값은 소수점 둘째자리 이하는 버림하여 기입합니다.
※ HC 측정값은 소수점 첫째자리 이하는 버림하여 기입합니다.

섀시 2. 시험결과 기록표

자동차 번호 :		비번호		시험위원 확 인	
항목	① 측정(또는 점검)	② 판정 및 정비(또는 조치) 사항			득점
		판정 (□에 ✓표)	정비 및 조치할 사항		
오일량	COLD HOT 오일의 양을 레벨게이지에 표시하시오.	□ 양호 □ 불량			

섀시 4. 시험결과 기록표

자동차 번호 :			비번호		시험위원 확 인	
항목	① 측정(또는 점검)		② 판정 및 정비(또는 조치) 사항			득점
	점검위치	내용 및 상태	판정 (□에 ✓표)	정비 및 조치할 사항		
인히비터 스위치			□ 양호 □ 불량			
변속 선택 레버						

섀시 5. 시험결과 기록표

자동차 번호 :					비번호	시험위원 확 인	
항목	① 측정(또는 점검)				② 판정 및 정비(또는 조치) 사항		득점
	최대 조향각 (□에 ✓표)		기준값 (최소 회전반경)	측정값 (최소 회전반경)	산출근거	판정 (□에 ✓표)	
	좌측 바퀴	우측 바퀴					
회전방향 (□에 ✓표) □ 좌 □ 우						□ 양호 □ 불량	

※ 측정의 위치는 시험위원이 지정하는 위치의 □칸에 '☑'표시합니다.
※ 최대조향각의 항목은 두 바퀴 모두 기록합니다.
※ 축거는 시험위원이 제시합니다.
※ 자동차 검사기준 및 방법에 의하여 기록 및 판정합니다.
※ 산출근거에는 단위를 기록하지 않아도 됩니다.

전기 2. 시험결과 기록표

자동차 번호 :

비번호		시험위원 확 인	

항목	① 측정(또는 점검)		② 판정 및 정비(또는 조치) 사항		득점
	측정값	규정(한계)값	판정 (□에 ✓표)	정비 및 조치할 사항	
축전지 전해액 비중			□ 양호 □ 불량		
축전지 전압					

※ 단위가 누락되거나 틀린 경우 오답으로 채점됩니다.

전기 3. 시험결과 기록표

자동차 번호 :

비번호		시험위원 확 인	

항목	① 측정(또는 점검)		② 판정 및 정비(또는 조치) 사항		득점
	이상부위	내용 및 상태	판정 (□에 ✓표)	정비 및 조치할 사항	
충전회로			□ 양호 □ 불량		

전기 4. 시험결과 기록표

자동차 번호 :

비번호		시험위원 확 인	

항목	① 측정(또는 점검)		② 판정 및 정비(또는 조치) 사항		득점
	측정값	규정(한계)값	판정 (□에 ✓표)	정비 및 조치할 사항	
경음기 음량			□ 양호 □ 불량		

※ 시험위원이 제시한 자동차등록증(또는 차대번호)을 활용하여 차종 및 연식을 적용합니다.
※ 자동차 검사기준 및 방법에 의하여 기록 및 판정합니다.
※ 암소음은 무시합니다.

부록 국가기술자격검정 실기시험문제 9안

자 격 종 목	자동차 정비 기능사	작 품 명	자동차 정비 작업

- 비 번호(등 번호)
- 시험시간 : 4시간(엔진 : 1시간 40분, 섀시 : 1시간 20분, 전기 : 1시간)
- 시험문안 및 요구사항 내용이 일부 변경될 수 있음

1. 엔진

(1) 주어진 가솔린엔진에서 크랭크축을 탈거(시험위원 확인)하고, 시험위원의 지시에 따라 기록표의 내용대로 기록·판정한 후 다시 조립하시오.
(2) 주어진 전자제어 가솔린엔진에서 시험위원의 지시에 따라 시동에 필요한 크랭킹회로의 이상 개소를 점검 및 수리하여 시동하시오.
(3) 주어진 자동차에서 엔진의 맵센서(공기유량센서)를 탈거(시험위원 확인)한 후 다시 조립하고, 시험위원의 지시에 따라 진단기(스캐너)를 사용하여 엔진의 각종 센서(액추에이터)를 점검 후 고장부분을 기록·판정하시오.
(4) 주어진 자동차에서 기록표에 제시된 내용을 측정하고 기록·판정하시오.

2. 섀시

(1) 주어진 자동차에서 시험위원의 지시에 따라 뒤 쇽업소버(shock absorber) 및 현가 스프링 1개를 탈거(시험위원 확인)한 후, 다시 조립하시오.
(2) 주어진 자동차에서 시험위원의 지시에 따라 종감속기어의 백래시를 점검하여 기록·판정하시오.
(3) 주어진 자동차에서 시험위원의 지시에 따라 브레이크 휠 실린더를 탈거(시험위원 확인)하고, 다시 조립하여 공기빼기 작업 후 브레이크의 작동상태를 확인하시오.
(4) 주어진 자동차에서 시험위원의 지시에 따라 진단기(스캐너)로 ABS 장치를 점검하고, 기록·판정하시오.
(5) 주어진 자동차에서 시험위원의 지시에 따라 제동력을 측정하여 기록·판정하시오.

3. 전기

(1) 주어진 자동차에서 시험위원의 지시에 따라 전조등(헤드라이트) 어셈블리를 탈거(감독 위원에게 확인)한 후, 다시 부착하여 전조등 작동여부를 확인하시오.
(2) 주어진 자동차의 발전기에서 충전되는 전류와 전압을 점검하여 확인사항을 기록표에 기록·판정하시오.
(3) 주어진 자동차에서 에어컨 회로의 고장부분을 점검한 후 기록표에 기록·판정하시오.
(4) 주어진 자동차에서 경음기음을 측정하여 기록표에 기록·판정하시오.

◈ 국가기술자격검정 실기시험 결과기록표(9안) ◈

자 격 종 목	자동차 정비 기능사	작 품 명	자동차 정비 작업

엔진 1. 시험결과 기록표

자동차 번호 :

비번호		시험위원 확 인	

항목	① 측정(또는 점검)		② 판정 및 정비(또는 조치) 사항		득점
	측정값	규정(한계)값	판정 (□에 ✓표)	정비 및 조치할 사항	
크랭크축 축방향 유격			□ 양호 □ 불량		

엔진 3. 시험결과 기록표

자동차 번호 :

비번호		시험위원 확 인	

항목	① 측정(또는 점검)			② 고장 및 정비(또는 조치) 사항		득점
	고장부위	측정값	규정값	고장내용	정비 및 조치할 사항	
센서 (액추에이터) 점검						

엔진 4. 시험결과 기록표

자동차 번호 :

비번호		시험위원 확 인	

① 측정(또는 점검)					② 판정		득점
차종	연식	기준값	측정값	측정	산출근거 (계산) 기록	판정 (□에 ✓표)	
						□ 양호 □ 불량	

※ 시험위원이 제시한 자동차등록증(또는 차대번호)을 활용하여 차종 및 연식을 적용합니다.
※ 자동차 검사기준 및 방법에 의하여 기록 및 판정합니다.
※ 측정 및 판정은 무부하 조건을 합니다.
※ 측정 및 산출근거란에는 소수점 값을 기입합니다.
※ 매연 농도를 산술평균하여 소수점 이하는 버림 값으로 기입합니다.

섀시 2. 시험결과 기록표

자동차 번호 :

비번호		시험위원 확 인	

항목	① 측정(또는 점검)		② 판정 및 정비(또는 조치) 사항		득점
	측정값	규정(한계)값	판정 (□에 ✓표)	정비 및 조치할 사항	
종감속 기어 백래시			□ 양호 □ 불량		

섀시 4. 시험결과 기록표

자동차 번호 :

비번호		시험위원 확 인	

항목	① 측정(또는 점검)		② 판정 및 정비(또는 조치) 사항		득점
	이상부위	내용 및 상태	판정 (□에 ✓표)	정비 및 조치할 사항	
ABS 자기진단			□ 양호 □ 불량		

섀시 5. 시험결과 기록표

자동차 번호 :

비번호		시험위원 확 인	

항목	① 측정(또는 점검)				② 판정			득점
	구분	측정값	기준값(%) (□에 ✓표)		산출근거		판정 (□에 ✓표)	
제동력위치 (□에 ✓표) □ 앞 □ 뒤	좌		축중의 □ 앞 □ 뒤		편차		□ 양호 □ 불량	
	우		제동력의 편차		합			
			제동력의 합					

※ 측정의 위치는 시험위원이 지정하는 위치의 □칸에 '☑'표시합니다.
※ 자동차 검사기준 및 방법에 의하여 기록 및 판정합니다.
※ 측정값의 단위는 시험장비의 기준으로 기록합니다.
※ 산출근거에는 단위를 기록하지 않아도 됩니다.

전기 2. 시험결과 기록표

자동차 번호 :			비번호		시험위원 확 인	
항목	① 측정(또는 점검)		② 판정 및 정비(또는 조치) 사항			득점
	측정값	규정(한계)값	판정 (□에 ✓표)	정비 및 조치할 사항		
충전 전류		–	□ 양호 □ 불량			
충전 전압						

전기 3. 시험결과 기록표

자동차 번호 :			비번호		시험위원 확 인	
항목	① 측정(또는 점검)		② 판정 및 정비(또는 조치) 사항			득점
	이상부위	내용 및 상태	판정 (□에 ✓표)	정비 및 조치할 사항		
에어컨 회로			□ 양호 □ 불량			

전기 4. 시험결과 기록표

자동차 번호 :			비번호		시험위원 확 인	
항목	① 측정(또는 점검)		② 판정 및 정비(또는 조치) 사항			득점
	측정값	규정(한계)값	판정 (□에 ✓표)	정비 및 조치할 사항		
경음기 음량			□ 양호 □ 불량			

※ 시험위원이 제시한 자동차등록증(또는 차대번호)을 활용하여 차종 및 연식을 적용합니다.
※ 자동차 검사기준 및 방법에 의하여 기록 및 판정합니다.
※ 암소음은 무시합니다.

부록 국가기술자격검정 실기시험문제 10안

자 격 종 목	자동차 정비 기능사	작 품 명	자동차 정비 작업

- 비 번호(등 번호)
- 시험시간 : 4시간(엔진 : 1시간 40분, 섀시 : 1시간 20분, 전기 : 1시간)
- 시험문안 및 요구사항 내용이 일부 변경될 수 있음

1. 엔진

(1) 주어진 가솔린엔진에서 크랭크축과 메인 베어링을 탈거(시험위원 확인)하고, 감독 위원의 지시에 따라 기록표의 내용대로 기록·판정한 후 다시 조립하시오.

(2) 주어진 전자제어 가솔린엔진에서 시험위원의 지시에 따라 시동에 필요한 점화장치 회로의 이상 개소를 점검 및 수리하여 시동하시오.

(3) 주어진 자동차에서 가솔린엔진의 연료펌프를 탈거(시험위원 확인) 후 다시 조립하고, 시험위원의 지시에 따라 진단기(스캐너)를 사용하여 엔진의 각종 센서(액추에이터)를 점검 후 고장부분을 기록·판정하시오.

(4) 주어진 자동차에서 기록표에 제시된 내용을 측정하고 기록·판정하시오.

2. 섀시

(1) 주어진 자동변속기에서 시험위원의 지시에 따라 오일 필터 및 유온센서를 탈거(시험위원에게 확인)한 후, 다시 조립하시오.

(2) 주어진 자동차에서 시험위원의 지시에 따라 브레이크 페달의 작동상태를 점검하여 기록·판정하시오.

(3) 주어진 자동차에서 시험위원의 지시에 따라 파워스티어링 오일펌프를 탈거(시험위원 확인)하고, 다시 조립하여 오일량 점검 및 공기빼기 작업 후 스티어링의 작동상태를 확인하시오.

(4) 주어진 자동차에서 시험위원의 지시에 따라 진단기(스캐너)로 전자제어 자세제어장치(VDC, ECS, TCS 등)를 점검하고, 기록·판정하시오.

(5) 주어진 자동차에서 시험위원의 지시에 따라 좌 또는 우회전시 최소회전반경을 측정하여 기록·판정하시오.

3. 전기

(1) 주어진 자동차에서 에어컨 필터(실내 필터)를 탈거(시험위원 확인)한 후, 다시 부착하여 블로워 모터의 작동상태를 확인하시오.

(2) 주어진 자동차에서 엔진의 인젝터 코일 저항(1개)을 점검하여 솔레노이드 코일의 이상 유무를 확인한 후 기록표에 기록·판정하시오.

(3) 주어진 자동차에서 점화회로의 고장부분을 점검한 후 기록표에 기록·판정하시오.

(4) 주어진 자동차에서 좌 또는 우측의 전조등 광도를 측정하고 기록표에 기록·판정하시오.

◈ 국가기술자격검정 실기시험 결과기록표(10안) ◈

자 격 종 목	자동차 정비 기능사	작 품 명	자동차 정비 작업

엔진 1. 시험결과 기록표

자동차 번호 :	비번호		시험위원 확 인	

항목	① 측정(또는 점검)		② 판정 및 정비(또는 조치) 사항		득점
	측정값	규정(한계)값	판정 (□에 ✓표)	정비 및 조치할 사항	
크랭크축 오일간극			□ 양호 □ 불량		

※ 시험위원이 지정하는 부위를 측정합니다.

엔진 3. 시험결과 기록표

자동차 번호 :	비번호		시험위원 확 인	

항목	① 측정(또는 점검)			② 고장 및 정비(또는 조치) 사항		득점
	고장부위	측정값	규정값	고장내용	정비 및 조치할 사항	
센서 (액추에이터) 점검						

엔진 4. 시험결과 기록표

자동차 번호 :	비번호		시험위원 확 인	

항목	① 측정(또는 점검)		② 판정 (□에 ✓표)	득점
	측정값	기준값		
CO			□ 양호 □ 불량	
HC				

※ 시험위원이 제시한 자동차등록증(또는 차대번호)을 활용하여 차종 및 연식을 적용합니다.
※ 자동차 검사기준 및 방법에 의하여 기록 및 판정합니다.
※ CO 측정값은 소수점 둘째자리 이하는 버림하여 기입합니다.
※ HC 측정값은 소수점 첫째자리 이하는 버림하여 기입합니다.

섀시 2. 시험결과 기록표

자동차 번호 :	비번호		시험위원 확 인	

항목	① 측정(또는 점검)		② 판정 및 정비(또는 조치) 사항		득점
	측정값	규정(한계)값	판정 (□에 ✓표)	정비 및 조치할 사항	
브레이크 페달 높이			□ 양호 □ 불량		
브레이크 페달 유격					

섀시 4. 시험결과 기록표

자동차 번호 :	비번호		시험위원 확 인	

항목	① 측정(또는 점검)		② 판정 및 정비(또는 조치) 사항		득점
	이상부위	내용 및 상태	판정 (□에 ✓표)	정비 및 조치할 사항	
자기진단			□ 양호 □ 불량		

섀시 5. 시험결과 기록표

자동차 번호 :	비번호		시험위원 확 인	

항목	① 측정(또는 점검)				② 판정 및 정비(또는 조치) 사항		득점
	최대 조향각 (□에 ✓표)		기준값 (최소 회전반경)	측정값 (최소 회전반경)	산출근거	판정 (□에 ✓표)	
	좌측 바퀴	우측 바퀴					
회전방향 (□에 ✓표) □ 좌 □ 우						□ 양호 □ 불량	

전기 2. 시험결과 기록표

자동차 번호 :			비번호		시험위원 확 인	
항목	① 측정(또는 점검)		② 판정 및 정비(또는 조치) 사항			득점
	측정값	규정(한계)값	판정 (□에 ✓표)	정비 및 조치할 사항		
인젝터 저항			□ 양호 □ 불량			

※ 측정의 위치는 시험위원이 지정하는 위치의 □칸에 '☑'표시합니다.
※ 최대조향각의 항목은 두 바퀴 모두 기록합니다.
※ 축거는 시험위원이 제시합니다.
※ 자동차 검사기준 및 방법에 의하여 기록 및 판정합니다.
※ 산출근거에는 단위를 기록하지 않아도 됩니다.

전기 3. 시험결과 기록표

자동차 번호 :			비번호		시험위원 확 인	
항목	① 측정(또는 점검)		② 판정 및 정비(또는 조치) 사항			득점
	이상부위	내용 및 상태	판정 (□에 ✓표)	정비 및 조치할 사항		
점화회로			□ 양호 □ 불량			

전기 4. 시험결과 기록표

자동차 번호 :				비번호	시험위원 확 인	
① 측정(또는 점검)				② 판정 (□에 ✓표)		득점
구분	항목	측정값	기준값			
(□에 ✓표) • 위치 □ 좌 □ 우 • 등식 □ 2등식 □ 4등식	광도			□ 양호 □ 불량		

※ 측정의 위치는 시험위원이 지정하는 위치의 □칸에 '☑'표시합니다.
※ 자동차 검사기준 및 방법에 의하여 기록 및 판정합니다.

부록 국가기술자격검정 실기시험문제 11안

자 격 종 목	자동차 정비 기능사	작 품 명	자동차 정비 작업

- 비 번호(등 번호)
- 시험시간 : 4시간(엔진 : 1시간 40분, 섀시 : 1시간 20분, 전기 : 1시간)
- 시험문안 및 요구사항 내용이 일부 변경될 수 있음

1. 엔진

(1) 주어진 DOHC 가솔린엔진에서 실린더 헤드와 캠축을 탈거(시험위원 확인)하고, 시험위원의 지시에 따라 기록표의 내용대로 기록·판정한 후 다시 조립하시오.
(2) 주어진 전자제어 가솔린엔진에서 시험위원의 지시에 따라 시동에 필요한 연료장치 회로의 이상 개소를 점검 및 수리하여 시동하시오.
(3) 주어진 자동차에서 엔진의 연료펌프를 탈거(시험위원 확인)한 후 다시 조립하고, 시험위원의 지시에 따라 진단기(스캐너)를 사용하여 엔진의 각종 센서(액추에이터)를 점검 후 고장부분을 기록하시오.
(4) 주어진 자동차에서 기록표에 제시된 내용을 측정하고 기록·판정하시오.

2. 섀시

(1) 주어진 후륜 구동(FR형식) 자동차에서 시험위원의 지시에 따라 추진축(또는 propeller shaft)을 탈거(시험위원 확인)한 후, 다시 조립하시오.
(2) 주어진 자동차에서 시험위원의 지시에 따라 토(toe)를 점검하여 기록·판정하시오.
(3) 주어진 자동차에서 시험위원의 지시에 따라 브레이크 마스터 실린더를 탈거(시험위원 확인)하고, 다시 조립하여 공기빼기 작업 후 브레이크의 작동상태를 확인하시오.
(4) 주어진 자동차에서 시험위원의 지시에 따라 진단기(스캐너)로 자동변속기를 점검하고, 기록·판정하시오.
(5) 주어진 자동차에서 시험위원의 지시에 따라 제동력을 측정하여 기록·판정하시오.

3. 전기

(1) 주어진 자동차에서 라디에이터 전동팬을 탈거(시험위원 확인) 후, 다시 부착하여 전동팬이 작동하는지 확인하시오.
(2) 주어진 자동차에서 시동 모터의 크랭킹 전압강하시험을 하여 고장부분을 점검한 후 기록표에 기록·판정하시오.
(3) 주어진 자동차에서 제동등 및 미등 회로의 고장부분을 점검한 후 기록표에 기록·판정하시오.
(4) 주어진 자동차에서 좌 또는 우측의 전조등 광도를 측정하고 기록표에 기록·판정하시오.

◈ 국가기술자격검정 실기시험 결과기록표(11안) ◈

자 격 종 목	자동차 정비 기능사	작 품 명	자동차 정비 작업

엔진 1. 시험결과 기록표

자동차 번호 :

비번호		시험위원 확 인	

항목	① 측정(또는 점검)		② 판정 및 정비(또는 조치) 사항		득점
	측정값	규정(한계)값	판정 (□에 ✓표)	정비 및 조치할 사항	
캠축 휨			□ 양호 □ 불량		

엔진 3. 시험결과 기록표

자동차 번호 :

비번호		시험위원 확 인	

항목	① 측정(또는 점검)			② 고장 및 정비(또는 조치) 사항		득점
	고장부위	측정값	규정값	고장내용	정비 및 조치할 사항	
센서 (액추에이터) 점검						

엔진 4. 시험결과 기록표

자동차 번호 :

비번호		시험위원 확 인	

① 측정(또는 점검)					② 판정		득점
차종	연식	기준값	측정값	측정	산출근거 (계산) 기록	판정 (□에 ✓표)	
						□ 양호 □ 불량	

※ 시험위원이 제시한 자동차등록증(또는 차대번호)을 활용하여 차종 및 연식을 적용합니다.
※ 자동차 검사기준 및 방법에 의하여 기록 및 판정합니다.
※ 측정 및 판정은 무부하 조건을 합니다.
※ 측정 및 산출근거란에는 소수점 값을 기입합니다.
※ 매연 농도를 산술평균하여 소수점 이하는 버림 값으로 기입합니다.

섀시 2. 시험결과 기록표

자동차 번호 :			비번호		시험위원 확인	

항목	① 측정(또는 점검)		② 판정 및 정비(또는 조치) 사항		득점
	측정값	규정(한계)값	판정 (□에 ✓표)	정비 및 조치할 사항	
토(toe)			□ 양호 □ 불량		

섀시 4. 시험결과 기록표

자동차 번호 :			비번호		시험위원 확인	

항목	① 측정(또는 점검)		② 판정 및 정비(또는 조치) 사항		득점
	이상부위	내용 및 상태	판정 (□에 ✓표)	정비 및 조치할 사항	
변속기 자기진단			□ 양호 □ 불량		

섀시 5. 시험결과 기록표

자동차 번호 :			비번호		시험위원 확인	

<table>
<tr><th rowspan="2">항목</th><th colspan="4">① 측정(또는 점검)</th><th colspan="3">② 판정</th><th rowspan="2">득점</th></tr>
<tr><th>구분</th><th>측정값</th><th colspan="2">기준값(%)
(□에 ✓표)</th><th colspan="2">산출근거</th><th>판정
(□에 ✓표)</th></tr>
<tr><td rowspan="3">제동력위치
(□에 ✓표)
□ 앞
□ 뒤</td><td>좌</td><td></td><td colspan="2">축중의 □ 앞
□ 뒤</td><td>편차</td><td></td><td rowspan="3">□ 양호
□ 불량</td><td rowspan="3"></td></tr>
<tr><td rowspan="2">우</td><td rowspan="2"></td><td>제동력의 편차</td><td></td><td rowspan="2">합</td><td rowspan="2"></td></tr>
<tr><td>제동력의 합</td><td></td></tr>
</table>

※ 측정의 위치는 시험위원이 지정하는 위치의 □칸에 '☑'표시합니다.
※ 자동차 검사기준 및 방법에 의하여 기록 및 판정합니다.
※ 측정값의 단위는 시험장비의 기준으로 기록합니다.
※ 산출근거에는 단위를 기록하지 않아도 됩니다.

전기 2. 시험결과 기록표

자동차 번호 :			비번호		시험위원 확 인	
항목	① 측정(또는 점검)		② 판정 및 정비(또는 조치) 사항			득점
	측정값	규정(한계)값	판정 (□에 ✓표)	정비 및 조치할 사항		
전압강하			□ 양호 □ 불량			

전기 3. 시험결과 기록표

자동차 번호 :			비번호		시험위원 확 인	
항목	① 측정(또는 점검)		② 판정 및 정비(또는 조치) 사항			득점
	이상부위	내용 및 상태	판정 (□에 ✓표)	정비 및 조치할 사항		
제동 및 미등회로			□ 양호 □ 불량			

전기 4. 시험결과 기록표

자동차 번호 :				비번호	시험위원 확 인	
① 측정(또는 점검)				② 판정 (□에 ✓표)		득점
구분	항목	측정값	기준값			
(□에 ✓표) • 위치 □ 좌 □ 우 • 등식 □ 2등식 □ 4등식	광도			□ 양호 □ 불량		

※ 측정의 위치는 시험위원이 지정하는 위치의 □칸에 '☑'표시합니다.
※ 자동차 검사기준 및 방법에 의하여 기록 및 판정합니다.

부록 국가기술자격검정 실기시험문제 12안

자 격 종 목	자동차 정비 기능사	작 품 명	자동차 정비 작업

- 비 번호(등 번호)
- 시험시간 : 4시간(엔진 : 1시간 40분, 섀시 : 1시간 20분, 전기 : 1시간)
- 시험문안 및 요구사항 내용이 일부 변경될 수 있음

1. 엔진

(1) 주어진 디젤엔진에서 크랭크축을 탈거(시험위원 확인)하고, 시험위원의 지시에 따라 기록표의 내용대로 기록 · 판정한 후 다시 조립하시오.
(2) 주어진 전자제어 가솔린엔진에서 시험위원의 지시에 따라 시동에 필요한 크랭킹회로의 이상 개소를 점검 및 수리하여 시동하시오.
(3) 주어진 자동차에서 엔진의 연료펌프를 탈거(시험위원 확인)한 후 다시 조립하고, 시험위원의 지시에 따라 진단기(스캐너)를 사용하여 엔진의 센서(액추에이터)를 점검 후 고장부분을 기록하시오.
(4) 주어진 자동차에서 기록표에 제시된 내용을 측정하고 기록·판정하시오.

2. 섀시

(1) 주어진 자동차에서 시험위원의 지시에 따라 후륜구동(FR 형식) 종감속장치에서 차동 기어를 탈거(시험위원 확인)한 후, 다시 조립하시오.
(2) 주어진 자동차에서 시험위원의 지시에 따라 클러치 페달의 유격을 점검하여 기록·판정하시오.
(3) 주어진 자동차에서 시험위원의 지시에 따라 브레이크 라이닝(슈)을 탈거(시험위원 확인)하고, 다시 조립하여 브레이크의 작동상태를 확인하시오.
(4) 주어진 자동차에서 시험위원의 지시에 따라 진단기(스캐너)로 ABS 장치를 점검하고, 기록·판정하시오.
(5) 주어진 자동차에서 시험위원의 지시에 따라 좌 또는 우회전시 최소회전반경을 측정하여 기록·판정하시오.

3. 전기

(1) 주어진 자동차에서 발전기를 탈거(시험위원 확인)한 후, 다시 부착하여 발전기가 정상 작동하는지 충전전압으로 확인하시오.
(2) 주어진 자동차에서 시험위원의 지시에 따라 스텝 모터(공회전 속도조절 서보)의 저항을 점검하여 스텝 모터의 고장부분을 점검한 후 기록표에 기록·판정하시오.
(3) 주어진 자동차에서 실내등 및 열선 회로의 고장부분을 점검한 후 기록표에 기록·판정하시오.
(4) 주어진 자동차에서 경음기 음량을 측정하여 기록표에 기록·판정하시오.

◈ 국가기술자격검정 실기시험 결과기록표(12안) ◈

자 격 종 목	자동차 정비 기능사	작 품 명	자동차 정비 작업

엔진 1. 시험결과 기록표

자동차 번호 :			비번호		시험위원 확 인	
항목	① 측정(또는 점검)		② 판정 및 정비(또는 조치) 사항			득점
	측정값	규정(한계)값	판정 (□에 ✓표)	정비 및 조치할 사항		
플라이휠 런아웃			□ 양호 □ 불량			

엔진 3. 시험결과 기록표

자동차 번호 :				비번호		시험위원 확 인	
항목	① 측정(또는 점검)			② 고장 및 정비(또는 조치) 사항			득점
	고장부위	측정값	규정값	고장내용	정비 및 조치할 사항		
센서 (액추에이터) 점검							

엔진 4. 시험결과 기록표

자동차 번호 :			비번호		시험위원 확 인	
항목	① 측정(또는 점검)		② 판정 (□에 ✓표)			득점
	측정값	기준값				
CO			□ 양호 □ 불량			
HC						

※ 시험위원이 제시한 자동차등록증(또는 차대번호)을 활용하여 차종 및 연식을 적용합니다.
※ 자동차 검사기준 및 방법에 의하여 기록 및 판정합니다.
※ CO 측정값은 소수점 둘째자리 이하는 버림하여 기입합니다.
※ HC 측정값은 소수점 첫째자리 이하는 버림하여 기입합니다.

샤시 2. 시험결과 기록표

<table>
<tr><td colspan="3">자동차 번호 :</td><td>비번호</td><td></td><td>시험위원
확 인</td></tr>
<tr><td rowspan="2">항목</td><td colspan="2">① 측정(또는 점검)</td><td colspan="2">② 판정 및 정비(또는 조치) 사항</td><td rowspan="2">득점</td></tr>
<tr><td>측정값</td><td>규정(한계)값</td><td>판정
(□에 ✓표)</td><td>정비 및 조치할 사항</td></tr>
<tr><td>클러치 페달
유격</td><td></td><td></td><td>□ 양호
□ 불량</td><td></td><td></td></tr>
</table>

샤시 4. 시험결과 기록표

<table>
<tr><td colspan="3">자동차 번호 :</td><td>비번호</td><td></td><td>시험위원
확 인</td></tr>
<tr><td rowspan="2">항목</td><td colspan="2">① 측정(또는 점검)</td><td colspan="2">② 판정 및 정비(또는 조치) 사항</td><td rowspan="2">득점</td></tr>
<tr><td>이상부위</td><td>내용 및 상태</td><td>판정
(□에 ✓표)</td><td>정비 및 조치할 사항</td></tr>
<tr><td>ABS
자기진단</td><td></td><td></td><td>□ 양호
□ 불량</td><td></td><td></td></tr>
</table>

샤시 5. 시험결과 기록표

<table>
<tr><td colspan="5">자동차 번호 :</td><td>비번호</td><td></td><td>시험위원
확 인</td></tr>
<tr><td rowspan="3">항목</td><td colspan="4">① 측정(또는 점검)</td><td colspan="2">② 판정 및 정비(또는 조치) 사항</td><td rowspan="3">득점</td></tr>
<tr><td colspan="2">최대 조향각
(□에 ✓표)</td><td rowspan="2">기준값
(최소
회전반경)</td><td rowspan="2">측정값
(최소
회전반경)</td><td rowspan="2">산출근거</td><td rowspan="2">판정
(□에 ✓표)</td></tr>
<tr><td>좌측
바퀴</td><td>우측
바퀴</td></tr>
<tr><td>회전방향
(□에 ✓표)
□ 좌
□ 우</td><td></td><td></td><td></td><td></td><td></td><td>□ 양호
□ 불량</td><td></td></tr>
</table>

※ 회전의 방향은 시험위원이 지정하는 위치의 □칸에 '☑'표시합니다.
※ 최대조향각의 항목은 두 바퀴 모두 기록합니다.
※ 축거는 시험위원이 제시합니다.
※ 자동차 검사기준 및 방법에 의하여 기록 및 판정합니다.
※ 산출근거에는 단위를 기록하지 않아도 됩니다.

전기 2. 시험결과 기록표

자동차 번호 :			비번호		시험위원 확 인	

항목	① 측정(또는 점검)		② 판정 및 정비(또는 조치) 사항		득점
	측정값	규정(한계)값	판정 (□에 ✓표)	정비 및 조치할 사항	
스텝모터(ISC) 저항			□ 양호 □ 불량		

※ 시험위원이 지정하는 부위를 측정합니다.
※ 단위가 누락되거나 틀린 경우 오답으로 채점됩니다.

전기 3. 시험결과 기록표

자동차 번호 :			비번호		시험위원 확 인	

항목	① 측정(또는 점검)		② 판정 및 정비(또는 조치) 사항		득점
	이상부위	내용 및 상태	판정 (□에 ✓표)	정비 및 조치할 사항	
실내등 및 열선회로			□ 양호 □ 불량		

전기 4. 시험결과 기록표

자동차 번호 :			비번호		시험위원 확 인	

항목	① 측정(또는 점검)		② 판정 및 정비(또는 조치) 사항		득점
	측정값	규정(한계)값	판정 (□에 ✓표)	정비 및 조치할 사항	
경음기 음량			□ 양호 □ 불량		

※ 시험위원이 제시한 자동차등록증(또는 차대번호)을 활용하여 차종 및 연식을 적용합니다.
※ 자동차 검사기준 및 방법에 의하여 기록 및 판정합니다.
※ 암소음은 무시합니다.

부록 국가기술자격검정 실기시험문제 13안

자 격 종 목	자동차 정비 기능사	작 품 명	자동차 정비 작업

- 비 번호(등 번호)
- 시험시간 : 4시간(엔진 : 1시간 40분, 섀시 : 1시간 20분, 전기 : 1시간)
- 시험문안 및 요구사항 내용이 일부 변경될 수 있음

1. 엔진

(1) 주어진 전자제어 디젤(CRDI)엔진에서 인젝터(1개)와 예열플러그(1개)을 탈거(시험위원에게 확인)하고, 시험위원의 지시에 따라 기록표의 내용대로 기록·판정한 후 다시 조립하시오.
(2) 주어진 전자제어 가솔린엔진에서 시험위원의 지시에 따라 시동에 필요한 점화회로의 이상 개소를 점검 및 수리하여 시동하시오.
(3) 주어진 자동차에서 엔진의 공기유량센서(AFS)와 에어필터를 탈거(시험위원 확인)한 후 다시 조립하고, 시험위원의 지시에 따라 진단기(스캐너)를 사용하여 엔진의 각종 센서(액추에이터)를 점검 후 고장부분을 기록·판정하시오.
(4) 주어진 자동차에서 기록표에 제시된 내용을 측정하고 기록·판정하시오.

2. 섀시

(1) 주어진 자동변속기에서 시험위원의 지시에 따라 오일펌프를 탈거(시험위원 확인)한 후, 다시 조립하시오.
(2) 주어진 자동차에서 시험위원의 지시에 따라 사이드슬립을 점검하여 기록·판정하시오.
(3) 주어진 자동차(ABS 장착차량)에서 시험위원의 지시에 따라 브레이크 패드를 탈거(감독 위원에게 확인)하고, 다시 조립하여 브레이크의 작동상태를 확인하시오.
(4) 주어진 자동차에서 시험위원의 지시에 따라 자동변속기 오일압력을 점검하고, 기록·판정하시오.
(5) 주어진 자동차에서 시험위원의 지시에 따라 제동력을 측정하여 기록·판정하시오.

3. 전기

(1) 주어진 자동차에서 시험위원의 지시에 따라 히터 블로어 모터를 탈거(시험위원 확인)한 후, 다시 부착하여 모터가 정상적으로 작동되는지 확인하시오.
(2) 주어진 자동차에서 스텝 모터(공회전 속도조절 서보)의 저항을 점검하여 스텝 모터의 고장 유무를 확인한 후 기록표에 기록·판정하시오.
(3) 주어진 자동차에서 방향지시등 회로의 고장부분을 점검한 후 기록표에 기록·판정하시오.
(4) 주어진 자동차에서 좌 또는 우측의 전조등 광도를 측정하고 기록표에 기록·판정하시오.

◈ 국가기술자격검정 실기시험 결과기록표(13안) ◈

자 격 종 목	자동차 정비 기능사	작 품 명	자동차 정비 작업

엔진 1. 시험결과 기록표

자동차 번호 :			비번호		시험위원 확 인	
항목	① 측정(또는 점검)		② 판정 및 정비(또는 조치) 사항		득점	
	측정값	규정(한계)값	판정 (□에 ✓표)	정비 및 조치할 사항		
예열플러그 저항			□ 양호 □ 불량			

엔진 3. 시험결과 기록표

자동차 번호 :			비번호		시험위원 확 인	
항목	① 측정(또는 점검)			② 고장 및 정비(또는 조치) 사항		득점
	고장부위	측정값	규정값	고장내용	정비 및 조치할 사항	
센서 (액추에이터) 점검						

엔진 4. 시험결과 기록표

자동차 번호 :					비번호	시험위원 확 인	
① 측정(또는 점검)					② 판정		득점
차종	연식	기준값	측정값	측정	산출근거 (계산) 기록	판정 (□에 ✓표)	
						□ 양호 □ 불량	

※ 시험위원이 제시한 자동차등록증(또는 차대번호)을 활용하여 차종 및 연식을 적용합니다.
※ 자동차 검사기준 및 방법에 의하여 기록 및 판정합니다.
※ 측정 및 판정은 무부하 조건을 합니다.
※ 측정 및 산출근거란에는 소수점 값을 기입합니다.
※ 매연 농도를 산술평균하여 소수점 이하는 버림 값으로 기입합니다.

섀시 2. 시험결과 기록표

자동차 번호 :			비번호		시험위원 확 인	
항목	① 측정(또는 점검)		② 판정 및 정비(또는 조치) 사항		득점
	측정값	규정(한계)값	판정 (□에 ✓표)	정비 및 조치할 사항	
사이드슬립			□ 양호 □ 불량		

섀시 4. 시험결과 기록표

자동차 번호 :			비번호		시험위원 확 인	
항목	① 측정(또는 점검)		② 판정 및 정비(또는 조치) 사항		득점
	측정값	규정(한계)값	판정 (□에 ✓표)	정비 및 조치할 사항	
(　　)의 오일 압력			□ 양호 □ 불량		

섀시 5. 시험결과 기록표

자동차 번호 :				비번호		시험위원 확 인	
항목	① 측정(또는 점검)				② 판정		득점
	구분	측정값	기준값(%) (□에 ✓표)		산출근거	판정 (□에 ✓표)	
제동력위치 (□에 ✓표) □ 앞 □ 뒤	좌		축중의 □ 앞 □ 뒤		편차		□ 양호 □ 불량	
	우		제동력의 편차		합			
			제동력의 합					

※ 측정의 위치는 시험위원이 지정하는 위치의 □칸에 '☑'표시합니다.
※ 자동차 검사기준 및 방법에 의하여 기록 및 판정합니다.
※ 측정값의 단위는 시험장비의 기준으로 기록합니다.
※ 산출근거에는 단위를 기록하지 않아도 됩니다.

전기 2. 시험결과 기록표

자동차 번호 :			비번호		시험위원 확 인	
항목	① 측정(또는 점검)		② 판정 및 정비(또는 조치) 사항		득점	
	측정값	규정(한계)값	판정 (□에 ✓표)	정비 및 조치할 사항		
스텝모터(ISC) 저항			□ 양호 □ 불량			

※ 시험위원이 지정하는 부위를 측정합니다.
※ 단위가 누락되거나 틀린 경우 오답으로 채점됩니다.

전기 3. 시험결과 기록표

자동차 번호 :			비번호		시험위원 확 인	
항목	① 측정(또는 점검)		② 판정 및 정비(또는 조치) 사항		득점	
	이상부위	내용 및 상태	판정 (□에 ✓표)	정비 및 조치할 사항		
방향지시등 회로			□ 양호 □ 불량			

전기 4. 시험결과 기록표

자동차 번호 :				비번호	시험위원 확 인	
① 측정(또는 점검)				② 판정 (□에 ✓표)	득점	
구분	항목	측정값	기준값			
(□에 ✓표) • 위치 □ 좌 □ 우 • 등식 □ 2등식 □ 4등식	광도			□ 양호 □ 불량		

※ 측정의 위치는 시험위원이 지정하는 위치의 □칸에 '☑'표시합니다.
※ 자동차 검사기준 및 방법에 의하여 기록 및 판정합니다.

부록 국가기술자격검정 실기시험문제 14안

자 격 종 목	자동차 정비 기능사	작 품 명	자동차 정비 작업

- 비 번호(등 번호)
- 시험시간 : 4시간(엔진 : 1시간 40분, 섀시 : 1시간 20분, 전기 : 1시간)
- 시험문안 및 요구사항 내용이 일부 변경될 수 있음

1. 엔진

(1) 주어진 DOHC 가솔린엔진에서 실린더 헤드와 피스톤(1개)을 탈거(시험위원 확인)하고, 시험위원의 지시에 따라 기록표의 내용대로 기록·판정한 후 다시 조립하시오.
(2) 주어진 전자제어 가솔린엔진에서 시험위원의 지시에 따라 시동에 필요한 연료장치 회로의 이상개소를 점검 및 수리하여 시동하시오.
(3) 주어진 자동차에서 엔진의 공기유량센서(AFS)와 에어필터를 탈거(시험위원 확인)한 후 다시 조립하고, 시험위원의 지시에 따라 진단기(스캐너)를 사용하여 엔진의 각종 센서(액추에이터)를 점검 후 고장부분을 기록하시오.
(4) 주어진 자동차에서 기록표에 제시된 내용을 측정하고 기록·판정하시오.

2. 섀시

(1) 주어진 수동변속기에서 시험위원의 지시에 따라 후진 아이들 기어(또는 디퍼렌셜기어 어셈블리)를 탈거(시험위원 확인)한 후, 다시 조립하시오.
(2) 주어진 자동차(ABS 장착차량)에서 시험위원의 지시에 따라 톤 휠 간극을 점검하여 기록·판정하시오.
(3) 주어진 자동차에서 시험위원의 지시에 따라 브레이크 휠 실린더를 탈거(시험위원 확인)하고, 다시 조립하여 공기빼기 작업 후 브레이크의 작동상태를 확인하시오.
(4) 주어진 자동차에서 시험위원의 지시에 따라 진단기(스캐너)로 자동변속기를 점검하고, 기록·판정하시오.
(5) 주어진 자동차에서 시험위원의 지시에 따라 좌 또는 우회전시 최소회전반경을 측정하여 기록·판정하시오.

3. 전기

(1) 주어진 자동차에서 에어컨 벨트를 탈거(시험위원 확인)한 후, 다시 부착하여 벨트 장력까지 점검한 후, 에어컨 컴프레서가 작동되는지 확인하시오.
(2) 주어진 자동차에서 시험위원의 지시에 따라 메인 컨트롤 릴레이의 고장부분을 점검한 후 기록표에 기록·판정하시오.
(3) 주어진 자동차에서 와이퍼 회로의 고장부분을 점검한 후 기록표에 기록·판정하시오.
(4) 주어진 자동차에서 경음기 음량을 측정하여 기록표에 기록·판정하시오.

◈ 국가기술자격검정 실기시험 결과기록표(14안) ◈

자 격 종 목	자동차 정비 기능사	작 품 명	자동차 정비 작업

엔진 1. 시험결과 기록표

자동차 번호 :

비번호		시험위원 확 인	

항목	① 측정(또는 점검)		② 판정 및 정비(또는 조치) 사항		득점
	측정값	규정(한계)값	판정 (□에 ✓표)	정비 및 조치할 사항	
피스톤과 실린더 간극			□ 양호 □ 불량		

※ 시험위원이 지정하는 부위를 측정합니다.

엔진 3. 시험결과 기록표

자동차 번호 :

비번호		시험위원 확 인	

항목	① 측정(또는 점검)			② 고장 및 정비(또는 조치) 사항		득점
	고장부위	측정값	규정값	고장내용	정비 및 조치할 사항	
센서 (액추에이터) 점검						

엔진 4. 시험결과 기록표

자동차 번호 :

비번호		시험위원 확 인	

항목	① 측정(또는 점검)		② 판정 (□에 ✓표)	득점
	측정값	기준값		
CO			□ 양호 □ 불량	
HC				

※ 시험위원이 제시한 자동차등록증(또는 차대번호)을 활용하여 차종 및 연식을 적용합니다.
※ 자동차 검사기준 및 방법에 의하여 기록 및 판정합니다.
※ CO 측정값은 소수점 둘째자리 이하는 버림하여 기입합니다.
※ HC 측정값은 소수점 첫째자리 이하는 버림하여 기입합니다.

섀시 2. 시험결과 기록표

자동차 번호 :

비번호		시험위원 확인	

항목	① 측정(또는 점검)			② 판정 및 정비(또는 조치) 사항		득점
	측정값		규정(한계)값	판정 (□에 ✓표)	정비 및 조치할 사항	
톤 휠 간극	□ 앞축 □ 뒤축	좌 : 우 :		□ 양호 □ 불량		

섀시 4. 시험결과 기록표

자동차 번호 :

비번호		시험위원 확인	

항목	① 측정(또는 점검)		② 판정 및 정비(또는 조치) 사항		득점
	이상부위	내용 및 상태	판정 (□에 ✓표)	정비 및 조치할 사항	
변속기 자기진단			□ 양호 □ 불량		

섀시 5. 시험결과 기록표

자동차 번호 :

비번호		시험위원 확인	

항목	① 측정(또는 점검)				② 판정 및 정비(또는 조치) 사항		득점
	최대 조향각 (□에 ✓표)		기준값 (최소 회전반경)	측정값 (최소 회전반경)	산출근거	판정 (□에 ✓표)	
	좌측 바퀴	우측 바퀴					
회전방향 (□에 ✓표) □ 좌 □ 우						□ 양호 □ 불량	

※ 회전의 방향은 시험위원이 지정하는 위치의 □칸에 '☑'표시합니다.
※ 최대조향각의 항목은 두 바퀴 모두 기록합니다.
※ 축거는 시험위원이 제시합니다.
※ 자동차 검사기준 및 방법에 의하여 기록 및 판정합니다.
※ 산출근거에는 단위를 기록하지 않아도 됩니다.

전기 2. 시험결과 기록표

자동차 번호 :		비번호		시험위원 확 인	

항목	① 측정(또는 점검) (□에 ✓표)	② 판정 및 정비(또는 조치) 사항		득점
		판정 (□에 ✓표)	정비 및 조치할 사항	
코일이 여자되었을 때	□ 양호 □ 불량	□ 양호 □ 불량		
코일이 여자되지 않았을 때	□ 양호 □ 불량			

전기 3. 시험결과 기록표

자동차 번호 :		비번호		시험위원 확 인	

항목	① 측정(또는 점검)		② 판정 및 정비(또는 조치) 사항		득점
	이상부위	내용 및 상태	판정 (□에 ✓표)	정비 및 조치할 사항	
와이퍼 회로			□ 양호 □ 불량		

전기 4. 시험결과 기록표

자동차 번호 :		비번호		시험위원 확 인	

항목	① 측정(또는 점검)		② 판정 및 정비(또는 조치) 사항		득점
	측정값	규정(한계)값	판정 (□에 ✓표)	정비 및 조치할 사항	
경음기 음량			□ 양호 □ 불량		

※ 시험위원이 제시한 자동차등록증(또는 차대번호)을 활용하여 차종 및 연식을 적용합니다.
※ 자동차 검사기준 및 방법에 의하여 기록 및 판정합니다.
※ 암소음은 무시합니다.

부록 국가기술자격검정 실기시험문제 15안

자 격 종 목	자동차 정비 기능사	작 품 명	자동차 정비 작업

- 비 번호(등 번호)
- 시험시간 : 4시간(엔진 : 1시간 40분, 섀시 : 1시간 20분, 전기 : 1시간)
- 시험문안 및 요구사항 내용이 일부 변경될 수 있음

1. 엔진

(1) 주어진 가솔린엔진에서 실린더 헤드와 피스톤(1개)을 탈거(시험위원 확인)하고, 시험위원의 지시에 따라 기록표의 내용대로 기록·판정한 후 다시 조립하시오.
(2) 주어진 전자제어 가솔린엔진에서 시험위원의 지시에 따라 시동에 필요한 크랭킹회로의 이상 개소를 점검 및 수리하여 시동하시오.
(3) 주어진 자동차에서 엔진의 공기유량센서(AFS)와 에어필터를 탈거(시험위원 확인)한 후 다시 조립하고, 시험위원의 지시에 따라 진단기(스캐너)를 사용하여 엔진의 각종 센서(액추에이터)를 점검 후 고장부분을 기록하시오.
(4) 주어진 자동차에서 기록표에 제시된 내용을 측정하고 기록·판정하시오.

2. 섀시

(1) 주어진 자동변속기에서 시험위원의 지시에 따라 밸브보디를 탈거(시험위원 확인)한 후, 다시 조립하시오.
(2) 주어진 자동차에서 시험위원의 지시에 따라 자동변속기의 오일량을 점검하여 기록·판정하시오.
(3) 주어진 자동차에서 시험위원의 지시에 따라 클러치 릴리스 실린더를 탈거(시험위원 확인)하고, 다시 조립하여 공기빼기 작업 후 클러치의 작동 상태를 확인하시오.
(4) 주어진 자동차에서 시험위원의 지시에 따라 진단기(스캐너)로 전자제어 자세제어장치(VDC, ECS, TCS 등)를 점검하고, 기록·판정하시오.
(5) 주어진 자동차에서 시험위원의 지시에 따라 제동력을 측정하여 기록·판정하시오.

3. 전기

(1) 주어진 자동차에서 시험위원의 지시에 따라 계기판을 탈거(시험위원 확인)한 후, 다시 부착하여 계기판의 작동여부를 확인하시오.
(2) 자동차에서 점화코일 1·2차 저항을 측정하고 코일의 고장 유무를 확인하여 기록표 기록·판정하시오.
(3) 주어진 자동차에서 파워 윈도 회로의 고장부분을 점검한 후 기록표에 기록·판정하시오.
(4) 주어진 자동차에서 좌 또는 우측의 전조등을 측정하고 기록표에 기록·판정하시오.

◈ 국가기술자격검정 실기시험 결과기록표(15안) ◈

자 격 종 목	자동차 정비 기능사	작 품 명	자동차 정비 작업

엔진 1. 시험결과 기록표

자동차 번호 :			비번호		시험위원 확 인	
항목	① 측정(또는 점검)		② 판정 및 정비(또는 조치) 사항			득점
	측정값	규정(한계)값	판정 (□에 ✓표)	정비 및 조치할 사항		
피스톤링 이음간극			□ 양호 □ 불량			

엔진 3. 시험결과 기록표

자동차 번호 :				비번호		시험위원 확 인	
항목	① 측정(또는 점검)			② 고장 및 정비(또는 조치) 사항			득점
	고장부위	측정값	규정값	고장내용	정비 및 조치할 사항		
센서 (액추에이터) 점검							

엔진 4. 시험결과 기록표

자동차 번호 :					비번호		시험위원 확 인	
① 측정(또는 점검)					② 판정			득점
차종	연식	기준값	측정값	측정	산출근거 (계산) 기록		판정 (□에 ✓표)	
							□ 양호 □ 불량	

※ 시험위원이 제시한 자동차등록증(또는 차대번호)을 활용하여 차종 및 연식을 적용합니다.
※ 자동차 검사기준 및 방법에 의하여 기록 및 판정합니다.
※ 측정 및 판정은 무부하 조건을 합니다.
※ 측정 및 산출근거란에는 소수점 값을 기입합니다.
※ 매연 농도를 산술평균하여 소수점 이하는 버림 값으로 기입합니다.

섀시 2. 시험결과 기록표

자동차 번호 :		비번호		시험위원 확 인	
항목	① 측정(또는 점검)	② 판정 및 정비(또는 조치) 사항			득점
		판정 (□에 ✓표)	정비 및 조치할 사항		
오일량	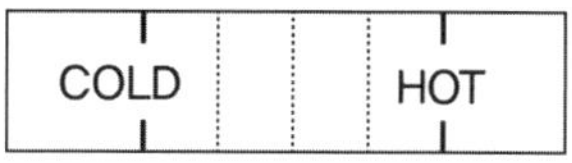 오일의 양을 레벨게이지에 표시하시오.	□ 양호 □ 불량			

섀시 4. 시험결과 기록표

자동차 번호 :			비번호		시험위원 확 인	
항목	① 측정(또는 점검)		② 판정 및 정비(또는 조치) 사항			득점
	이상부위	내용 및 상태	판정 (□에 ✓표)	정비 및 조치할 사항		
자기진단			□ 양호 □ 불량			

섀시 5. 시험결과 기록표

자동차 번호 :					비번호		시험위원 확 인	
항목	① 측정(또는 점검)				② 판정			득점
	구분	측정값	기준값(%) (□에 ✓표)		산출근거		판정 (□에 ✓표)	
제동력위치 (□에 ✓표) □ 앞 □ 뒤	좌		□ 앞 □ 뒤		편차		□ 양호 □ 불량	
	우		제동력의 편차		합			
			제동력의 합					

※ 측정의 위치는 시험위원이 지정하는 위치의 □칸에 '☑'표시합니다.
※ 자동차 검사기준 및 방법에 의하여 기록 및 판정합니다.
※ 측정값의 단위는 시험장비의 기준으로 기록합니다.
※ 산출근거에는 단위를 기록하지 않아도 됩니다.

전기 2. 시험결과 기록표

자동차 번호 :	비번호		시험위원 확인	

항목	① 측정(또는 점검)		② 판정 및 정비(또는 조치) 사항		득점
	측정값	규정(한계)값	판정 (□에 ✓표)	정비 및 조치할 사항	
1차 저항			□ 양호 □ 불량		
2차 저항			□ 양호 □ 불량		

전기 3. 시험결과 기록표

자동차 번호 :	비번호		시험위원 확인	

항목	① 측정(또는 점검)		② 판정 및 정비(또는 조치) 사항		득점
	이상부위	내용 및 상태	판정 (□에 ✓표)	정비 및 조치할 사항	
파워윈도우 회로			□ 양호 □ 불량		

전기 4. 시험결과 기록표

자동차 번호 :	비번호		시험위원 확인	

① 측정(또는 점검)				② 판정 (□에 ✓표)	득점
구분	항목	측정값	기준값		
(□에 ✓표) • 위치 □ 좌 □ 우 • 등식 □ 2등식 □ 4등식	광도			□ 양호 □ 불량	

※ 측정의 위치는 시험위원이 지정하는 위치의 □칸에 '☑'표시합니다.
※ 자동차 검사기준 및 방법에 의하여 기록 및 판정합니다.